HUAXUE FENXI FANGFA
QUEREN YU YANZHENG

化学分析方法
确认与验证

刘崇华　冼燕萍　等 编著

U0248780

化学工业出版社

·北京·

内 容 简 介

本书全面、系统地介绍了目前有关化学分析方法确认和验证的要求、程序、方法等,并对化学分析方法确认和验证的基本概念、方法特性参数的选择和评定方法、确认和验证试验方案设计、测量不确定度的评定、实验室间方法确认、报告编写等进行了详细总结,重点介绍了化学检测实验室中各类仪器分析方法的新方法开发、样品前处理条件的选择、仪器工作条件的优化、非标准方法的确认以及标准方法的验证等内容,并提供了典型的方法确认和验证案例。本书是从事方法确认与验证的一线专业技术人员和质量管理人员多年来对有关化学分析方法确认和验证等方面的经验总结,同时,该书针对化学检测实验室方法确认和验证实际过程中的一些注意事项也作了介绍。

本书适用于我国专业检测机构和企业检测等分析行业实验室从事化学检测工作的中、高级操作人员等检测一线专业技术人员和质量管理人员阅读,也可作为高等院校和专业培训机构化学检测专业的教材。

图书在版编目(CIP)数据

化学分析方法确认与验证/刘崇华等编著. —北京:
化学工业出版社,2022.4(2023.8重印)
ISBN 978-7-122-40670-5

Ⅰ. ①化… Ⅱ. ①刘… Ⅲ. ①分析化学-分析方法 Ⅳ. ①O652

中国版本图书馆 CIP 数据核字(2022)第 023083 号

责任编辑:成荣霞		文字编辑:林 丹 骆倩文
责任校对:杜杏然		装帧设计:王晓宇

出版发行:化学工业出版社(北京市东城区青年湖南街 13 号 邮政编码 100011)
印 装:北京天宇星印刷厂
710mm×1000mm 1/16 印张 19 字数 371 千字 2023 年 8 月北京第 1 版第 2 次印刷

购书咨询:010-64518888   售后服务:010-64518899
网 址:http://www.cip.com.cn

定   价:128.00 元   版权所有 违者必究

方法确认和验证是确保分析方法科学严谨和结果准确可靠的有效手段，是开展分析检测工作的前提条件和基本要求。因此，ISO/IEC 17025 标准要求，实验室在使用标准方法前，应验证其能够正确运用该方法；在使用非标准方法前，应对该方法进行确认，以满足预期用途或应用领域的需要。

然而，由于化学分析方法的确认和验证工作涉及大量化学检测技术知识和较复杂的数理统计知识，不少实验室技术人员理论知识不足，方法确认和验证工作流于形式，有的只是机械地进行方法性能参数验证，方案设计缺少科学性，在方法选择性、基质效应等方面欠考虑等，导致方法确认和验证结果不可靠。在日后检测过程中会因所用非标准方法本身可能存在隐患或实验室未能正确执行标准方法，导致错误的结果和检测质量事故，给相关检测实验室和认可机构带来较高的风险。

目前，国内外已有用于方法验证的标准和指南，多数用于指导制定标准机构进行多个实验室协同验证。欧洲化学协会（EURACHEM）和国际纯粹与应用化学联合会（IUPAC）同时制定了实验室内方法验证相关专题指南，我国也已发布了国家标准《合格评定化学分析方法　确认和验证指南》（GB/T 27417—2017），但这些文件均只有原则性的指南和要求，缺少具体的确认和验证程序，也没有具体验证方法和实例参考，标准实施难度大，可操作性不强。

为指导及帮助我国化学检测实验室从事化学分析检验、质量控制工作的中、高级专业技术人员和质量管理人员更好地掌握和使用各种化学分析方法进行确认和验证，确保化学检测方法的有效性和结果的可靠性，提高化学分析方法确认和验证的技术水平和能力，由广州海关、中国合格评定国家认可委员会、广州质量监督检测研究院、宁波海关、通标标准技术服务有限公司广州分公司、美泰玩具技术咨询（深圳）有限公司等有关单位的技术专家，对化学分析方法确认和验证的基本概念、方法特性参数的选择和评定方法、具体的试验方案设计、测量不确定度的评定、实验室间方法确认、报告编写等进行了详细总结，并编写了本书。

本书全面、系统地介绍了目前各类常见的化学分析用仪器方法（AAS、AFS、ICP、ICP-MS、XRF、GC、GC-MS、HPLC、HPLC-MS 等）的方法开发、方法特性参数评定细则、关键要点及具体步骤，并提供了相关的典型实例。每类仪器方法首先简要介绍其技术背景、特点、分类及应用现状，然后着重介绍其方法开发以及方法的确认和验证，包括样品前处理方法和仪器工作条件的选择、对非标准方法确认和标准方法验证的关键参数评定、具体的实施步骤，并结合典型的实际案例进行详细介绍。针对方法确认及验证工作中的共性难点问题，本书还详细介绍了化学分析方法测量不确定度的评定以及实验室间方法确认的方案设计和程序，并梳理汇总了方法确认和验证报告编写时的要求和主要事项。最后，本书附录中对不同的常用仪器分析方法开发步骤及条件参数优化的注意事项、方法特性参数的典型评定方法及注意事项进行汇总，是化学分析方法确认和验证的宝贵实践经验的总结。本书从"实用"出发，着重经验及技巧的传授，内容精炼，可操作性强。

全书共分 10 章，其中第 1 章由刘崇华编写；第 2 章由付冉冉编写；第 3 章由吴妙玲编写；第 4 章由赵泉编写；第 5 章由李丹编写；第 6 章节由冼燕萍编写；第 7 章由黄昉、余奕东编写；第 8 章由胡欣、余奕东编写；第 9 章由丁志勇、刘崇华编写；第 10 章由霍炜强编写。另外，本书附录由上述编者共同编写。全书由刘崇华统稿。

本书适用于工农业生产企业、产品质量政府监管部门、民营检验检测机构等的各类化学检测实验室，特别是各类消费品、食品、化妆品和原材料化学检测实验室，可用于第一方、第二方及第三方检测实验室。本书将对化学检测技术人员和实验室质量管理人员掌握和了解化学分析方法，确认和验证技术要求，指导方法确认和验证方案设计及具体试验步骤等工作具有重要意义，是化学检测实验室必备的技术资料和工具书。同时本书也适合于涉及化学检测的高等院校和专业培训机构作为教材使用。

在编写过程中，本书参考了国内外大量公开发表的资料，在此向文献的作者表示感谢。同时感谢化学工业出版社相关编辑为本书付出的辛勤劳动，感谢广州海关、中国合格评定国家认可委员会、广州质量监督检测研究院、宁波海关、通标标准技术服务有限公司广州分公司、美泰玩具技术咨询（深圳）有限公司等有关单位的相关部门和人员给予的大力支持！

由于编者水平有限，书中的疏漏和不妥之处在所难免，恳请广大读者在使用过程中多提宝贵意见，以便日后进行修订。

编著者
2023 年 1 月

目
录

CONCENTS

第 4 章
电感耦合等离子体质谱法　103

第5章
气相色谱法及气相色谱-质谱联用法　　126

第6章
液相色谱法及液相色谱-质谱联用法　　152

第 7 章
X 射线荧光光谱法及筛选分析法　181

第 8 章
测量不确定度的评估   205

第 1 章

绪论

1.1　化学分析基础

1.1.1　常用术语和概念

1.1.1.1　真值

被测定量的真实量值。真值是一个理想的概念，一般来说不可能确切知道。通常所说的真值，是指理论真值、约定真值、相对真值或排除了所有测量上的缺陷时通过完善的测量所得到的量值。

注：真值按其本性是不确定的。在化学分析中，要测量的物质组分含量的真值往往是无法通过测量来获得的。

1.1.1.2　约定真值

对于给定目的的具有适当不确定度的、赋予特定量的值。约定真值有时是约定采用的值，通常是真值的最佳估计值，有时也叫指定值、最佳估计值、约定值或参考值。

注：在定量化学分析中，由参考标准复现而赋予该特定量的值可作为约定真值。有时，在消除了明显的系统误差后，也常用多次测量结果来确定约定真值。

1.1.1.3　测量结果（测量值）

由测量所得到的赋予被测量的值。

注：测量结果可以是测量仪器所给出的量的值，即示值，也可以是根据公式计算获得的值。在测量结果的完整表述中应包括测量不确定度，必要时还应说明有关影响量的取值范围。但在不影响测量结果的用途时，测量结果表述常将测量不确定度省略。

1.1.1.4　（测量）误差

测量结果减去被测量的真值之值。

注：由于真值不能确定，实际上用的是约定真值。误差是衡量测量结果与被测量的真值之间的一致程度，即测量准确度的参数。误差通常可分为系统误差、随机误差和过失误差。

1.1.1.5　随机误差

在同一被测定量的多次测量过程中，由于许多未能控制或无法严格控制的因素随机作用而形成的、具有相互抵偿性和统计规律性的测量误差。

注：随机误差等于误差减去系统误差。随机误差是指由能够影响测量结果的许多不可控制或未加控制的因素的微小波动引起的单次测定值对平均值的偏离，即结果的波动，又称为不可测误差。如测量过程中环境温度的波动、电源电压的小幅度起伏、仪器的噪声、分析人员判断能力和操作技术的微小差异等。随机误差的特点是，它的值或大或小，符号有正有负，以不可预测方式变化，当测定次数足够多时，出现各种大小偏差的概率遵循着统计分布规律。

1.1.1.6　系统误差

在重复性条件下，对同一被测量进行无限多次测量所得结果的平均值与被测量的真值之差。

注：系统误差等于误差减去随机误差。和真值一样，系统误差及其原因不能完全获知。系统误差是由测量过程中某些恒定因素造成的，其大小和方向在多次重复测量中几乎相同，在一定的测量条件下，该类误差会重复地表现出来。系统误差的来源是多方面的，可来自仪器（如砝码不准）和试剂（如试剂不纯），也可来自操作不当（如过滤、洗涤不当）和方法本身的不完善等。

1.1.1.7　过失误差

指超出在规定条件下预期的误差。

注：过失误差是一种显然与事实不符的误差。主要是分析人员的粗心或疏忽而造成的，如加错试剂、错用样品、操作过程中试样大量损失、仪器出现异常而未被发现、读数错误、记录错误及计算错误等。过失误差没有一定规律可循。含有过失误差的测定值会明显地歪曲客观现象，经常表现为离群数据，可以用离群数据的统计检验方法将其剔除。

1.1.1.8　测量不确定度

表征合理地赋予被测量之值的分散性，与测量结果相联系的参数。

注：此参数可以是标准偏差或其倍数，或说明了置信水准的区间的半宽度。可以认为，测量不确定度是指由于测量误差的存在而对被测量值不能肯定的程度，由测量结果给出的被测量估计值的可能误差的量度，它可表征被测量真值所处的范围。该定义中被测量之值的分散性，与通常表示测量精密度的分散性有所不同，它是各种误差综合因素引起的分散性，既包含随机的因素，也包括系统的因素。

测量不确定度与误差是两个完全不同的概念。对同一被测量，不论其测量程序、条件如何，相同测量结果的误差相同；而在重复条件下，则不同测量结果有相同的不确定度。误差之值只取一个符号，非正即负。而测量不确定度只能是正值。不确定度越小，结果与真值越靠近，测量质量越高。

1.1.1.9　偏差

一个测量值减去被测量的足够多次测定的平均值获得的差值。

注：偏差是衡量多次测量结果相互接近的程度，属于测量精密度范畴的参数。

1.1.1.10　实验标准［偏］差

对同一被测量做 n 次测量，表征测量结果分散性的量 s 可按下式计算：

$$s(x_i) = \sqrt{\frac{\sum_{i=1}^{n}(x_i - \bar{x})^2}{n-1}}$$

式中，x_i 为第 i 次测量的结果；$\bar{x}$ 为所考虑的 n 次测量结果的算术平均值。

注：上式称为贝塞尔公式。实验标准［偏］差简称为标准差，通常用 s 表示，它反映了一组测定值中，所有单次测定值与测量均值间的平均偏离程度。标准偏差除以平均值，即为相对标准偏差（RSD），也称变异系数（CV），通常用百分比表示。

1.1.1.11　标准不确定度

以一倍标准偏差表示的测量不确定度。

1.1.1.12　合成标准不确定度

当测量结果是由若干个其他量的值求得时，按其他量的方差或（和）协方差算得的标准不确定度。

注：它是测量结果标准差的估计值。

1.1.1.13　扩展不确定度

确定测量结果区间的量，合理赋予被测量之值分布的大部分可望含于此区间。

注：该扩展不确定度有时也称为展伸不确定度或范围不确定度。

1.1.1.14　包含因子

为求得扩展不确定度，对合成标准不确定度所乘的数字因子。

注：包含因子等于扩展不确定度与标准不确定度之比，一般以 K 表示。置信概率为 p 时的包含因子用 K_p 表示。包含因子有时也称为覆盖因子，一般在 $2\sim3$ 范围内。

1.1.1.15　自由度

在方差计算中，和的项数减去对和的限制数。

注：自由度反映相应实验标准偏差的可靠程度。

1.1.1.16 置信概率

与置信区间或统计包含区间有关的概率值。

注：又称置信水准、置信水平。符号为 p，$p=1-\alpha$，α 是显著性水平。常用百分数表示。当测量值服从某分布时，落在某区间的概率 p 即为置信概率。置信概率是介于（0，1）之间的数，常用百分数表示。

1.1.1.17 灵敏度

单位浓度或单位量的待测物质的变化所引起的测量系统或仪器响应量变化的程度。一般可用仪器的响应量与对应的待测物质的浓度或其他量值之比来描述。在实际工作中常以校准曲线的斜率度量灵敏度。

方法的灵敏度可因实验条件的变化而改变。在一定的实验条件下，灵敏度具有相对的稳定性。

1.1.1.18 准确度

测量结果与被测量的真值之间的一致程度。

注1：不要用"精密度"代替"准确度"。准确度是一个定性概念，它不是一个量，也不给出量的数值。某一次测量结果的准确度常以误差的大小来衡量。即误差越小，准确度越高；误差越大，准确度越低。

注2：测量结果的准确度是反映该方法或该测量系统存在的系统误差和随机误差两者的综合指标，通常分别由方法正确度和精密度来进行表征。

注3：术语"准确度"不应用于表示"正确度"，"精密度"不应用于表示"准确度"，尽管测量准确度与这两个概念有关。

1.1.1.19 正确度

无穷多次重复测量所得测量值的平均值与约定真值之间的一致程度。

1.1.1.20 偏倚

测量结果的期望与被测量的约定真值之差，即系统误差的估计值。

1.1.1.21 精密度

在规定条件下，对同一或相类似的被测对象重复测量所得示值或测得的量值间的一致程度。

注：在化学分析方法中，精密度通常指使用一特定的分析程序在受控条件下，重复分析同一样品所得独立测定值的一致程度。它反映了分析方法存在的随机误差

的大小，而与真值或参考值无关。精密度的度量通常用不精密度术语表示，并用标准偏差和相对标准偏差等表示，大的标准偏差反映了更差的精密度。"独立测量结果"意味着所获得的测量结果不受以前任何同样或类似物体的测量结果所影响。定量测量精密度关键取决于规定的条件。重复性条件和重现性条件就是一组规定的极端条件。中间精密度条件则是介于两者之间的情况。

1.1.1.22　重复性

重复性是指用相同的方法在重复性测量条件下获得的测量精密度。

注：重复性测量条件即相同测量程序、相同操作者、相同测量系统、相同操作条件和相同地点，并在短时间内对同一或相类似的被测对象重复测量的一组测量条件。

1.1.1.23　再现性

再现性是指用相同的方法在再现性测量条件下获得的测量精密度。

注：再现性测量条件即不同的操作者、不同的仪器、不同的实验室，于较长的时间间隔内对同一或相类似的被测对象重复测量的一组测量条件。不同的再现性测量条件，精密度（再现性）不同。

1.1.1.24　中间精密度

在介于重复性条件和重现性条件之间的测量条件下的测量精密度。这些条件包括相同的测量程序、相同的实验室、相同或相似的被测对象、重复测量，但可包含其他相关条件的改变，如不同的操作者、不同的仪器、较长的时间间隔内的不同测量时间等。

1.1.1.25　验证

提供客观证据证明给定项目满足规定要求。

示例 1：证实在测量取样量小至 10mg 时，对于相关量值和测量程序而言，给定标准物质的均匀性与其声称的一致。

示例 2：证实已达到测量系统的性能或法定要求。

示例 3：证实满足目标测量不确定度。

注 1：适用时，应当考虑测量不确定度。

注 2：项目可以是一个过程、测量程序、物质、化合物或测量系统。

注 3：规定要求可以是满足生产商的规定。

注 4：法制计量中的验证，如在 VIML 和通常的合格评定中的定义，是指对测量系统的检查并加标记和/或出具验证证书。(在我国的法制计量领域,"verification"翻译为"检定")

注5:验证不应当与校准混淆。不是每个验证都是确认。

注6:在化学中,验证活性或所含实体的特性时,需要描述该实体或活性的结构或特性。

1.1.1.26　确认

对规定要求满足预期用途的验证(1.1.1.25)。

示例:一个通常用于测量水中氮的质量浓度的测量程序,被确认为也可用于测量人体血清中氮的质量浓度。

1.1.1.27　方法确认

实验室通过试验,提供客观有效证据证明特定检测方法满足预期的用途。

注:方法确认应当建立方法的性能特性和使用的限制条件,并识别影响方法性能的因素及影响程度,确定方法所适用的基质,以及方法的正确度和精密度。

1.1.1.28　方法验证

实验室通过核查,提供客观有效证据证明满足检测方法规定的要求。

注:在化学分析方法验证实际工作中,通常需要通过试验测定方法特性参数等方法来提供满足检测方法规定要求的证据;某些规定的要求可能不直接来自检测方法标准本身,而来自其他相关的标准、指南文件或行业的惯例。

1.1.1.29　实验室内方法确认

在一个实验室内实施的方法确认(1.1.1.27)。即同一实验室依照预定条件用相同方法对相同或不同样品的测定,以证明特定检测方法满足预期的用途。

1.1.1.30　实验室间方法确认

在两个或多个实验室之间实施的方法确认(1.1.1.27)。不同实验室依照预定条件用相同方法对相同样品的测定,以证明特定检测方法满足预期的用途。

1.1.1.31　定性方法

根据物质的化学、生物或物理性质对其进行鉴定的分析方法。

1.1.1.32　定量方法

测定被分析物的质量或质量分数的分析方法,可用适当单位的数值表示。

1.1.1.33 确证方法

能提供目标物全部或部分信息，依据这些信息可以明确定性，在必要时可在关注的浓度水平上进行定量的方法。

1.1.1.34 筛选方法

具有高效处理大量样品的能力，用于检测物质在所关注的浓度水平上是否存在的方法。此类方法所获得的检测结果通常为定性结果或半定量结果。

1.1.1.35 容许限

对某一定量特性规定和要求的物质限值。如最大残留限、最高允许浓度或其他最大容许量等。

1.1.1.36 关注浓度水平

对判断样品中物质或分析物是否符合法规规定和要求的有决定性意义的浓度（如容许限浓度）。

1.1.1.37 选择性

测量系统按规定的测量程序使用并提供一个或多个被测量的测得的量值时，每个被测量的值与其他被测量或所研究的现象、物体或物质中的其他量无关的特性。

注：在化学分析中，选择性通常指被测物质含量测定结果不受其他类似物质干扰的程度。

1.1.1.38 线性范围

对于分析方法而言，用线性计算模型来定义仪器响应与浓度的关系，该计算模型的适用的浓度应用范围。

1.1.1.39 测量区间

在规定条件下，由具有一定的仪器的测量不确定度的测量仪器或测量系统能够测量出的一组同类量的量值。

注1：测量区间的下限不应与"检出限"相混淆。

注2：在某些领域，该术语也称"测量范围""工作范围"等，考虑到化学分析实验室的使用惯例，在本书中采用"测量范围"。

1.1.1.40 检出限（LOD）

检出限也称检测限，是指对某一特定的分析方法在给定的可靠程度内可以从样品中检测出待测物质的最低浓度或最低量。可靠程度一般规定 95% 置信概率。

注：化学分析中，检出限往往分为方法检出限和仪器检出限。

1.1.1.41　仪器检出限（IDL）

仪器可靠地将目标分析物信号从背景（噪声）中识别出来时分析物的最低浓度或最低量，该值表示为仪器检出限（IDL）。

1.1.1.42　方法检出限（MDL）

用特定方法可靠地将分析物测定信号从特定基质背景中识别或区分出来时分析物的最低浓度或最低量。即用该方法测定出大于相关不确定度的最低值。确定 MDL 时，应考虑到样品基质的干扰。

注：不考虑特定基质，使用简单溶剂配制的标准溶液的信噪比可用来考察仪器性能，但因未考虑样品基质的干扰，不一定适用于评估方法检出限（MDL）。

1.1.1.43　定量限（LOQ）

样品中被测组分能被定量测定的最低浓度或最低量，此时的分析结果应能确保一定的、可以接受的正确度和精密度。

注：化学分析中，定量限往往分为仪器定量限和方法定量限。

1.1.1.44　仪器定量限（IQL）

仪器能够可靠检出并定量被分析物的最低浓度或最低量。

1.1.1.45　方法定量限（MQL）

在特定基质中，在一定可信度内用某一方法可靠地检出并定量被分析物的最低浓度或最低量。

1.1.1.46　稳健度

在未偏离测量程序的前提下，实验条件变化对分析方法的影响程度。

注1：这些条件在方法中规定，或根据规定稍加改动，通常是指分析方法未特别进行控制或某些难以保持一致的条件。包括样品种类、基质、保存条件、环境或样品制备条件等。所有在实践中可能影响分析结果的实验条件（如试剂稳定性、样品组成、pH 值、温度等）的任何变化都应当指明。

注2：方法稳健度也称方法耐变性。

1.1.1.47　基质效应

样品中被分析物以外的组分对分析物的分析过程的干扰以及对分析结果的准确性的影响。

1.1.1.48　回收率

也称加标回收率，是指在样品加入已知含量的分析物并按整个分析方法步骤测定，测定的结果减去未添加分析物的样品测定结果，并将所得差值除以添加分析物的含量，计算出的百分比数值。

1.1.1.49　样品空白

不含目标分析物但仍含有与实际样品基本一致的基质的样品，按日常样品相同的检测方法进行检测获得的空白。

1.1.2　化学分析方法

1.1.2.1　化学分析方法的分类

（1）按分析任务来分

按分析任务的不同，化学分析可分为定性分析、定量分析、结构分析。

定性分析的任务是确定物质是由哪些化合物或者哪些元素组成的。对于相对纯的物质，确定它主要是什么物质（单质或化合物）；对于混合物，一般要确定它是由多少种化学物质组成的，每一物质具体是什么。通常，应确认其主要成分。某些目标物的定性分析则通常是确定样品中是否含有某特定目标物质。

定量分析的任务是测定物质中特定化合物的含量。对于相对纯的物质，分析其纯度；对于混合物，根据不同需要，可能测定其中某一种组分含量，也可能测定其中多种组分含量。

结构分析的任务是研究物质的分子结构或晶体结构。

（2）按分析对象来分

按分析对象的不同，化学分析可分为无机分析、有机分析。

无机分析的对象是无机物，有机分析的对象是有机物。在化学分析方法具体操作中，由于无机物与有机物有不同的特性，根据这些特性的差异可选用适合的样品处理、样品分离、仪器和化学分析方法。如对痕量无机元素分析，消解是一种最常用的样品前处理技术，通常采用光谱类或无机质谱仪器进行分析；而在痕量有机物分析中，通常采用萃取的方法提取待测物质，较多使用色谱类或有机质谱仪器。

（3）按分析原理来分

按分析原理的不同，化学分析可分为化学分析（狭义上）、仪器分析。

化学分析（狭义上）是以化学反应为基础的分析方法。化学分析历史悠久，又称经典分析法，经典分析法主要包括重量分析法和容量分析（滴定分析）法等。

仪器分析是以物质的物理和物理化学性质为基础的分析方法。目前，仪器分析的使用日益增多，常用的仪器分析包括：光谱分析法、色谱分析法和电化学分析法等，具体的方法见表 1-1。

表 1-1　常用的定量仪器分析方法及其主要用途

方法名称	缩写	主要用途
电感耦合等离子体原子发射光谱法	ICP-OES	无机元素分析
原子荧光光谱法	AFS	无机元素分析
X 荧光光谱法	XRF	无机元素分析
分子荧光光度法	MFS	痕量有机化合物等分析
原子吸收光谱法	AAS	无机元素分析
紫外-可见分光光度法	UV-Vis	无机、有机化合物鉴定和定量测定
红外光谱法	IR	有机化合物结构分析及定量分析
拉曼光谱法	RS	物质的鉴定、分子结构研究
电感耦合等离子体质谱法	ICP-MS	元素分析，同位素分析
气相色谱法	GC	挥发性有机化合物分离分析
气相色谱-质谱联用法	GC-MS	挥发性痕量有机化合物分离分析
高效液相色谱法	HPLC	低挥发性、热不稳定性有机化合物分离分析
液相色谱-质谱联用法	LC-MS	低挥发性、热不稳定性痕量有机化合物分离分析
离子色谱法	IC	痕量无机、有机阴阳离子分离分析
高效毛细管电泳法	HPCE	痕量无机、有机阴阳离子分离分析
离子选择电极法	ISE	pH 值及无机阴阳离子分析

（4）按待测组分含量水平来分

按待测组分含量水平的不同，化学分析可分为常量成分分析、微量成分分析、痕量成分分析。它们对应的组分含量分别为：>1%、0.01%~1%、<0.01%。

随着国际社会对食品等消费产品有害物质安全的重视，各种食品、玩具、纺织品、电器等产品中化学分析检测日益增多，本书所介绍的方法确认和方法验证主要适用于这些消费品中低含量（微量或痕量）有害化学物质的检测，特别适合仪器分析方法、痕量成分的定量分析，主要包括各种重金属元素和工业、农业残留有害有机化合物等的分析。

1.1.2.2 定量化学分析过程

（1）取制样

一般根据样品的特点和检测方法的要求采用不同的方法。对于气体样品一般需要通过特殊的气体样品采集装置采集，如通过采样泵采集并用合适的吸附剂或溶液吸收。对于液体样品一般在取样前充分搅拌或摇匀后直接取用制备。对于固体样品，常用剪、切割、粉碎、刮屑等方法。在取样过程中，最重要的是应确保分析试样具有代表性，并满足分析方法的要求，否则，分析结果误差很大，甚至出现错误的结论。

（2）样品前处理

由于大多数化学分析仪器仅适合对样品溶液进行直接分析，而待分析的实际样品常为固体，为此，样品上机前一般需要进行一定程序的前处理。样品前处理的目的是通过一定的方法将待测组分从待测样品中转移到溶液中。对于无机元素的分析，通常采用强酸甚至在高温条件下，将样品破坏分解，样品中无机金属溶解到酸性溶液中；对于有机化合物的分析，通常采用合适的有机溶剂经过溶剂萃取，将样品中待测定的有机化合物溶解到有机溶剂中。此外，由于样品基质复杂，痕量有机物的分析一般还需对样品提取溶液进行分离净化等步骤，以减少基质的干扰，常用的方法包括液液萃取、固相萃取等。

（3）样品仪器测定

随着人们对分析方法灵敏度、精密度、自动化程度要求日益增加，仪器方法手段也不断增多，仪器功能日益强大。目前，食品、轻工、纺织品等消费品化学分析主要采用的仪器分析方法及其主要用途见表1-1。不同的仪器，分析方法的灵敏度、选择性、使用范围有较大差异，应根据分析的任务、目的结合各种方法的特点加以选择。

（4）分析结果的计算

分析实验操作完成后，应根据分析过程试样的质量（或体积）、前处理定容的体积和仪器测定的数据等，计算试样中待测组分的含量。计算时，必须特别关注分析过程中对样品的定量移取、稀释、定容等量值对最终结果的影响等。

（5）分析结果的报告

随着分析方法的标准化发展，大多数化学分析都需要依据检测方法标准来进行，分析结果的报告也应该按标准要求来报告结果。通常，分析结果报告应包括：检验的样品（材料）、检测数据和单位、检测标准方法、检验仪器和设备、检验人员、检验日期等。

1.1.2.3 常用的定量仪器分析方法

目前，化学分析实验室常用的定量仪器分析方法及其主要用途归纳如表1-1所列。

1.2 方法确认和验证概论

1.2.1 目的及意义

在工业生产、国防建设、科学研究和社会生活中，需要进行大量的分析检测，以获得准确和可靠的数据，并将该结果用于生产质量控制、新研发产品技术性能评价以及司法执法、商业贸易、环境保护、医疗卫生、权益维护等方面。分析检测数据和结果的准确性（分析结果本身的质量）直接影响其应用的有效性。不准确、不可靠甚至错误的分析结果将可能导致产品报废、科学试验失败、执法误判、贸易纠纷、环保或医疗事故等。

为此，国际社会十分重视检测实验室的质量管理。1990 年，国际标准化组织 ISO 专门制定了适用于实验室的质量管理标准：ISO/IEC 导则 25：1990《校准和检测实验室能力的要求》。该标准经过多次修订，目前为 ISO/IEC 17025：2017《检测和校准实验室能力的通用要求》，为评价实验室校准或检测能力是否达到要求提供依据，为实验室质量管理、确保结果提供有效的方法。

获得准确可靠的分析结果，首先需要有科学合理的分析方法，其次实验室应具备正确操作使用该分析方法的能力。因此，2017 版本的 ISO/IEC 17025 标准 7.2 条款对方法的选择、验证和确认明确提出了相关要求，即实验室在引入方法前，应验证能够正确运用该方法（参见 ISO/IEC 17025：2017 条款 7.2.1.5）。同时，该标准还规定，实验室应对非标准方法、实验室制定的方法、超出预定范围使用的标准方法或其他修改的标准方法进行确认。确认应尽可能全面，以满足预期用途或应用领域的需要（参见 ISO/IEC 17025：2017 条款 7.2.2.2）。

我国在 20 世纪 90 年代已经建立起国家实验室认可制度，目前，中国合格评定国家认可委员会（CNAS）是我国唯一的实验室认可机构，承担全国所有实验室的认可工作。CNAS 依据国际标准和惯例制定了一系列认可规范和文件，包括等同采用 ISO/IEC 17025 标准制定了 CNAS-CL01：2018《检测和校准实验室能力认可准则》等。

根据 CNAS 实验室认可准则和相关文件要求，实验室申请新项目认可或扩项，必须对标准方法进行验证和对非标准方法进行确认，即标准方法经过验证后可以直接选用；除标准方法以外的其他方法（简称非标准方法）均需经过确认后才能采用。现场评审时，评审组必须对申请认可的各个场所的项目/参数逐个评审，没有进行标准方法验证或非标准方法确认的项目/参数，一律不予认可。可见方法验证和确认在实验室认可、保证结果准确性和可靠性中起着极为重要的作用，它既是实验室技术管理的重要组成部分，也是获得准确可靠结果的重要前提和保证。

1.2.2 方法确认和验证的内涵

ISO/IEC 17025：2017 标准对验证和确认专门给出了定义（参见 1.1.1），通过比较上述两个定义可以看出，方法验证和方法确认均包含提供客观证据以证明满足要求的过程，但两者的要求存在很大的不同。

方法验证的要求通常在标准方法文本中已经明确，这些要求一般由该标准方法起草组在制定标准方法过程中得以确认，其科学性已进行充分论证。实验室在对标准方法进行验证时，只需要关注自身是否能正确配置该标准方法的资源，掌握该标准方法的操作，达到该标准方法的性能指标。

方法确认的要求则主要需考虑其预期用途，该预期用途通常来自非标准方法的用户，包括实验室的客户或者实验室自身。在检测合同评审时，实验室一般需要首先选择合适的方法，当没有合适的标准方法时，实验室需要研发相应的方法，如参考一般的期刊论文方法等制定的非标准方法、扩充和修改过的标准方法等。上述新建立的非标准方法是否科学合理、是否能满足预期用途，实验室在使用前对其进行的方法性能评价和验证的过程即方法确认。

方法确认和验证具体比较见表 1-2。

表 1-2 方法确认和验证具体比较

比较项目	方法确认	方法验证
对象	非标准方法和实验室制定的方法、超出预定范围使用的标准方法、其他修改的标准方法	标准方法和经过充分确认的非标准方法
目的	满足预期用途，验证方法能否合理、合法使用，重点关注其科学性	满足方法要求，验证方法能否正确使用、实验室是否具备能力，重点关注其符合性
特点	对人员技术、经验有更高要求，有探索性，风险性较高，试验工作量相对较大	对人员技术、经验要求相对更低，不具有探索性，风险较低，试验工作量相对较小
典型方法	（1）使用标准物质进行校准或评估偏倚和精密度； （2）对影响结果的因素进行系统性评审； （3）通过改变控制参数检验方法的稳健性，如恒温箱温度、加样体积等； （4）与其他已确认的方法进行结果比对； （5）实验室间比对； （6）根据对方法原理的理解和检测方法的实践经验，评定结果的测量不确定度	（1）对执行方法所需的设施设备（含标准物质、试剂）、人员、环境条件等资源条件进行符合性评价，必要时进行验证； （2）按方法规定的程序，对标准物质、样品空白、典型基质实际样品进行分析、加标回收试验、重复性试验获得该方法在本实验室的性能参数； （3）参考和分析同类检测方法验证报告或者本方法检测经历中已有的质量控制数据，对某些性能参数进行引用或计算
需要评估的典型方法特性参数	检出限（定量限）、选择性、线性范围（测量范围）、基质效应、精密度（重复性和再现性）、正确度、稳健度、结果的测量不确定度	检出限（定量限）、线性范围（测量范围）、基质效应、精密度（重复性和再现性）、正确度
典型输出文件	检测方法作业指导书、方法确认报告	方法验证报告

从制定化学分析方法的实际情况来看，方法的开发过程本身伴随着方法的确认过程。对于标准方法的制定，通常需要经过全面确认后并经过标准管理机构批准才能发布；而非标准方法虽然无须经过标准管理机构批准，但使用前需要使用方（实验室）进行确认。如果非标准方法是实验室自己制定的方法或者修改的标准的方法，则建立该非标准方法的过程同时也是方法确认的过程。如果非标准方法是由外部组织制定的，则需要经过类似方法验证的过程对该方法进行确认，但仍需要特别关注方法的科学性，对方法特性参数进行全面确认，即包括对方法选择性、稳健度、结果的测量不确定度等参数的确认。

当测试方法确定以后，非标准方法的方法特性参数确认过程与标准方法验证过程十分类似，因此本书重点介绍非标准方法的开发和标准方法的验证。不同类型的化学仪器检测方法，其开发和验证方法有所差异，本书分章节对常见的各类化学分析技术的方法开发、非标准方法的确认、标准方法的验证进行详细介绍，并通过实际的应用案例进行补充说明。

需要注意的是，即使是对标准方法的验证，由于不同标准发布机构或公认的技术组织对于方法标准的文件化差异，如果所发布的标准方法中缺乏某些方法步骤细节或条件参数，实验室仍需要对其不完整部分进行一定的确认和补充。比如，标准方法未提供某些步骤具体过程（如仅规定前处理方法，未提供仪器检测方法），或者未给出具体的工作参数，或者给定的参数不适宜在本实验室使用等，实验室需要通过一定的条件优化试验，选取适合本实验室的仪器工作条件，该过程虽然并没有修改标准方法，但可以理解为包含部分方法确认的内容。此时，实验室应该根据标准方法制定自身检测方法作业指导书。

1.2.3 实验室间方法确认和实验室内方法确认

方法确认可以在多个实验室间进行，即实验室间方法确认；也可在一个实验室内进行，即实验室内方法确认。

对于新开发制定的分析方法，一般首先由方法制定单位需要在方法开发实验室内对各方法性能参数进行全面确认外（实验室内方法确认），还需要通过组织实验室间比对（协同试验）来对方法进行确认（实验室间方法确认，标准管理机构有时也称方法验证）。实验室间方法确认通常需选取合适、均匀的样品，分发给不同的具备能力的实验室，要求参加比对的实验室严格按照待确认的方法进行测试，通过统计多个测试结果一致性和分散性来对方法进行确认（详见第 9 章）。

实验室内方法确认通常与方法开发同步进行，也可在方法开发基本完成后集中进行，当发现存在不满足预期用途时，则需要进一步修改和完善检测方法直至方法特性指标全面满足应用需要。不同的方法性能参数确认方法有很大不同，具体确认方法参见 1.3。

除了通过对方法性能参数确认外，采用实验室内比对，如方法比对或仪器比对也可进行方法确认，常采用修改的方法与参考方法（未修改的已经经过验证的标准方法）进行比对。为了证明修改后的方法与标准方法（参考方法）之间没有统计学差异（显著性差异），可以利用 t-test 检验分析变异性和结果差异性。

必须注意的是，对于标准方法验证，通常只需在使用该标准方法的实验室内进行，有时，为进一步证实自己的检测能力，也可参加相关能力验证或实验室间比对。

1.2.4 方法特性参数概述

对方法特性参数的评估是方法确认和验证十分重要的内容，因此，全面掌握每一方法特性参数的含义和特点是做好确认和验证的前提，以下结合化学分析方法确认和验证的需要，简要介绍各方法特性参数的含义和特点，这些参数的定义可参考 1.1.1。

1.2.4.1 准确度

准确度通常用测量误差来表征。严格来说，准确度是单个测量结果的一个性质，且由于测量结果的误差需要真值才能计算，应用极为不便。为此，实际工作中，人们更多地使用方法准确度的概念。方法的准确度（以下简称准确度）可以理解为测量方法能够准确测量的程度，是方法的一个重要特性。

虽然准确度与测量不确定度（参见 1.2.4.11）密切相关，测量不确定度越大，方法准确度越差。但由于测量不确定度是一个估计量，并非表征准确度的参数，到目前为止，尚没有参数可以直接表征准确度，准确度通常需要从正确度和精密度两个方面来评价。因此，对方法准确度进行确认和验证，也需通过对方法正确度和精密度分别进行确认和验证。

1.2.4.2 正确度

正确度是反映准确度的一个方面，即仅考虑测试方法中系统效应（引起测量结果系统误差的因素）对准确度的影响程度。一般用偏倚（bias）来定量衡量，偏倚越大，意味着存在较大的系统误差，正确度越差。偏倚与随机误差无关，不受精密度影响，特别是在同一实验室，方法偏倚基本稳定。要注意将偏倚与偏差区别开来，后者属于精密度范畴。

化学分析中，由于真值（参考量值）无法获得，约定真值主要来源于标准物质证书值，加上对样品也只能进行有限次的重复测量，准确获得方法的偏倚是十分困难的，实际工作一般通过对标准物质重复测定，以测定平均值与证书值之差作为偏倚的估计。一种使用更为广泛、成本相对较低的方法，可通过加标回收试验计算平均回收率（recovery）来对方法正确度进行评估。应该特别注意的是，用于正确度评估的回收试验通常应重复测量足够的次数，以减小方法波动对其影响。

1.2.4.3 精密度

精密度是反映准确度的另一个方面，即仅考虑测试方法中随机效应（引起测量结果随机误差的因素）对准确度的影响程度。精密度与测量条件（即精密度条件，通常指方法未作要求的条件）相关，同一方法在不同测量条件下的精密度不同，要获得怎样程度的精密度主要依赖于测量条件的规定，只有在给定的测量条件下才能获得一个相对稳定且具有可比性的精密度数据。

按测量条件的不同，精密度通常包括重复性、再现性和中间精密度。重复性是所有条件不变，结果分散性所能控制的最佳条件的精密度；再现性是多个测量条件改变的条件下，结果分散性相对大的精密度；而中间精密度则是一种介于两者之间的条件下的精密度，即在同一实验室内不同测量条件下的精密度，也称实验室内再现性。

定量分析方法的精密度通常用测量不精密度的参数来表示，如多次测量的标准偏差或相对标准偏差（变异系数），标准偏差越大，精密度越差。对于定性分析方法来说，精密度无法用标准偏差或相对标准偏差来表示，而可以用真阳性（或假阳性）的比率来表示，即精密度=真阳性的数量/（真阳性数量+假阳性数量）×100%。

为了获得检测方法的精密度，首先，确定是何种精密度条件（如重复性条件）；其次，测试必须严格按方法规定进行，测试样品为正常分析的典型样品，样品本身必须是均匀的；此外，应注意每个重复测量的结果应该是"独立测试结果"，即任意一个结果不受以前同样或类似样品测试结果的影响。

精密度会随着分析物浓度的变化而变化，因而可能需要在多个不同浓度点对精密度进行评定。对于某些测试，可能只对一个或两个关注浓度水平进行评定，如产品质量控制（QC）水平或法规限值浓度水平。

准确理解正确度、准确度、精密度的概念，把握三者之间的关系，对做好方法确认和验证工作十分重要。

精密度反映了多个测量结果之间的一致性和分散性，但不能表明结果与真值间的接近程度。正确度则是多次重复测量结果平均值与真值间的一致程度，但它无法估计单次测量结果与真值间的一致程度。增加测量次数可以提高精密度，但无法提高正确度；采取减小系统误差的措施可提高正确度但不能改变精密度。图1-1为正确度、准确度、精密度之间的区别和联系。一个测量方法正确度好，但可能精密度差；也可精密度好，但可能正确度差；正确度和精密度两者均好才能保证方法有好的准确度，参见图 1-1（b）。

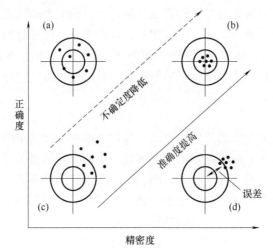

图 1-1　正确度、准确度、精密度之间的区别和联系
（a）正确度好，但精密度差；（b）准确度好；（c）正确度与精密度均差；（d）精密度好，但正确度差

1.2.4.4　线性范围

　　线性通常利用线性回归校准方程来研究。经典的最小二乘法线性拟合方程 $y = a + bx$（y 为仪器响应值；x 为浓度值；a 为线性拟合的截距；b 为线性拟合方程的斜率）常用于仪器分析，并用线性拟合相关系数（correlating coefficient）r 或决定系数 R^2 来度量线性拟合是否良好。当仪器响应值与浓度值正相关时，相关系数越接近于 1 表明线性越好。某些情况下，使用非线性拟合。

　　由于仪器分析校准工作曲线横坐标通常表示标准溶液的浓度，因此线性范围通常是仪器测定工作曲线线性保持良好所对应的标准溶液浓度范围。一般而言，宽的线性范围可以省去样品稀释步骤，但在满足应用要求的前提下，曲线的标准浓度范围不宜过宽，因其测量不确定度亦会随着浓度范围变广而增加。

1.2.4.5　测量范围

　　测量范围也是源于线性的研究，是指能够满足一定准确度、精密度、线性要求等的分析物的上下限之间的浓度范围，也叫测量区间。实际上，测量范围的最低下限浓度即 LOQ，而上限浓度需要以仪器测量信号对样品已知浓度作图，通过观察线性和可接受的不确定度来判断后获得。

　　与检出限类似，广义的测量范围包括仪器测量范围和方法测量范围。由于仪器测量通常呈线性，故仪器测量范围也称线性范围（参见 1.2.4.4），采用溶液样品浓度（如 mg/L）表示；狭义的测量范围即方法测量范围，常用最终结果报告样品含量

（如对于固体样品用 mg/kg 等）表示。

严格来说，方法测量范围需要采用已知含量的待测样品，按分析方法进行样品前处理和仪器测定，通过观察仪器测量的信号与实际样品含量的线性关系来确定。但实际工作中，不考虑样品前处理等因素的影响，直接根据仪器的线性范围和样品前处理过程的稀释倍数对方法测量范围进行估计。

1.2.4.6　灵敏度

灵敏度属于仪器方法的一个重要性能指标。对于仪器分析，灵敏度的高低可以用校准工作曲线 $y=a+bx$ 中的斜率 b 来衡量，其数值可利用经典最小二乘法线性拟合进行计算获得。通常曲线斜率越大，表明灵敏度越高。分析方法在待测物含量发生微小变化时，仪器响应值即有明显变化，此时，仪器越容易获得更低的检出限。

不同的仪器方法，其灵敏度的稳定性差异较大。灵敏度稳定性较好的仪器方法，其灵敏度大小有相对固定的数值；灵敏度稳定性较差的仪器方法，如灵敏度随着每天的操作环境发生显著变化，则该方法在所期望的浓度范围就难以获得稳定的线性响应，实验室通常需要对仪器进行更为频繁的校准。

对仪器灵敏度进行核查和确认，可以作为核查实验室仪器性能是否正常的工作内容之一。但该核查主要适用于衡量仪器方法，对于包含样品前处理的完整标准检测方法难以适用。此外，由于仪器的灵敏度是影响方法检出限的重要因素，两者具有较大的相关性，因此，没有特别的情况下，对已经进行方法检出限或定量限的确认和验证，一般不再对方法灵敏度进行确认和验证。对于常量分析，即使没有对方法检出限或定量限进行确认和验证，仍可以不考虑对方法灵敏度进行确认和验证。

1.2.4.7　检出限

检出限（LOD）可分为仪器检出限和方法检出限。方法检出限需要考虑样品基质的干扰和影响，它是应用某特定的检测方法，对某个具体样品基质内分析物的能检出的一个限值，可理解为能可靠地将目标物信号区别于特定基质样品背景（噪声），待分析物质在该临界状态下的最低浓度或最低量。

而仪器检出限不用考虑样品基质，可以理解为仪器能将目标物信号与仪器噪声相区别或可靠检测的最低浓度或最低量，通常可以通过对没有样品基质的校准空白或标准溶液的信噪比测定来获得，用于考察仪器的检出能力，是仪器的重要性能指标。

由于不少痕量化学分析仪器是对溶液样品进行分析的，因此仪器检出限常用 mg/L 或 μg/L 为单位，而方法检出限则用 mg/kg 为单位。

1.2.4.8　定量限

定量限（LOQ）和检出限均为待测物质的一个最低浓度或最低量，两者单位相同，但检出限是介于检出和未检出的临界状态水平的限量，而定量限则是已经可靠的检出，并具有可接受的准确度的限量。实际工作中，定量限通常为检出限的几倍（2~5 倍），不同的行业或法规，其倍数有所差异，如果要求的可信度高，则倍数应该更大。

与检出限（LOD）相类似，定量限可分为仪器定量限和方法定量限。方法定量限受样品基质的干扰和影响，对于某特定的样品基质和检测方法，其方法定量限可能在不同实验室之间或在同一个实验室内由于使用不同设备、技术和试剂而有差异。不同的基质可能需要分别评估方法的 LOQ。

定量分析报告中报告限则通常是报告中给出具体数值的最低限值，通常可能考虑更大倍数的方法 LOD，也是更有保证的实际定量限，通常高于 LOQ，某些情况下直接使用方法的定量限（LOQ）作为报告限（RL）。

1.2.4.9　选择性

对于化学分析方法，由于样品成分干扰情况千差万别，尚没有一个选择性的定量评定指标，通常通过检查常见干扰物的种类和浓度承受能力来判断。好的方法选择性对于实现测试结果的准确性十分重要，一个选择性差的方法，即使严格按方法规定操作，仍可能获得错误或不准确的结果。为此，选择性是方法开发和方法确认应重点考虑的参数，即选择合理的技术和参数，使分析方法应只对待测物产生响应，或能承受基质中一定浓度水平的其他组分的存在，而不受其干扰。

然而，几乎所有的分析方法都存在一定的干扰，由于不同的方法存在的干扰有很大的差异，如对于元素分析技术，原子吸收法通常比原子发射光谱法有更好的选择性；质谱法通常比色谱法有更好的选择性。不同化学分析技术方法常见的干扰参见具体的仪器分析技术章节。

1.2.4.10　稳健度

方法稳健度的研究目的是更好地确认继而控制那些能够导致测试结果变化的影响因素，以更好地提高方法的准确度，确保方法在正常使用情况下的可靠性。

稳健度好的方法可以获得更好的准确性和重复性。与选择性类似，方法稳健度也没有专门的定量评价指标，在不影响结果的前提下，通过设定一些典型的条件参数可以容许的波动范围来综合评价。通常情况下，只有在方法开发和方法确认时才需要考察方法稳健度。

1.2.4.11　测量不确定度

不确定度是定量表征测量结果质量的一个重要参数，但由于它是一个估算值，大小与置信水平和认知水平等密切相关，其评估需要借助一些合理的假设，难以严密准确计算，因此，不能作为直接衡量准确度的指标（参见 1.2.4.1）。

严格来说，测量不确定度是测量结果的属性，而不是方法的属性。然而，如果一个方法是在有足够统计状态控制下进行的，那么对该方法的典型测试结果的测量不确定度评估结果，是可以被应用于估计方法的准确度的。

因此，通常对方法进行确认时，应对不确定度进行评估。就方法确认而言，测量不确定度的评估应使确定分析方法能满足应用要求，即"目的适用性"。对于标准方法的验证，则可以根据具体情况来处理。由于测量不确定度的评估技术复杂，如果实验室已经对方法精密度和正确度进行了评估，则可以不对测量不确定度进行验证。然而，对不确定度的评估可能是认可机构对实验室的专门要求。如 CNAS 依据 ISO/IEC 17025：2017 制定 CNAS-CL01-G003：2019《测量不确定度的要求》，该文件规定检测实验室应分析测量不确定度对检测结果的贡献，应评估每一项用数值表示的测量结果的测量不确定度。

1.2.4.12　基质效应

基质效应也称基体效应。事实上，基质效应并非方法性能参数，也没有具体的评价指标。基质的存在对待测物质信号强度产生不利影响，可以认为是样品中具有一定含量的非待测定物质引起的干扰，包括使结果偏高的增强效应和使结果偏低的抑制效应。基质效应是影响化学分析特别是痕量检测结果最为主要的因素之一，也是复杂样品如食品检测最难把握的因素之一。然而，对某些已经证明基质效应不显著的成熟的检测技术，可以依据经验来对基质效应进行确认和验证。

基质效应对检出限、灵敏度、选择性、线性范围、精密度、正确度、测量不确定度等方法性能参数均会产生影响，从而对最终的分析物的结果产生影响。因此基质效应通常不单独进行评价，可在对其他方法性能参数进行确认和验证时，同时作为重点考察的因素。如进行重复性验证时，应选用基质与实际样品一致的典型样品。进行线性范围确认时，也可通过比较有基质和无基质样品结果的差异来确认。

1.3　方法确认和验证要求

1.3.1　总体要求

1.3.1.1　方法确认

一般在下列情况下，需要对分析方法进行确认：①标准起草单位开发制定标准方法；②首次使用非标准方法和实验室制定的方法；③超出预定范围使用的标准方法、其他修改的标准方法用于常规检测前；④对于以前确认过的方法，其某些关键条件或方法参数发生变化时（如仪器性能参数发生改变或样品基质不同时）。

方法确认通常应根据预期用途，充分识别其方法特性参数要求，通过参考相关的标准方法和文献资料，结合方法开发和条件优化试验，并通过特定的试验获得非标准方法的特性参数，对待确认方法能否合理地满足预期用途作出判定等。方法的确认应重点关注分析方法的科学性。附录2提供了各类仪器分析方法开发步骤及条件参数优化的注意事项。

如采用实验室间方法确认，参与实验室间方法确认的实验室，相关的或类似的检测项目建议通过 GB/T 27025 认可或具有其他同等资质，并具有确认活动所需要的人员、设备和设施等资源。

1.3.1.2　方法验证

一般在下列情况下，需要对分析方法进行验证（或称证实）：①未作任何修改的标准方法首次用于常规检测前；②修改的标准方法，该修改已经确认过或不影响结果时（如当标准方法修改部分已经有充分的技术依据支撑）；③实施标准方法的人员、场地、关键设备等发生重大变化时；④经过技术确认且方法特性参数已知的非标准方法，如知名技术组织发布的方法。

方法验证需通过设计特定的试验，获得方法在本实验室的方法性能参数，并根据标准方法本身要求（含方法特性参数要求）和其他通用要求对其进行评定，用以证实该实验室在现有的设施、设备、人员、环境等条件下，是否有能力正确运用该方法。方法的验证应重点关注其符合性。附录3给出了化学分析中方法特性参数的典型评定方法及注意事项。

当标准方法中规定的部分仪器参数不适用于实验仪器时（或标准中缺乏部分仪器参数），实验室应对方法条件进行细化或者调整，通过仪器条件优化试验，选取适合本型号仪器的仪器工作条件，并编制作业指导书。

当标准中含有多种方法时，应对本实验室选用的方法逐一进行验证。典型的多种方法，可能包含多种不同的前处理方法或多种不同的仪器方法。当标准方法适用于多种检测对象时，应对本实验室应用的不同类型基质样品逐一进行验证。对于标准方法的验证，必要时可参加能力验证或开展实验室间比对。

1.3.2　人员资质要求

实验室应确保执行方法确认和验证所需人员的能力，即确定检测人员是否具备所需的技能及能力，必要时应进行人员培训，经考核后上岗。

实施方法确认的实验人员应了解和熟悉所确认的相关领域检测方法原理，具有较为丰富的检测经验和一定的方法开发经验，掌握影响分析方法特性参数的关键因素。

1.3.3　方法特性参数的要求

1.3.3.1　方法确认

实验室在进行方法确认前，应根据方法的预期用途（使用方法需求方的需求），充分识别待确认的分析方法的特性参数要求，并对具体要求做详细说明。如明确检测对象特定的特性，包括样品的主要基质成分及特性、待测物质的主要特性、浓度含量水平（或相关限值）、测量方法允许精度或可接受的测量不确定度（或测量误差）等。某些性能指标需求可能没有明确的指标数值，通常需要满足行业相关通用要求。

不同类型的方法需要确认的典型方法特性参数见表 1-3。

表 1-3　不同类型的方法需要确认的典型方法特性参数

待评估性能参数	确证方法		筛选方法	
	定量方法	定性方法	定量方法	定性方法
检出限*	√	√	√	—
定量限	√	—	√	—
灵敏度	—	—	—	—
选择性	√	√	√	√
线性范围	√	—	√	—
测量范围	√	—	√	—
基质效应**	√	√	√	—
精密度（重复性和再现性）	√	—	√	—
正确度	√	—	—	—
稳健度	√	√	√	√
测量不确定度（MU）	√	—	—	—

*表示在进行痕量分析时需要确认此性能参数。

**基质效应和稳健度通常不单独进行确认，但它几乎对所有方法性能参数都可以产生影响，为各方法性能参数确认需要重点考虑的因素。

注：1. √表示正常情况下需要确认的性能参数；—表示正常情况下不需要确认的性能参数。

2. 当已经确认检出限，定量限也可以省略；当已经确认线性范围，测量范围可以省略。

通常情况下，需要确认的技术参数包括方法的选择性、检出限、定量限、线性范围、正确度、精密度、稳健度、测量不确定度等。但是实际工作中，不同类型分析方法需要确认的方法性能参数有所不同，某些情况下可对某些参数进行简化。对于定量分析方法确认，至少需要评定方法正确度和测量精密度。而对于痕量分析，则需要增加考虑方法检出限和定量限。

在技术风险较低的情况下，对超出预定范围使用的标准方法或其他扩充和修改的标准方法进行方法确认时，可仅针对受影响的方法特性参数进行确认或者与标准方法比对确认，无须全面确认。但当修改后的样品方法检测的样品基质与标准方法适用范围内样品基质有明显的区别时，则应全面确认。

1.3.3.2　方法验证

实验室在引入并使用标准方法前，应充分识别标准方法的规定要求，如人员、设施和环境、设备等条件，还应通过试验证明结果的准确性和可靠性，包括方法的检出限、定量限、精密度、线性范围等方法特性指标。通常待验证的标准方法本身已经规定了方法的性能参数或相关要求，但与方法确认类似，某些情况下，标准方法缺少相关性能参数指标或要求，实验室仍需要考虑相关行业通用要求。典型方法验证参数的选择及其要求可参考表 1-4。

表 1-4　典型方法验证参数的选择及其要求

待评定性能参数	典型选择	一般要求
检出限*	√	不高于方法标准给出的检出限
定量限	√	不高于方法标准给出的定量限
灵敏度	—	—
选择性	—	—
线性范围	√	曲线线性相关系数满足标准规定或通用要求
测量范围	√	应覆盖方法的最低浓度水平（定量限）和关注浓度水平
基质效应**	—	—
精密度（重复性和再现性）	√	精密度数据可以采用 χ^2 检验，应满足标准方法要求或满足化学分析通用要求
正确度	√	偏倚小于临界差（CD 值）或回收率优于标准方法给出的指标或满足化学分析通用要求
稳健度	—	—
测量不确定度（MU）	—	—

*表示在进行痕量分析时需要验证此性能参数。

**基质效应通常在方法确认时已经考虑，不再专门验证，但在对某些方法性能参数进行验证时，当标准方法未作出明确规定，应选择本实验室分析的代表性基质样品来进行。

注：1. √表示正常情况下需要验证的性能参数；—表示正常情况下不需要验证的性能参数。

2. 当标准方法没有特别规定的情况下，如已经验证检出限，定量限可以省略；如已经确认线性范围，测量范围可以省略。

3. 如果实验室已经对方法精密度和正确度进行验证，则可以不对测量不确定度进行验证。然而，对不确定度的评估可能是认可机构对实验室的专门要求（如 CNAS-CL01-G003：2019）。

通常情况下，由于方法选择性、基质效应和稳健度等主要由方法本身特性所决定，基本不受实验室对标准方法操作的影响，无须进行验证。需要验证的参数主要包括方法的检出限、定量限、线性范围、正确度、精密度等。

定量分析方法验证的关键参数主要决定于方法本身的特性和样品基质范围，通常至少应验证正确度和精密度。对于痕量化学分析实验室，实验室还应确保获得适当的检出限和定量限。定性分析方法验证的关键参数通常包括灵敏度、选择性、精密度、基质效应。

此外，当标准方法中已经规定了测量不确定度主要来源的值的极限，并规定了计算结果的表示方式（或者如果标准方法中已确定并验证了结果的测量不确定度），则实验室只需证实相关关键影响因素已经按标准进行控制，无须重新评估测量不确定度。

1.3.4 文件和记录要求

在进行方法确认和验证时，实验室应做好相关记录，包括用于确认和验证结果、所获得结果的方法和程序，以及方法是否满足非标准方法的预期用途和标准方法要求的结论。

实验室应编制相关方法确认和验证报告，报告中宜包含目的、待确认的非标准方法作业指导书或待验证的标准方法编号、方法摘要、所用的仪器和标准物质、方法特性参数评定过程（含试验设计、使用的样品基质类型、数据统计、判定依据），以及最终结论、审核及批准人员、报告日期等关键要素。

相关报告和记录应存档并确保在需要时，如报告限量的设定、内部质量控制结果评价所规定限值的确定等有关数据能正确得到利用。

对于非标准方法确认，一般应同时制定如下文件：

① 方法的作业指导书；
② 方法的编制说明；
③ 实验室间或不同专家给出的方法确认报告；
④ 使用该方法出具的典型报告。

1.4 方法特性参数的确认和验证

1.4.1 总则

通常方法确认和验证都是在一个实验室内完成的，实验室通过对待确认和验证的各方法性能参数逐个进行验证，各参数均满足要求则表明实验室所制定的（或修改的）方法能满足预期用途或者方法已在本实验室得以正确使用。

由于方法确认和验证的方法特性参数及其确认和验证方法基本相同，本部分将对每一方法特性参数的确认和验证方法逐一加以介绍。本部分介绍的方法将主要适用于消费品化学分析，特别是消费品痕量化学分析。化学分析方法性能参数的典型确认和验证方法及其需要特别关注的情况见表1-5。

表1-5　化学分析方法性能参数的典型确认和验证方法及其需要特别关注的情况

待评估性能参数	评估的典型方法	需要特别关注的情况
检出限/定量限	目视评价法、空白标准偏差法、信噪比法等	痕量化学分析才需要确认/验证，不同基质可能需要分别测试
选择性	空白样品分析法和干扰加入分析法	可能存在干扰的方法确认，重点考虑主要的干扰物类型及其典型的浓度水平
线性范围/测量范围	最小二乘线性回归法	应覆盖方法的最低浓度水平（定量限）和关注浓度水平，每校准点重复2次以上
基质效应	采用不同类型代表性基质样品分别试验测定	在确认和验证其他各方法性能参数时均需要重点考虑
精密度（重复性和再现性）	在规定的精密度条件下重复测定相同的样品，计算不同变异系数，利用 F-检验对比两个方法的精密度	不同类型样品应分别测定，试验样品应与日常样品基质和目标物浓度尽量相匹配，重复次数应足够
正确度	CRM 或 RM 测试、加标回收试验	试验样品应与日常样品基质和目标物浓度尽量相匹配
稳健度	改变方法条件参数采用单因素或多因素正交设计试验或 Plackett-Burman 试验设计	发现的可能显著影响结果的方法条件参数，应给予合适的限值
测量不确定度（MU）	参考 GUM 法等，根据分量情况采用 A 类评估或 B 类评估后进行合成等计算	定量分析方法确认和缺少测量不确定度信息的标准方法验证

方法特性参数的评估是方法确认和验证方法最重要的内容，以下将对主要的方法特性参数的具体获得和评估方法逐个详细介绍。

1.4.2　检出限

应根据标准方法的要求或者实验室的预期目的来决定是否进行检出限和定量限的确认，通常情况下，当分析物浓度远大于 LOQ 时，没有必要评定方法的 LOD 和 LOQ。但是对于那些浓度接近 LOD 与 LOQ 的痕量和超痕量检测，并且报告为"未检出"时，或需要利用检出限或定量限进行风险评定或法规决策时，实验室应确定 LOD 和 LOQ。不同的基质类型可能需要分别评定 LOD 和 LOQ。由于 LOD 和 LOQ 有一定的倍数关系（通常 LOQ 为 LOD 的 2~5 倍），某些情况下可能仅评定 LOD 和 LOQ 其中之一。

注：通常方法特性参数的确认和验证主要是对方法检出限和方法定量限的评定，而非对仪器检出限和仪器定量限的评定。

确定检出限的方法很多，除下面所列方法外，其他方法也可以使用。

（1）目视评价法评估 LOD

目视评价法是通过在样品空白中添加已知浓度的分析物，然后确定能够可靠检测出分析物最低浓度值的方法。即在样品空白中加入一系列不同浓度的分析物，随机对每一个浓度点进行约 7 次的独立测试，通过目视观察每次测试结果（检出或未检出，即阳性或阴性），通过绘制阳性（或阴性）结果占总结果数百分比与浓度相对应的反应曲线确定临界值浓度（如 95%置信概率下对应的浓度即该曲线纵坐标百分比为 95%对应的浓度值），可认为是该方法的检出限。

目视评价法可应用于非仪器方法和仪器分析方法，特别适合应用于定性测试方法的评估。某定性分析结果如表 1-6 所示，当样品中待测物浓度低于 100μg/g 时，阳性检测结果已经不具备 100%的可靠性，可以将该方法检出限定为 100μg/g。

表 1-6　定性分析确定临界值

待测物浓度值/（μg/g）	重复次数/次	阳性/阴性检出次数/次
200	10	10/0
100	10	10/0
75	10	5/5
50	10	1/9
25	10	0/10

（2）空白标准偏差法评估 LOD

光谱法常用空白标准偏差法评估 LOD。即通过分析大量的样品空白或加入最低可接受浓度的样品空白来确定 LOD。独立测试的次数应不少于 10 次（$n \geq 10$），计算出检测结果的标准偏差（s），计算方法参见表 1-7。

表 1-7　定量检测中 LOD 的表示方法

试验方法	LOD 的表示方法
（1）样品空白独立测试 10 次*	样品空白平均值+3s（只适用于标准偏差值非零时）
（2）加入最低可接受浓度的样品空白独立测试 10 次*	0+3s

*表示仅当空白中干扰物质的信号值高于样品空白值的 3s 的概率远小于 1%时适用。

注：1. "最低可接受浓度"为在所得不确定度可接受的情况下所加入的最低浓度。

2. 假设实际检测中样品和空白应分别测定，且通过样品浓度扣减空白信号对应的浓度进行空白校正。

样品空白值的平均值和标准偏差均受样品基质影响，因此最低检出限也因受样品基质种类的影响而不同。如果利用此条件进行符合性判定，需要定期用实际样品检测数据更新检出限数值。

（3）校准方程的适用范围评估 LOD

如果无法获得在 LOD 或接近 LOD 的浓度水平的样品数据，可利用校准方程的参数评估仪器的 LOD。如果用空白平均值加上空白的 3 倍标准偏差，仪器对于空白的响应即为校准方程的截距 a，仪器响应的标准偏差即为校准曲线的标准偏差（$s_{y/x}$）。故可利用方程 $y_{LOD}=a+3s_{y/x}=a+bx_{LOD}$，则 $x_{LOD}=3s_{y/x}/b$。此方程可广泛应用于化学分析。然而由于此方法为外推法，结果就不如由试验得到的结果可靠，因此建议尽量通过分析浓度接近 LOD 的实际样品，确证在适当的概率下被分析物能够被检测出来。

（4）信噪比法评估 LOD

对于定量方法来说，由于仪器分析过程都会有背景噪声，常用的方法就是利用已知低浓度的分析物样品与空白样品的测量信号进行比较，确定能够可靠检出的最小浓度。典型的可接受的信噪比是 2∶1 或 3∶1。色谱法常用信噪比法评估 LOD。

1.4.3　定量限

通常，有了方法检出限，可以直接计算方法定量限。对于提供了方法检出限和/或定量限的标准方法，也通过向空白样品添加相当的浓度水平的精密度评估试验来对方法定量限进行验证。

LOQ 的确定主要是考虑其可信性，如测试是否基于法规要求、目标测量不确定度和可接受准则等。通常建议将空白值加上 10 倍的重复性标准差作为 LOQ，也可以 3 倍的 LOD 或高于方法确认中使用正确度评定中最低加标量的 50% 作为 LOQ。如为增加数据的可信性，LOQ 也可用 10 倍的 LOD 来表示。

1.4.4　选择性

方法选择性是方法确认的重要内容，方法确认者需要考虑方法适用样品可能存在的基质成分类型和含量水平，应该尽可能选择有利于减少干扰的分析条件或方法。在对某些选择性不太好的检测技术方法、基质成分复杂的样品痕量杂质检测等干扰风险较高的方法确认过程中均应更加关注考察其选择性。

在进行方法验证的过程中，由于标准方法制定方已经进行过确认，通常所建立的标准方法具有较好的选择性，可不对方法选择性进行验证。但当方法适用检测对象种类繁多或样品基质成分复杂，且难以通过全部样品基质或其他参数进行干扰试验时，使用标准方法的实验室仍需根据自身样品情况选择某些特定的样品对方法选择性进行验证。

在进行方法确认的过程中，应当根据预期用途样品范围，采用多种不同类型的含量已知的代表性样品来证实方法的选择性，所用的样品种类从单纯的目标分析物标准溶液到具有复杂基质的实际样品，也可用不同基质类型的空白实际样品。当方法需要对多种目标物进行定量时，则应考虑对目标物之间是否存在干扰进行确认。

原则上，所开发方法具有一定级别的选择性而无明显干扰。如果发现测定受到干扰物的显著影响，则需要进行方法开发或采用相应的校正方法。

当需要进行选择性确认时，实验室可联合使用但不限于下述方法检查干扰。

1.4.4.1　空白样品分析法

分析一定数量的代表性空白样品（不含待测定物质的实际样品），检查在目标分析物出现的区域是否有干扰（信号、峰等），所选空白样品尽量考虑不同基质类型。

该方法简便实用，但对样品有一定的要求。通常样品要求不含待测目标物质，且样品需要有一定的代表性，特别是基质成分的类型和含量水平应与实际分析未知样品尽量保持一致。由于实际分析未知样品本身基质成分非常复杂，应尽量选取多个不同基质成分空白样品进行分析，基质成分浓度水平应尽可能与实际分析未知样品基质成分最高浓度水平一致。

1.4.4.2　干扰物添加分析法

对有参考值的实际样品进行分析或在代表性空白样品中添加一定浓度的有可能干扰分析物定性和/或定量的物质，考察所添加的干扰物质对结果的影响。

空白样品分析法对样品要求较高，有时难以获得相关的空白样品，或者无法获得样品待测目标物质含量信息。此时，可以采用在代表性实际样品中添加一定浓度的有可能干扰分析物定性和/或定量的物质。比较添加和不添加干扰物的待测目标物质含量是否发生变化，无显著性变化则可以判定干扰不显著；反之，则说明该浓度水平干扰物质存在显著性干扰。通常所添加的干扰物浓度范围应与实际样品中可能会碰到的浓度水平相当。

由于分析者要确定所有潜在的干扰物是非常不实际的，通常需要利用知识和经验考虑那些最相关性的情况。有时为简化试验，如果有需要，可以同时加入不同浓度可疑干扰物，只要目标物测试结果不变，可以认为所加入的干扰物没有干扰。但某些情况下，不同干扰物质可能会产生增强或抑制目标物的信号，而相互抵消，此时，就需要分别添加干扰物进行分析判断。

1.4.4.3　权威方法比对法

当有实验室有对同类样品的其他已获认可的具有可比性的标准方法或公认的检测方法，也可通过实验室内部方法比对来检查。

1.4.5　线性范围

线性范围通常可参照相关国家标准或国际标准，尽量满足如下要求：

① 采用校准曲线法定量，并至少具有 6 个校准点（包括空白），浓度范围尽可能覆盖一个或多个数量级，每个校准点最好以随机顺序重复测量 2 次或更多。对于筛选方法，线性回归方程的相关系数不低于 0.98。对于准确定量的方法，线性回归方程的相关系数不低于 0.99。

② 校准用的标准点应尽可能均匀地分布在关注的浓度范围内并能覆盖该范围。

③ 浓度范围一般应覆盖样品中可能涉及的分析物浓度或关注浓度的 50%~150%，如需做空白时，则应覆盖关注浓度的 0~150%。

④ 应充分考虑可能的基质效应影响，排除其对校准曲线的干扰。实验室应提供文献或试验数据，说明目标分析物在溶剂中、样品中和基质成分中的稳定性，并在方法中予以明确。通常各种分析物在保存条件下的稳定性都已有很好的研究，监测保存条件应作为常规实验室确认系统的一部分。对于缺少稳定性数据的目标分析物，应提供能分析其稳定性的测定方法和确认结果。

⑤ 若在所考察的浓度范围之内不能呈现所期待的线性关系，则应设法消除导致线性差的因素，或者限制（缩小）浓度的范围以确保其线性。在某些情况下，即便非线性方程是适合的，但也要谨慎使用，需要验证所选用这种模型的可行性。

1.4.6　测量范围

方法的测量范围通常应满足以下条件：

① 方法的测量范围应覆盖方法的最低浓度水平（定量限）和关注浓度水平。

② 至少需要确认方法测量范围的最低浓度水平（定量限）、关注浓度水平和最高浓度水平的正确度和精密度，必要时可增加确认浓度水平。

③ 若方法的测量范围呈线性，也可通过线性范围的评定来验证测量范围。

1.4.7　基质效应

在方法确认和验证过程中，基质效应的确认通常不单独进行，而是结合方法选择性或正确度等其他参数确认同时进行。识别基质效应有向典型含基质样品中添加标准溶液或向纯标准溶液中添加纯基质物质两种方法。

当方法确认过程中采用添加标准溶液的方法时，应通过在典型样品前处理好的消解液或萃取液中添加标准溶液进行识别。对成分差异显著的不同基质类型样品溶液应分别识别，每种基质类型样品溶液一般应重复测定至少 2 次。一种简化的方法是在样品处理前添加标准溶液计算回收率，若回收率满足要求，则可以认为已经考虑该类型样品基质效应的方法正确度得到确认或验证。

若萃取液或消解液添加标准溶液测出的结果要较单纯标准溶液（仅含简单溶剂，无样品基质）测出的结果有显著差异，则应考虑基质的存在对仪器的响应有抑制或增强的影响。实验室可通过分析基质标准物质、改变基质成分含量、与其他参考方法进行比对等方法对基质效应进行进一步的确认。

在研究基质对仪器响应的影响时，常常采用向标准溶液中添加纯基质成分的方法，即可通过配制加入基质（也可以改变基质成分含量）和不含有基质两套浓度一致的系列标准溶液分别绘制校准曲线，以考察这两个曲线斜率是否存在显著性差异。若不存在显著性差异，如曲线斜率偏差小于10%，则认为不需要对基质影响进行校正，可直接用溶剂稀释标准物质配制标准工作溶液。

当确认基质效应显著影响分析结果时，应通过基质匹配、基质分离或稀释、干扰校正等方法降低或消除。

注：标准加入法不能对所添加基质的影响进行消除。

1.4.8 精密度

对于非标准方法的确认，则宜同时对方法重复性和再现性进行确认。方法确认通常采用实验室间协同试验数据来获得方法重复性和再现性等精密度数据，如果参加实验室在不同时间（如一周前后）对同一样品也进行了重复测试，则可以统计获得方法中间精密度数据。

对于标准方法的验证，通常仅在应用该方法的实验室内进行，可仅对方法重复性进行验证；如标准方法提供了中间精密度数据，实验室最好能同时进行中间精密度的验证。

实验室内方法验证或方法确认获取精密度试验设计应特别注意：

① 为获得正常操作条件下方法的精密度，实验室应在标准方法或作业指导书规定的日常样品测试条件下进行测试，测试样品为日常分析的典型样品，样品准备和前处理应与正常操作一致，试剂、测试设备、分析人员和操作均应与实际测试的情况一致。

② 测定精密度数据的样品应尽量采用含有待测物质且足够均匀的实际样品进行测量。如果无法获得均质材料则应通过人工制备模拟样品进行评定。

注：由于方法精密度通常反映包括样品前处理和仪器分析全部测定流程的完整分析方法的波动，所选取样品应该尽可能选择方法适用范围规定的日常样品，简单基质标准溶液样品重复测定数据一般无法反映样品前处理过程的影响，仅能反映仪器精密度。

③ 精密度会随着分析物浓度的变化而变化，因而需要在多个浓度点进行测定

（其中应包含测试范围内最低浓度）。对于可疑基质产生的影响，测定多个浓度点显得尤为必要。当分析物浓度很低，其重复测定结果波动可能相对较大，如超过平均值的 50%，此时，应调查精密度较差可能的原因。对于某些测试，可能只对数据使用者的特别显著的一个或两个浓度进行评定，如产品质量控制要求或法规限值对应的浓度水平。

④ 对于单一实验室的方法确认，获取实验室再现性测量精密度的最佳方式是对实验室的某一个相同的样品和 CRMs 或 RMs 在正常条件下进行长期独立测定。这种条件下获得的精密度即为实验室内再现性测量精密度。如果精密度试验是在对不同样品、不同时间分别重复进行，且每组数据之间没有显著性差异，则这些数据将用于计算合并标准偏差，用于评价方法再现性。

⑤ 如果测试方法用于对一系列样品类型进行测定，如不同分析物样品基质，则精密度的评定需要选择每个类型代表性的样品进行测定。

1.4.8.1　重复性（repeatablility）

重复性可用标准偏差（s）、方差（s^2）等表示，通常需要在重复性条件下进行足够的重复测试次数数据统计计算获得。

重复性体现了测量结果短期变化，但只要所持续的时间不是太长，同样也适用于评定一段时间内的在单一批次分析中重复测定可能存在的差异。然而，由于测量系统本身的稳定性也可能下降，早期测量获得的重复性可能会低估在长期正常条件下测量结果在重复性条件下的分散性。

重复性的测定通常在自由度至少为 6 的情况下进行。如对一个样品测定 7 次；或对 2 个样品，每个样品测定 4 次；或对 3 个样品，每个样品测定 3 次。仪器重复性可通过对校准曲线中标准溶液、加标溶液进样测定 7 次，然后计算平均值、标准偏差。进样应按随机顺序进行以降低偏差。

方法重复性一般可通过准备不同浓度的样品（可采用实际样品，也可采用添加了所需分析物的实际样品），然后在较短的时间间隔内由同一个分析员进行分析测定，并计算平均值、标准偏差和相对标准偏差。得到的标准偏差 s 除以平均值后的百分率即得到测试结果变异系数（CV），如果标准方法没有提供精密度数据，不同含量测试结果的实验室内和实验室间变异系数可参考表 1-8 进行评价。

表 1-8　不同含量测试结果的实验室内和实验室间变异系数

被测组分含量	实验室内变异系数/%	实验室间变异系数/%
0.1μg/kg	43	64
1μg/kg	30	45
10μg/kg	21	32
100μg/kg	15	23

被测组分含量	实验室内变异系数/%	实验室间变异系数/%
1mg/kg	11	16
10mg/kg	7.5	11
100mg/kg	5.3	8.0
1000mg/kg	3.8	6.0
1%	2.7	4.0
10%	2.0	3.0
100%	1.3	2.0

注：本表实验室内变异系数引自 GB/T 27404—2008《实验室质量控制规范 食品理化检测》附录 F.3；实验室间变异系数引自 AOAC Guidelines for Single Laboratory Validation of Chemical Methods for Dietary Supplements and Botanicals。

1.4.8.2 再现性（reproducibility）

与重复性相比较，除了所规定的条件不同，再现性的验证方法和数据统计计算与重复性十分类似。

再现性也可用标准偏差（s）、方差（s^2）等表示，通常需要在再现性条件下进行足够的测试次数数据统计计算获得。如使用同一标准方法对同一样品的某个参数由不同分析员、不同设备在不同时间内，或者在不同实验室间进行测定。再现性的测定通常在自由度至少为 6 的情况下进行。方法的再现性通常随分析物浓度降低而变差。再现性标准差可通过一系列多个样品获得，或多个系列测定结果的合成标准偏差进行计算。如果标准方法没有提供精密度数据，不同含量测试结果的实验室间变异系数可参考表 1-8 进行评价。

当需要在一个实验室内验证中间精密度时，中间精密度的试验条件应尽量按日常实验室运作，反映该实验室在不同的时间、不同的分析人员、不同型号的设备等正常变化条件下的精密度。

1.4.9 正确度

最理想的偏倚评定是利用样品的基质匹配且浓度相近的有证标准物质（CRMs）进行测试。若无法获得 CRMs，则需要寻找可替代的物质来评定。采用基质与待测样品的基质类似，有足够可靠的参考值的标准物质（RMs）来评定也是一个好的选择。经过多个合作实验室协同试验测定获得的特性值的样品可以用于此目的。

在条件允许下，应尽可能采用覆盖整个浓度测试范围的不同试样评定偏倚。当一个方法不能按预期在整个测试范围获得一致的偏倚时（如非线性校准曲线），则需要对不同浓度水平的样品进行测定（至少对高含量或低含量测试）。否则，实验室应证明在整个测试范围之内具有相同的正确度。

注：如使用 CRMs 证明了方法在某一浓度水平的正确度，并不代表该方法在整个线性范围内各个浓度水平下均有相似的正确度。

如果无法获得合适的 CRMs 或 RMs，则偏倚只能通过在基质空白（或者含有目标物的实际样品）中加入一系列浓度的目标物所得回收率来评定。即将已知浓度的分析物加到样品中，按照预定的分析方法进行检测，测得的实际浓度减去原先未添加分析物时样品的测定浓度，并除以所添加浓度的百分率。回收率（R）可通过公式（1-1）计算：

$$R=（C_1-C_2）/C_3\times100\%\qquad\qquad（1-1）$$

式中，C_1 是指加标之后测定的浓度；C_2 是指加标之前测定的浓度；C_3 是指添加目标物后的理论浓度。

在采用回收率来评定方法正确度时应重点考虑以下影响因素：

① 不同浓度水平的回收率有所差异，方法回收率的偏差范围可参考表 1-9 进行评价。

表 1-9　方法回收率的偏差范围

浓度水平范围（p）	允许偏差范围
10%≤p<100%	95%~102%
1%≤p<10%	92%~105%
0.1%≤p<1%	90%~108%
0.01%≤p<0.1%	85%~110%
10mg/kg≤p<0.01%	80%~115%
1mg/kg≤p<10mg/kg	75%~120%
10μg/kg≤p<1mg/kg	70%~125%

注：方法回收率除了与浓度水平相关，还受目标物质特性、样品基质的类型、测试方法本身和实验室操作等多个因素的影响。在标准方法没有具体规定的情况下，该表给出的方法回收率偏差范围仅作为参考。本表数据引自美国分析化学家协会（Association of Official Analytical Chemists，AOAC）AOAC Guidelines for Single Laboratory Validation of Chemical Methods for Dietary Supplements and Botanicals。

② 应特别注意的是，100%的回收率并不一定意味着好的正确度，但差的回收率则一定意味着有偏倚。某些情况下，实验室只能依赖于加标来评定其偏倚。在这种情况下，实验室应尽可能参加包括采用实际样品或与本实验室日常检测样品类型相同或相似的样品的能力验证以确认或验证方法的正确度，也可利用已知偏倚的国际或国家认可的参考方法来评定另一种方法的偏倚，或者利用两种方法按照相关测试程序对多种基质或浓度的典型样品进行测定，并用 t-检验（t-test）对分析方法间的偏倚显著性进行评定。

③ 通常情况下宜在方法的尽可能早期步骤，如称样时添加目标物标准溶液进

行方法回收率试验，以获得方法全程回收率，若向经过前处理后的样品萃取液或消解液添加，则所获得的回收率仅考察仪器检测方法的正确度。

注：通过比较萃取（或消解）前和萃取（或消解）后回收率结果差异，可了解在样品前处理过程中的目标物的损失情况。

1.4.10 稳健度

确认方法稳健度时，首先需要选择影响检测结果的主要因素。在化学分析方法中，典型的因素有：样品颗粒大小、温度、加热速率、pH 值、试剂浓度、萃取时间等。通常可以依据实验室内部方法开发数据、方法技术特性等来选定稳健度的主要影响因素。实际上，经验丰富的专业人员有能力预判那些对试验结果产生影响的因素。必要时，也可以通过一些简单的预试验来选定。

在选定了主要因素后，通常可在预先设定好该因素（如温度）的微小合理条件变化下（如±2℃），通过对空白样品、CRMs、RMs、已知含量等均匀样品的多次重复测定结果统计判断来确认该因素影响是否显著。实验室通常需要通过方案设计来考察、分析单个或者多个因素对稳健度的影响。改变某个条件，固定其他因素，可通过对多次重复试验结果显著性检验来评定该因素的稳健度；对于多个因素的影响，宜采用正交设计进行试验。

当发现对测定结果有显著影响的因素（如温度极限值、时间或 pH 值范围），应通过进一步的试验确定这个因素的允许极限（或允许范围），进而对该因素做适当修改，以满足方法的用途需求。对结果有显著影响的因素应在标准方法中明确地注明。

1.4.11 测量不确定度

定量化学分析方法确认通常包括评定方法测量不确定度。对化学分析结果的不确定度产生影响的因素有很多，通常包括质量、体积、样品均匀性以及测试方法及测试过程中由试验带来的分量（如取样、样品前处理、仪器测试）。通常需要对这些对最终结果有影响的因素带来的测量不确定度分量进行评估，根据数学模型对分量进行评估获得被测量的合成标准不确定度，最终根据需要进行扩展获得报告结果的扩展不确定度。

由于测量不确定度评估比较复杂，目前关于不确定度的评估方法有很多参考资料，大多都是基于《测量不确定度表示指南》（Guide to the Expression of Uncertainty in Measurement）。对化学分析方法的测量不确定度可参考 EUROCHEM/CITAC 指南 CG4《分析测量的测量不确定度评估》、ISO/IEC Guide 98-3《测量不确定度表示指南》和 GB/Z 22553《利用重复性、再现性和正确度的估计值评估测量不确定度的指南》、CNAS-GL006：2019《化学分析中不确定度的评估指南》、CNAS-GL009：2018《材料理化检测测量不确定度评估指南及实例》等文件等，本书第 8 章对化学分析不确定度的评估也做了专门介绍。

1.5　方案的设计及实施

1.5.1　方案设计的主要内容

制订周密科学的方案设计是确保方法确认和验证有效性的前提和重要保证，对于方法确认尤为重要。对于测试样品类型单一、方法技术较为完善、相关方法性能指标比较完整的标准方法验证，可无须拟定专门的验证方案，验证人员可仅通过简单构思，列明某些关键要点来准备相关验证计划。但对于测试样品类型复杂、方法技术不够清晰、缺少方法特定指标的标准方法的验证，以及非标准方法的确认，宜在验证和确认前对验证和确认进行策划，包括：

① 考虑客户要求和标准方法的规定；

② 验证和确认的对象、方法的适用范围、常见样品类型；

③ 方法规定要求和客户的识别（包括资源配置要求和方法性能要求）；

④ 验证和确认的方法特性参数及其评定各参数的试验方法（如仪器和试剂、标准物质、采用的样品类型及数量、样品测定方法和条件、测定次数、数据计算或统计方法等）；

⑤ 实验室的资源条件（如仪器和试剂、环境条件、标准物质）；

⑥ 方法性能的试验结果的评价准则；

⑦ 拟定验证和确认的工作计划，包括可对责任人员、完成时间作出计划安排。

在上述内容中，选择方法性能参数和评定的方法是方法验证和确认的核心内容，实验室应该根据标准方法特性、方法样品适用范围、检测技术特点、检测的目的等综合考虑确定，并应仔细考虑每一方法特性参数具体的验证和确认方法、指标判定要求等细节。

1.5.2　方案设计的主要原则

方案设计宜遵循以下通用原则：

（1）可靠性原则

拟定合适的确认和验证方案以保证确认和验证结果的可靠性，是进行方案设计的首要原则。如果方案设计不合理，导致产生不可靠的甚至错误的验证结果，这对检测十分不利。举个简单的例子，未考虑基质效应，采用试剂空白代替样品空白，甚至采用校准空白代替样品空白，测定获得一个比实际偏低的方法检出限，导致无法对在接近该水平的样品含量给出有意义的检测结果数据，进而影响方法的应用。因此，在进行方案设计时，必须了解每一方法性能参数的含义和影响因素，掌握各类分析检测技术方法的特点，把握各自的规律，必须在满足其使用范围、符合其限定的条件下使用，以获得可靠的验证和确认结果。

由于确认和验证测试结果受多方面因素的影响，实验室应充分考虑检测各因素对检测结果的影响，并对检测相关人员、标准物质、测试设备、样品、试剂、环境、方法等全过程进行质量控制，确保确认或验证试验结果不受方法本身以外的因素影响，以保证方案设计和验证的可靠性。

此外，在不同的领域，针对不同的方法性能参数，获得方法性能参数测试所需要的验证试验重复测量次数也不同，但必须要保证足够的次数以保证实现方法结果统计的有效性，如采于 t-test（t 检验）评定准确性。推荐每一个基质中每一个浓度点的每个测试要至少重复测定 7 次。一般而言，越多的样品测试，越大的自由度，对于测量的统计学分析就越可信。

（2）灵活性原则

不同的分析技术有不同的特点，同一分析方法的不同方法性能参数之间也可能互相影响或相关，不同的应用需求所需要关注的方法性能参数也差异很大。方案的设计应根据当前的主要目的及检测方法的适用范围，结合实验室自身实际，充分考虑方法技术特点、实验室样品基质类型、目标物的浓度水平、测量的目的、客户可以接受的测量不确定度等综合确定应加以确认和验证的方法性能参数和内容。比如，检出限（LOD）或定量限（LOQ）通常在目标物的含量接近于"零"的时候才需要进行测定。当方法应用于所测定的分析物浓度要比定量限大得多时，检出限与定量限评定就显得不是非常有必要了。但是对于那些浓度接近于检出限与定量限的痕量和超痕量测试，常报出"未检出"时，这时检出限或定量限对于风险评估或法规决策就显得非常重要。

此外，原则上，不同的基质应独立评定其检出限和定量限。而方法测量对象可能涉及基质类型非常多，每一类样品基质还可细分，这样势必导致确认和验证工作量非常之大。如何选择有代表性样品基质进行试验，通常须根据已有经验和实际情况，基于风险分析理念来灵活选择，既要注意对有显著差异的样品基质进行区分，又要避免分类过细。

实验室在建立新非标准方法，或者修改标准方法时，应考虑该技术是否经过同行审查或来自知名出版者认可的期刊上，是否能为相关领域的专家团体所接受，是否存在已经在本实验室验证类似技术操作的方法。

某些修改的方法已经有可靠的资料证明其科学性和可行性，或者只作了对方法性能基本没有影响的修改，某些类似的方法已经在实验室开展多年的新方法，某些技术已经有可靠的资料证明其技术的可行性等，意味着这些方法的技术或某个方法特定性能参数其风险较低，相关的确认或验证可以在一定程度上进行简化或省略。

（3）经济性原则

在设计方案时，实验室要考虑方法确认和验证的成本，更要考虑其效益，应尽可能树立风险意识，对风险高的参数应详细确认和验证，反之，对于公认的结论或实验室大量数据足以证明的结果，实验室可以利用相关经验数据或对确认和验证适当进行简化或省略。

基于实际情况，对于非例行测试方法的确认和验证可适当减少部分方法特性参数的确认和验证。通过某个具体代表性试验结果，并根据该试验和实际应用场景的差异，利用泛化方法来扩大该结果的适用范围，从而降低方法确认的成本。

对于变更标准方法的验证，可仅验证受变更影响的方法性能参数；对扩项同类参数新标准方法的验证，可参考或利用类似标准方法历史数据，以减少重复性试验，降低方法验证的成本。

此外，方法确认前查找有关标准方法和其他文献工作和与同行权威机构技术交流等十分重要，基于对这些参考资料的分析，可以快速地建立满足要求的方法，省去大量的试验成本。而对于标准方法的验证，某些类似的标准验证数据可能也可以作为借鉴和参考，某些特性参数的验证试验可以在一定程度上进行简化或省略。

1.5.3　实施步骤

（1）一般程序

实验室引入新方法前，需要经过判断来决定对该方法是否进行验证或者确认。通常针对标准方法或者知名技术组织公布的且方法性能参数已知的方法需要采用验证的方式，而对于非标准方法、实验室开发的方法修改后的标准方法则需要确认，对一个实验室拟定用于检测并申请认可的方法，其确定方法确认和验证技术路线图参见附录1。

对于标准方法的修改，应首先对新标准的文本进行评定，再根据修改程度进行方法验证。当新标准技术路线未发生变化，而仅仅是标准名称、年号或文本格式等发生变化时，则可以直接通过技术评审，投入使用，并及时向实验室认可机构申请标准变更；当修改的部分有相关参考文献作为技术支持时，方法无须全面确认，仅需进行相应的验证。当方法样品基质和检测项目没有发生变化时，可以根据变化的技术内容对验证进行简化甚至省略。但修改涉及样品基质或检测项目变化时，则需要对修改后的方法进行全面确认。

（2）资源条件评价

实验室在拟通过试验对方法特性参数评价前，应对标准方法或非标准方法的文本或相应的作业指导书进行分析评价，以评定实验室所拥有的人员、设备、方法、标准物质、试剂材料和检测环境等资源条件是否满足检测标准或非标准方法要求。

表 1-10 列出了资源条件评价的具体项目和一般要求。

表 1-10　资源条件评价的具体项目和一般要求

序号	项目	一般要求	备注
1	人员	人员资质和数量是否满足方法要求；是否经过有效培训；是否熟练掌握标准方法	必要时，需核查相应资质证明
2	设备	仪器设备是否符合标准方法的要求；影响测量结果的仪器是否经过检定或校准	检定或校准证书与校/检计划
3	试剂与材料	是否配备方法规定的标准物质、特殊化学试剂；所需样品处理耗材是否符合方法要求	标准物质证书
4	样品	是否有标准适用范围内的各类代表性样品、空白样品、有参考值的基质样品或质控样品	
5	检测方法	标准方法规定的各项步骤是否足够清晰，并可在本实验室操作；是否编制了必要的作业指导书和记录表格	作业指导书、记录表格
6	环境	影响结果的环境条件是否已文件化并进行监控；样品接收、检测、储存与处置、环境设施是否符合标准方法规定的要求	提供验证与监控记录

当上述评估结果均满足检测标准要求后，方可开展试验验证。否则，表明资源条件不满足要求，要仔细查找原因，并根据缺失的资源进行补充或改进，直至所有检测资源满足检测标准要求后，方能开展验证试验。

（3）验证试验及方法特性参数的评价

实验室应根据拟定的确认或验证方案规定和相关检测方法（标准方法或非标准方法），对不同类型的验证样品（包括空白样品、标准物质、加标样品、日常样品等）进行制样、样品前处理、上机测试、提交结果等。

实验室技术负责人应提前与相关实施人员做好沟通和准备。作为验证试验实施者，在执行操作前应首先掌握标准方法有关内容，仔细阅读掌握实施方案，根据方案确定的要求进行，确保验证的有效性和可靠性。试验前，除了确保仪器和环境条件满足要求外，在进行具体化学分析标准方法的方法性能参数验证时，通常需要准备一些实际样品，以及代表性带基质空白样品、有证参考物质样品或其他参考样品等。

验证试验过程中出现任何异常，应该及时记录并向实验室相关技术负责人汇报。当出现某些指标无法满足要求时，应查找原因。对于非标准方法，实验室可能需要进一步对方法进行修改完善；对于标准方法，需要检查仪器、人员操作、标准物质等是否存在偏差等，直到问题解决，指标满足要求。

（4）数据整理和报告

试验完成后，应整理有关数据，进行必要的统计和计算，获得方法各特性指标值。

对照评价方法性能的试验结果的评价准则，得出验证结论，并整理相关技术报告，交相关技术负责人审核。

方法验证和确认报告通常应包括用于确认所获得结果的程序，以及方法是否适用于目的的声明。相关报告和记录应存档并确保在需要时，有关数据能正确得到利用。有关报告的编写及应用参见第 10 章。

（5）确认和验证结果的利用和有效性跟踪

方法确认和验证结果的报告是实验室具备该方法检测能力的重要支撑文件，也是实验室重要的技术资料，相关方法性能参数可为实验室在使用该方法进行客户委托日常样品检测过程中出具的结果报告（如方法检出限和报告限的设定）、质量控制结果的限制（如回收率和标准偏差限值）、测量不确定度的评估等提供技术依据。

实验室应尽早通过参加能力验证或实验室间比对、内部质量控制结果分析、不符合工作原因分析等确认方法验证和结果的有效性或发现可能存在的不足。

若实验室人员、仪器和环境发生重大变化，或者方法实施多年，则应考虑方法性能是否发生改变。当怀疑某个方法性能可能不满足要求时，应需要根据具体的原因进行处理，对某些受影响的检测方法特性参数重新进行评定，以使方法性能得到恢复，必要时更新相应的报告。

参 考 文 献

［1］ International vocabulary of metrology—Basic and general concepts and associated terms（VIM）：ISO/IEC GUIDE 99：2007［S］.

［2］ 国家认证认可监督管理委员会. 质检机构管理知识［M］. 北京：中国计量出版社，2005.

［3］ General requirements for the competence of testing and calibration laboratories：ISO/IEC 17025：2017［S］.

［4］ 李春萍. 理化检测实验室标准物质的控制和管理［J］. 检验检疫科学，2008（18）2.

［5］ 测量不确定度评定与表示：JJF 1059.1—2012［S］.

［6］ 化学分析方法验证确认和内部质量控制要求：GB/T 32465—2015［S］.

［7］ 合格评定　化学分析方法确认和验证指南：GB/T 27417—2017［S］.

［8］ 测量不确定度的要求：CNAS-CL01-G003：2018［S］.

［9］ AOAC（Association of Official Analytical Chemists）. AOAC Guidelines for Single Laboratory Validation of Chemical Methods for Dietary Supplements and Botanicals［S］.2002.

[10] 刘崇华，董夫银，等. 化学检测实验室质量控制技术 [M]. 北京：化学工业出版社，2013.

[11] NATA General Accreditation Guidance. Validation and verification of quantitative and qualitative test methods [S]. 2018.

[12] 轻工产品化学分析方法确认和验证指南：CNAS-TRL-011：2020 [S].

[13] S. L. R. Ellison, A. Williams（eds.）. Eurachem/CITAC Guide CG4：Eurachem/CITAC, Quantifying uncertainty in analytical measurement [S]. 3rd ed. Eurachem, 2012.

[14] Guide to method validation for quantitative analysis in chemical testing laboratories [S]. INAB Guide PS15, 2012.

第 **2** 章

原子吸收光谱法和原子荧光光谱法

2.1 概述

原子吸收光谱法（AAS）和原子荧光光谱法（AFS）同属原子光谱的范畴，在仪器构造方面有不少相似之处。然而，从原理上看，它们又是两种不同的分析方法，前者是基于气态的基态原子对共振辐射的吸收，后者则是基于原子受激后荧光的发射。

原子吸收光谱法是基于待测元素的基态原子蒸气对其特征谱线的吸收，由特征谱线的特征性和谱线被减弱的程度对待测元素进行定性、定量分析的一种分析方法。它的理论基础是朗伯-比尔定律，特征谱线因吸收而减弱的程度即吸光度，其在线性范围内与被测元素的含量成正比。

原子荧光光谱法的基本原理是基态原子（一般蒸气状态）吸收合适的特定频率的辐射而被激发至高能态，而后以光辐射的形式发射出特征波长的荧光，荧光强度与被测元素的含量成正比。

2.1.1 方法简史和最新进展

1955 年澳大利亚 A. Walsh、荷兰 C. T. J. Alkemade 和 J. M. W. Milatz 分别独立发表了原子吸收光谱分析的论文，开创了火焰原子吸收光谱法分析技术的先河，A. Walsh 也因此被全世界公认为原子吸收光谱分析法的奠基人，他阐述了该方法的物理基础。1959 年，俄罗斯 B. V. L'vov 将石墨炉电热原子化技术引入原子吸收光谱法。20 世纪 80 年代以来，形态分析方法研究有了很大发展，色谱-原子吸收光谱联用正是综合了色谱的高分离效率与原子吸收光谱检测的专一性和高灵敏度的优点，成为分析元素形态最有效的方法之一。随后，多种元素同时测定也不断有研究报道，如2004 年，德国耶拿公司推出连续光源火焰/石墨炉原子吸收光谱仪 contr AA700，利用一个高能量氙灯可测定 67 种金属元素。目前，原子吸收仪器正朝着多元素同时分析、与其他技术联用以及元素的化学形态分析方面继续发展。

在 19 世纪后期和 20 世纪初期，物理学家就研究过原子荧光（atomic fluorescence，AF）现象，他们观察到在加热的容器和火焰中一些元素（如 Na、Hg、Cd、Tl）所发出的荧光。1964 年，Winefordner 和 Vickers 提出并论证 AF 火焰光谱法可作为一种新的分析方法。我国的科技工作者从 20 世纪 70 年代开始研制原子荧光仪器，西北有色地质研究院郭小伟教授将原子荧光仪器专用于测定易形成气态氢化物的重金属元素，并且率先成功研制溴化物无极放电灯，为原子荧光光度计在我国成功实现商品化奠定了坚实的基础。目前，原子荧光光度计大部分由中国制造，所以在国内应用比较广泛，大部分仪器为双通道，可以同时检测两种元素、自动进样、自动配制标准曲线、在线稀释、自动扣除空白等，大大方便了用户。也有仪器采用三通道，可同时测定三种元素，但目前这些仪器的实用性不高。由于原子荧光是向空间各个方向均匀发射的，因而能实现多元素同时测定。此外，原子荧光灵敏度与光源强度成正比，因此继续研发性能优异的光源对于原子荧光发展具有重要意义。随着科技进步，高强度连续光源（如氙灯）将成为新一代原子荧光的光源。在美国 EPA 认可原子荧光光谱法测定汞后，原子荧光测汞仪逐步远销国外，原子荧光测定血铅、血硒等专用仪器以及价态分析和形态分析将是原子荧光光谱法未来主要的发展方向。

2.1.2　方法的特点

原子吸收光谱法的特点：①选择性强。这是原子吸收带宽很窄的缘故。②灵敏度高。采用石墨炉原子吸收光谱法，大多数元素绝对检出限均能达到 10^{-11}g 数量级，如果进行预富集，还可进行 10^{-14}g 数量级测定。③分析范围广。应用原子吸收光谱法可测定的元素达 73 种。④抗干扰能力强。待测元素只需从化合物中离解出来，而不必激发，原子化温度相对较低，故化学干扰也比发射光谱法少得多。⑤火焰原子吸收光谱法的精密度高。⑥一次只能检测一种元素，相对电感耦合等离子体发射光谱法来说线性范围较窄。

原子荧光光谱法的特点：①有较低的检出限，灵敏度高。特别对镉、锌等元素有相当低的检出限，镉可达 0.001ng/mL，锌为 0.04ng/mL，现已有多种元素的检出限低于原子吸收光谱法。②干扰较少，谱线比较简单，采用一些装置，可以制成非色散原子荧光分析仪。③校准曲线线性范围宽，可达 3~5 个数量级。④可测元素少，适用范围窄，目前可测砷、锑、铋、碲、汞、铅、锌、镉、硒、锡、锗等元素。

2.1.3　方法的分类

原子吸收光谱法按照原子化方法不同一般可以分为火焰原子吸收光谱法和非火焰原子吸收光谱法。

① 火焰原子吸收光谱法是利用化学火焰产生的热能蒸发溶剂、解离分析物分子、产生被测元素的原子蒸气。火焰可以选择空气-乙炔火焰和氧化亚氮-乙炔火焰。空气-乙炔火焰是原子吸收测定中最常用的火焰，该火焰温度高、重现性好、噪声低，对大多数元素有足够高的灵敏度，但它在短波紫外区有较大吸收；氧化亚氮-乙炔火焰温度高，而燃烧速度并不快，适用于难原子化元素的测定，但需要专门的燃烧头，且通常需要先用空气-乙炔火焰点燃，再切换到氧化亚氮-乙炔火焰。

② 非火焰原子吸收光谱法是利用电热、阴极溅射、等离子体、激光或冷原子发生器等方法使试样中待测元素形成基态自由原子。其中高温石墨炉应用最为广泛，它的基本原理是利用大电流（常高达数百安培）通过高阻值的石墨器皿（多为石墨管）时所产生的高温，使置于其中的少量试液或固体试样蒸发和原子化。非火焰原子吸收光谱法的检出限要低于火焰原子吸收光谱法 2~3 个数量级，常用石墨炉原子吸收光谱法代指非火焰原子吸收光谱法。

原子荧光光谱法从原子化方法上分为氢化法原子荧光光谱法和火焰法原子荧光光谱法。

① 氢化法。通过氢化物发生（或蒸气发生）的方式将含被测元素的气态组分传输至原子化器并在氩氢火焰中原子化后进行检测的方法，简称为氢化法。该方法测试的元素种类虽少，但由于是在管道中发生反应，生成气体进行检测，干扰比较少，灵敏度高，具有很好的选择性。目前大多数商品仪器是氢化法原子荧光光谱仪。

② 火焰法。利用雾化器将含被测元素的样品溶液雾化形成气溶胶后，与燃气混合传输至原子化器并在燃气火焰中原子化后进行检测的方法，简称为火焰法。该法大大拓宽了原子荧光光谱仪所能检测元素的范围，新增元素为金、银、铜、铁、钴、镍、铬。

原子荧光光谱法根据进样方式不同，可分为流动注射原子荧光光谱法和顺序注射原子荧光光谱法，目前市场上这两种进样方式的原子荧光光谱仪都有售。

① 流动注射方式一般采用蠕动泵进样，可分为断续流动进样系统、间歇泵进样系统两种，它们都由蠕动泵、功能块和气液分离器组成，进样程序相同，差别在排废系统上。在单泵断续流动进样装置中，样品（载流）、还原剂及排废液是由同一个蠕动泵完成的，间歇泵系统在气液分离器处增加了回流装置。因蠕动泵造价低，更换极其简单，只需要更换泵管，故该类仪器应用较为广泛。

② 顺序注射系统采用注射泵代替蠕动泵，克服了蠕动泵的脉动以及泵管因长期使用老化导致信号漂移的问题，检出限有所改进。另外，注射泵进样精度高，可以实现单标准溶液配制工作曲线、自动稀释等功能，但造价稍高。

原子荧光光谱法根据通道的多少，可以分为单通道、双通道、多通道原子荧光光谱法。单通道一次只能测定一种元素，双通道一次可以同时测定两种元素，目前的多通道一般指三通道，即一次可以同时测定三种元素。

2.1.4 方法的应用现状

原子吸收光谱法已成为实验室的常规方法，能分析 70 多种元素，广泛应用于石油化工、环境卫生、冶金矿山、材料、地质、食品、医药等各个领域中。常测元素有铜、钾、钙、钠、镁、锌、铁、锡、铅、镉等，建立了很多国家标准、行业标准、国际标准。如 GB/T 34438—2017、GB/T 32602—2016、GB/T 33046—2016、GB/T 28722—2012、GB/T 5195.14—2017、SN/T 2765.1—2011、ISO 17992：2013。

原子荧光光谱法在我国使用比较普遍，已经建立了卫生防疫、水质分析、冶金、轻工等系统的国家标准和行业标准，如 GB/T 32603—2016、GB/T 22105.1—2008、GB/T 36384—2018，成为实验室砷、锑、硒、汞、铅等元素的常规分析方法之一。其中，氢化物-原子荧光的制造技术和应用水平，迄今为止，我国仍然居于国际领先地位。

2.2 方法的开发及确认

原子吸收光谱法和原子荧光光谱法的新方法开发时，通常要求准确、便捷、灵敏、稳定、能够符合预期目标等。应该了解国内外技术现状，设计技术路线，明确预期目标，制订工作计划。具体操作可以参考第 1 章方案的设计和实施进行，也可参考 GB/T 27404—2008。具体工作主要包括前处理方法和仪器工作条件的选择、可能存在的干扰及消除，对校准曲线、精密度、回收率、准确度、检测范围等逐一确认等。

2.2.1 方法开发的关键参数

对于前处理方法和仪器检测方法，在新方法开发时相应的技术要素和关键参数见表 2-1。在新方法开发中，方法确认可视为方法性能指标的考察，各项指标见第 1 章表 1-3。

表 2-1　方法开发的技术要素和关键参数

方法	选择原则	技术要素	关键参数	注意事项
前处理	能充分提取待测元素，减少干扰元素，简单、方便、环保	酸溶或碱熔、准确度、方法下限	酸碱种类、溶解温度、溶解时间	检测钾、钠、钙、镁等易污染元素时，前处理过程中应注意避免样品污染；检测钠、钙元素时，前处理过程中应避免使用玻璃器皿，可选聚四氟乙烯材质器皿。对于易挥发元素，注意高温损失

方法	选择原则	技术要素	关键参数	注意事项
仪器选择	线性范围宽、操作简单、结果准确	根据待测元素选择原子吸收光谱法、原子荧光光谱法（仅限10多种元素）。根据待测元素含量高低选择火焰原子吸收光谱法（含量高）、石墨炉原子吸收光谱法、氢化物发生-原子吸收联用或原子荧光光谱法（含量低）	一般首选原子荧光光谱法，其仪器价格低、线性范围宽，且可自动进样，操作简便。原子荧光光谱法无法检测的元素选择原子吸收光谱法	原子吸收光谱法检测砷、铅、汞、镉时，优先选择无极放电灯，强度更高
仪器工作参数的选择	原子吸收光谱法吸光度适度大；原子荧光光谱法荧光强度适度大	原子吸收光谱法：火焰法关注元素波长、狭缝宽度、灯电流、火焰类型、进样量、燃烧头高度和角度；石墨炉法关注石墨管灰化温度和时间、记忆效应、基体改进剂。原子荧光光谱法需要选择的参数有灯电流、负高压、观察高度、炉高、载流、还原剂成分及浓度等	对火焰法来说，燃烧头旋转角度和溶液提升速率对结果影响比较大。对石墨炉法来说，灰化温度、原子化温度、基体改进剂对结果影响比较大。原子荧光光谱法主要考虑负高压、灯电流、载流、还原剂成分及浓度等	原子荧光光谱法一般观察高度调整幅度和范围要小一些。但对于铅元素来说，酸度影响比较大，应严格控制标准溶液及样品溶液的酸度，如硝酸的浓度为（0.2±0.01）mol/L

2.2.2 样品前处理

样品前处理方法按照加入试剂的不同一般分为碱熔法和酸溶法。

2.2.2.1 碱熔法

碱熔法也称高温碱熔法，通常用于原子吸收光谱法和原子荧光光谱法制备液态试样和酸溶法的残渣处理。一般用碳酸钠、碳酸钾、四硼酸锂、偏硼酸锂、过氧化钠或这几种试剂的混合物作熔剂。称取适量熔剂和干燥试样于坩埚中，用玻璃棒搅拌均匀（如需要），在电炉上烘烤一定时间后，将坩埚置于马弗炉中高温熔融，冷却后取出，用酸溶解。一般根据待测元素不同可选择铂坩埚、石英坩埚、刚玉坩埚等。碱熔法溶解能力强、溶解周期短，但加入熔剂可能引入干扰，且高温条件下容易损失易挥发组分。由于碱熔法要在高温下使用强碱，试验中需注意个人安全防护。

一般情况下，如果酸溶法可以完全溶解的样品，尽量避免采用碱熔法。

2.2.2.2 酸溶法

酸溶法分为常规酸溶法和微波消解法。

① 常规酸溶法：通过加入某种酸或几种酸的混合液，将样品溶解后使待测元素释放到样品消解溶液中。不同的检测手段和目的，所采用的酸溶解方式也不尽相同，通常需根据样品特性和表 2-2 给出的常用酸物理性质选择需要的酸；根据样品溶解难易程度，适当控制反应温度及加酸体积。常规酸溶法操作简单，但周期较长，易造成污染。

表 2-2　常用酸物理性质

试剂名称	分子式	分子量	浓度		密度 （20℃） /（g/mL）	沸点 /℃	备注
			质量比 /%	摩尔浓度 /（mol/L）			
硝酸	HNO_3	63.01	68	16	1.42	122	68%HNO_3 共沸物
盐酸	HCl	36.46	36	12	1.19	<91.8	20.4%HCl 共沸物
氢氟酸	HF	20.01	48	29	1.16	106.2	38.3%HF 共沸物
高氯酸	$HClO_4$	100.46	70	12	1.67	198	72.4%$HClO_4$ 共沸物
硫酸	H_2SO_4	98.08	98	18	1.84	339	98.3%H_2SO_4 共沸物
磷酸	H_3PO_4	98.00	85	15	1.71	158	易脱水生成 HPO_3

② 微波消解法：称取适量试料，置于事先酸煮洗净的聚四氟乙烯消解罐中，加入一定量的特定酸或酸的混合液，加盖置于微波消解炉中，按照设定的消解程序加热消解。消解程序结束后，冷却、开罐、冲洗、移液、定容。微波消解法溶解周期短、污染小、不易发生待测元素损失，但需使用微波消解仪，成本稍高。

对于原子吸收光谱法来说，前处理一般不用硫酸，最常用的酸是盐酸、硝酸。溶解器皿一般选用玻璃器皿、聚四氟乙烯或瓷质器皿，如烧杯、锥形瓶、坩埚等。对于难溶样品可以尝试另加氢氟酸、高氯酸，如果使用氢氟酸，需用聚四氟乙烯器皿。在使用微波消解仪对样品进行消解时，为了保证溶液酸度一致，一般对消解后的样品溶液需蒸至近干后用稀酸定容。火焰原子吸收光谱法一般用稀盐酸定容，石墨炉原子吸收光谱法一般用稀硝酸定容。因实验室常用玻璃器皿一般是钠钙玻璃，在检测钠、钙元素时，采用常规酸溶法前处理样品应避免使用玻璃器皿，防止其污染样品，可以选择聚四氟乙烯或聚乙烯器皿。

原子荧光光谱法样品前处理方法和原子吸收光谱法类似，一般也首选酸溶法，消解用的酸可选盐酸、硝酸、高氯酸、氢氟酸，不选硫酸、磷酸等，最终用稀盐酸或稀硝酸定容。需要注意的是，由于盐酸、硝酸中可能含有微量砷、汞等元素，采用原子荧光光谱法时，要特别注意空白检验，另外还要注意避免污染，使用的器皿需在 20%

硝酸溶液中浸泡 24h，去离子水清洗干净后使用。前处理时，一般易溶的样品选择常规酸溶法，难溶样品选择微波消解法；由于微波罐直接加热操作不太方便，溶解以后需要再转入其他器皿中蒸至近干再定容的样品优先选择常规酸溶法。

2.2.3　仪器工作参数条件

2.2.3.1　原子吸收光谱仪

① 目前大多数仪器对每个待测元素的分析波长、狭缝宽度、灯电流都有推荐的条件参数等信息，除了这些仪器工作条件外，方法开发人员主要要选择合适的原子化工作条件，如火焰法中的火焰类型、进样量、燃烧头角度等；石墨炉法中的灰化温度、原子化温度、基体改进剂等。

分析波长：仪器一般推荐灵敏度最高的吸收线即共振线为分析波长，当测量高含量元素时，为避免试样浓度过度稀释和减少污染等，可选用灵敏度较低的非共振吸收线，如铜元素，一般波长选择 324.8nm，如果样品溶液中铜浓度过高，可以选择 327.4nm。

狭缝宽度：选择原则是能够产生稳定的最大吸光度的狭缝宽度。现在多数仪器都有推荐宽度，而且分档提供多个狭缝宽度供选择，可以根据条件试验结果确定狭缝宽度。当待测样品背景不太复杂，样品中待测元素含量较低时，宜选较大的狭缝宽度，以增加吸光度的强度。

灯电流：在保证有足够强且稳定的光强输出条件下，尽量使用较低的工作电流，通常以空心阴极灯上标明的最大电流的 1/2~2/3 为宜。空心阴极灯一般需要预热 10~30min 才能达到稳定输出。

火焰类型选择：对于低、中温元素，使用空气-乙炔火焰（最高温度 2300℃）；对于高温元素，采用氧化亚氮-乙炔火焰（最高温度 2900℃）。按照助燃气和燃气流量的比例，空气-乙炔火焰可以分为化学计量焰、贫燃焰（蓝色）、富燃焰（黄色）三类。化学计量焰是指空气：乙炔=4：1，火焰呈氧化性，稳定性好，适合于许多元素的测定；贫燃焰指空气：乙炔=（5~6）：1，火焰呈强氧化性，温度高，适于易离解、易电离元素，如碱金属等；富燃焰指空气：乙炔=（2~3）：1，火焰呈还原性，温度低，适合于易形成难离解氧化物元素的测定。火焰类型的选择一般应参考不同火焰类型的温度，使待测元素在选定的火焰下恰能分解成基态自由原子为宜。实际使用中，如未配置氧化亚氮-乙炔燃烧头，常用空气-乙炔富燃焰代替氧化亚氮-乙炔火焰。

进样量：进样量过小，吸收信号弱，难以准确测量；进样量太大，雾化效率低，且对火焰产生冷却效应。通常可观察吸光度随进样量的变化，找到最佳吸光度的进样量，但要注意不是越大越好。

燃烧头高度、角度：由于火焰区域的自由原子的空间分布是不均匀的，通常需调节燃烧头高度和角度，以使测量光束从最大自由原子浓度区域通过。当样品吸光度过大时，也可调节燃烧头使其偏转一定角度，缩短原子化的光程，降低一定的吸光度。不同的仪器，燃烧头高度、角度调节有所不同，需根据吸光度值进行调整。如 PE-AA800，仪器配置高效雾化器以后，测定铜元素时，吸光度若较小，则燃烧头不用旋转，平行于光路即可，吸光度若较大，则燃烧头需要逆时针旋转30°。燃烧头是否需要旋转、旋转多少角度，需要用户根据条件试验结果确定，一般的判断依据是中间浓度点吸光度在 0.2 附近，校准曲线线性相关系数达到 0.999以上。

对于石墨炉原子吸收光谱法，除了前面提到的分析波长和灯电流等共性参数，主要要优化的仪器工作条件为温度控制程序。该程序一般包括干燥、灰化、原子化、净化 4 个阶段，它们的温度、升温时间和保持时间，可根据仪器推荐程序进行试验，对于不同仪器型号、不同的石墨管类型、不同的样品，都要进行试验才能确定最佳温度控制程序。

a. 干燥是为了除去样品溶液的溶剂，以避免溶剂对随后的灰化和原子化过程的影响，且不损失分析元素。干燥时最好的方案是：若已知样品的性质，将温度快速升至略低于沸点，再缓慢升温到刚好高于沸点并保持 10~20s。实际工作中，样品大都是未知的，有些还是复杂的多组分的，一般是在接近于溶剂沸点的温度下干燥，采用斜坡升温方式缓慢升温，需注意观察，防止管内样品发生飞溅。对盐分高或较黏稠的样品，如血、尿、海水、废水、油类等，可加入一定体积的有机试剂，如乙酸等使干燥过程较平稳进行，还可以采用减少进样量或稀释的方法。当被测元素含量很低时，可采用多次进样并干燥的方法来增大被测元素的总量。干燥时间的长短取决于溶剂的性质和量，蒸发易挥发的有机溶剂比水溶液样品所需的干燥时间短，若进样量大，则需要较长的干燥时间。

b. 灰化是尽可能将样品中的共存物质全部或大部分除去，并保证不损失待测元素。一般是在不引起待测元素损失的前提下，尽可能选用较高的灰化温度和阶梯升温方式，并有一段保温时间，尽可能多地除去共存物质。可通过用纯标准溶液制作待测元素灰化曲线的方法确定最佳灰化温度。若在此温度下，不能或只能小部分蒸发除去基体共存物质，需加入基体改进剂。常用的基体改进剂分为无机基体改进剂（如钯、硝酸镁、硝酸镍等）、有机基体改进剂（如抗坏血酸、柠檬酸、EDTA 等有机酸及其盐、8-羟基喹啉等有机螯合剂等）、混合基体改进剂（如钯-硝酸镁混合改进剂）。为能除去多组分共存物质，还可以设置两个或多个灰化阶段。

c. 原子化是使样品中待测元素完全或尽可能多地变成自由状态的原子，气相物理化学干扰尽可能小。可通过用纯标准溶液制作待测元素的原子化曲线的方法确定最佳原子化温度。选取原子化温度的原则是，在保证获得最大原子吸收信号或能满足测定要求的前提下，使用较低的原子化温度，过高的原子化温度会缩短石墨炉的使用寿命。一般原子化温度不超过2700℃。

d. 净化是除去原子化阶段后残留在石墨炉内的试样。残留物会引起明显的记忆效应，干扰测定。特别是在测定高温元素时，一般都需设置净化阶段。净化温度通常高于原子化温度100~200℃，净化温度太高和时间太长，会缩短石墨管的使用寿命。

原子化过程的升温程序初步确定后，通过试验仔细观察原子化阶段的原子吸收和背景吸收信号轮廓形状，比较好的情况是：原子吸收峰形较锐，无拖尾，背景吸收信号小。最后确定全部参数及程序。

另外，还需要关注载气流量，载气分为外气路和内气路，外气路又称屏蔽气，重点关注内气路流量，内气路流量一般较小（通常为60mL/min左右），在原子化阶段，除有特殊要求外都选择停气，高温净化阶段的气流量稍大点，目的是吹去高温蒸发的样品残留物，避免产生记忆效应。

② 原子吸收光谱法中还需考虑物理干扰、化学干扰、电离干扰和光谱干扰的影响。

a. 物理干扰。物理干扰是一种非选择性干扰，对试样中各元素的影响基本相似。如火焰原子化法中，试液的黏度改变会影响进样量，从而影响最终测量结果。消除物理干扰最常用的方法是配制与待测试样具有相似组成的标准溶液，尽可能保持试液与标准溶液物理性质一致、测定条件一致等。在试样组成未知或无法匹配试样基体时，可采用标准加入法消除物理干扰。

b. 化学干扰。化学干扰是指在液相或气相中，被测元素的原子与干扰组分发生化学反应，形成热力学更稳定的化合物，从而降低了火焰中基态原子数目的现象。化学干扰一般都是形成负偏差，是一种选择性干扰。如待测样品溶液中存在的硫酸盐、磷酸盐、氧化铝对钙的测定的干扰。化学干扰常用的消除方法有：化学分离除去干扰成分、使用高温火焰、加入释放剂和保护剂及缓冲剂、使用基体改进剂等。如磷酸盐干扰钙的测定，加入氯化镧（释放剂）后，镧离子与磷酸根更易结合而将钙释放出来，从而消除了磷酸根对钙测定的干扰。石墨炉法中，在石墨炉中或试液中加入基体改进剂使基体形成易挥发化合物，在原子化前除去，避免与待测元素的共挥发。如氯化钠基体对镉的干扰可通过加入硝酸铵，使其转变成易挥发的氯化铵和硝酸钠，在灰化阶段除去。

c. 电离干扰。电离干扰是指某些易电离的元素在火焰中易发生电离，使参与原子吸收的基态原子数减少，引起原子吸收信号降低的干扰。碱金属和碱土金属在火焰中容易发生电离干扰，一般采取在试液中加入更加容易电离的元素来消除。如测定钡时，加入0.2%氯化钾溶液可减少钡的电离干扰。

d. 光谱干扰。光谱干扰是指与光谱发射及吸收有关的干扰，包括谱线干扰和背景干扰。谱线干扰可通过减小狭缝宽度、降低灯电流、选用其他分析线等方法消除。背景干扰包括分子吸收和光散射的干扰，常见消除方法有连续光源校正背景、塞曼效应校正背景、自吸收校正背景等。石墨炉法背景吸收通常比火焰法更高，若不扣除背景，可能无法进行测定，目前仪器测量软件中都有扣除背景的方法和选项。

2.2.3.2 原子荧光光度计

原子荧光光度计仪器参数确认需要考虑的因素有以下几个方面。

负高压：指加在光电倍增管两端的电压，在一定范围内，负高压与荧光强度成正比。负高压越大，暗电流等噪声也越大，在满足分析条件的前提下，负高压不能设置太高。

灯电流：灯电流增大，荧光强度增大，但灯电流过大，会发生自吸现象，且噪声增大，灯寿命缩短。对于双阴极灯，其主、辅阴极电流配比影响其激发强度，通常辅电流略小于主电流时灯的激发强度为佳。汞灯属于阳极灯，灯电流不宜过高，适宜范围为 15~50mA。

原子化器温度：指石英炉芯内的温度，即预加热温度。当氢化物通过石英炉芯进入氩氢火焰原子化前，适当的预加热，可以提高原子化效率、减少猝灭效应和气相干扰。一般预加热温度为 200℃。由于汞的原子化温度较低，一般不加热，可直接选择冷原子法测定。

原子化器高度：在气流量、反应条件固定的情况下，氩氢火焰的形状是固定的，因此在光路不变的情况下，原子化器的高低决定了激发光源照射在氩氢火焰上的位置。

气流量：载气流量影响氩氢火焰的稳定性和荧光强度。载气流量小，火焰不稳定、重现性差，载气流量过小可能导致无法检测到信号；载气流量大，原子蒸气被稀释，荧光信号降低，载气流量过大可能冲灭火焰，导致测量信号消失。屏蔽气流量过小，火焰肥大，信号不稳定；屏蔽气流量过大，火焰细长，信号不稳定且灵敏度降低。

读数时间、延迟时间：读数时间以整个峰形全部显现为宜。延迟时间设置准确，可以有效地降低空白噪声。在读数时间固定的情况下，延迟时间过长，将导致读数采样滞后、测量信号损失；延迟时间过短，将增加空白噪声。

进样量：进样量太小，可能没有信号；进样量太大，反应太剧烈，导致测量稳定性下降。

观察高度及炉高：一般不需改变仪器设置的推荐高度，但也可在数毫米范围内变动，以获得最大荧光强度。一般观察高度的调整幅度和范围要更小一些。

载气流量及辅助气流量：在仪器设定的量程内试验载气流量和辅助气流量，原则是荧光强度足够大，且测定元素精密度高、准确性好。

载流浓度：载流一般选择稀盐酸或者稀硝酸，不同厂家仪器选择的浓度稍有不同，可参考仪器说明书中的推荐浓度，可根据需要进行小范围变动；不同厂家的酸基体也可能不同，只要荧光强度、灵敏度等达到合适的范围即可。

还原剂浓度：还原剂一般用氢氧化钠（钾）+ 硼氢化钠（钾），其浓度一般可参考标准方法中的推荐参数，由于不同厂家仪器推荐参数中的还原剂浓度有所差别，也可根据仪器推荐方法选择，或通过不同还原剂浓度试验，确定最佳浓度值。

2.2.4 非标准方法的确认

2.2.4.1 概述

样品前处理和仪器工作条件确定后，需要确认一些方法参数。原子吸收和原子荧光检测方法需要确认的参数一般包括检出限、定量限、选择性、线性范围、测量范围、基质效应、精密度（重复性和再现性）、正确度、稳健度、测量不确定度等。需要注意的是，实验室自制方法的过程相当于非标准方法的确认。以下以实验室自制方法为例分别介绍各参数的确认方法。

2.2.4.2 检出限

在确认检出限时，需特别注意区分仪器的检出限和方法的检出限，防止误把仪器检出限当作方法检出限。仪器的检出限可用蒸馏水或稀酸溶液的仪器测定信号强度的标准偏差的 3 倍除以斜率计算得到；方法的检出限一般以 3 倍样品空白的仪器测定信号强度的标准偏差除以斜率再乘以相应的样品处理稀释倍数获得的样品含量结果，或者 3 倍样品空白结果的标准偏差，当空白含量较高时，还需考虑加上样品空白值进行确定，详见空白标准偏差法（见 1.4.2）。具体方法是先绘制工作曲线，得到工作曲线的斜率，再检测 11 次样品空白（有些标准要求 20 次以上，如 GB/T 5009.1—2003），得到样品空白的仪器测定信号强度值和浓度值，分别计算仪器测定信号强度或浓度的标准偏差，再计算得出方法检出限对应的溶液样品浓度，该浓度值乘以相应的样品处理稀释倍数可获得方法检出限。检出限的确定原则是"就高不就低"。需要注意的是，当所开发的方法可能用于不同基质的样品时，应尽可能针对样品不同基质选取有代表性的空白样品测定检出限，选择最高的值代表所有基质样品的检出限，必要时，也可针对不同基质样品设定不同的方法检出限。

2.2.4.3 定量限

与检出限类似，定量限也可通过空白标准偏差法获得，但不同产品领域计算定量限的方法略有差异，目前原子吸收和原子荧光检测方法中常用 10 倍样品空白浓度的标准偏差+样品空白值（食品类、轻工类）、3 倍检出限（化矿类）或 10 倍检出限（易污染的元素）等作为定量限。有些环境类标准用 4 倍检出限作为定量限，比如 HJ 168—2020。具体选择哪种方法作为定量限要根据实际情况而定。当所开发的方法可能用于不同基质的样品时，要确定不同基质的样品的定量限。

2.2.4.4 选择性

在确认选择性时，除了 2.2.3 中介绍的常见方法干扰外，还需结合样品基质效应来确认。食品类有多种典型样品，如粮食、豆类、蔬菜、水果、鱼类、肉类、饮料、酒、油等，方法确认时需要根据需求确认对于不同样品种类基质均适用。可选择第 1 章 1.4.4 中的"干扰物添加分析法"。对于干扰的考量可参考 2.2.3.1。

2.2.4.5 线性范围

对于原子吸收光谱法和原子荧光光谱法，校准曲线线性范围一般不超过两个数量级，制订方法时，可先在两个数量级范围内尝试确定仪器校准工作曲线的最高点和最低点，该范围需要包含典型样品浓度水平。一般工作曲线都要求至少要有 6 个校准浓度点（含零点），线性相关系数要求在 0.999 以上，如不满足，则需要进一步缩小校准浓度范围。此外，一般情况下，原子吸收法工作曲线的最高点的吸光度应高于 0.2Abs，原子荧光光谱法工作曲线的最高点的荧光强度应高于 1000。

2.2.4.6 测量范围

测量范围一般指的是方法的测量范围，即从检测下限到检测上限的样品浓度范围，用样品最终结果含量（如 mg/kg）表示检测下限可以采用检出限的 10 倍（也有直接用方法定量限），或者采用已检测的最低浓度的有证标准样品，或者校准曲线的最低点（非零点）换算样品最终结果浓度，不管采用哪种确定方法，都不小于方法定量限。检测上限可以采用已检测的最高浓度的有证标准样品，或者通过加标能够检测的最高浓度或者校准曲线的最高点换算获得。

2.2.4.7 基质效应

通常氢化物-原子荧光光谱法在测定时，待测元素与样品基体进行了分离，基质效应可以忽略；火焰原子吸收光谱法的基质效应相对较小，通常标准溶液无须进行基体匹配；但石墨炉原子吸收光谱法的基质效应相对较大，对基体复杂的样品通常需要选择特定基体改进剂来减小其影响。

基质效应的确认通常可结合选择性一起进行试验，分别测定标准溶液空白、标准溶液空白加基体溶液、试剂空白、试剂空白加基体溶液的吸光度，将吸光度和浓度绘制成曲线，比较是否有显著性差异，如有则说明基体对结果有影响。具体方法可参见 1.4.7。

2.2.4.8 精密度

方法的精密度一般包括重现性和再现性。制定国家标准时，GB/T 6379 系列标准规定，一般选择 5 家以上不同实验室检测 3 ~ 5 个具有合适浓度梯度的样品，每个样品独立检测 3 次以上，汇总数据，根据 GB/T 6379 系列标准计算得到重复性限 r 和再现性限 R。实验室制订方法时，也可以采用不同人员、不同仪器检测 3 ~ 5 个具有合适浓度梯度的样品，每个样品检测 7 次以上，汇总数据，根据 GB/T 6379 系列标准计算得到重复性限 r 和再现性限 R。需要注意的是样品的选择，优先选择有证标准物质，其次选择日常质控样品，如果没有上述样品，也可以选择典型空白样品进行加标来确认。

2.2.4.9 正确度

可以选择 2 个以上不同浓度水平的同基质的有证标准物质进行检测确定正确度，比较检测值和证书值，观察差值是否在证书值允许偏差范围内。如果没有有证标准物质，可采用加标方式进行确认。一般按照低浓度、高浓度、中间浓度三个水平进行试验，如相关领域或行业有特殊规定的，应按照规定来进行。如 GB/T 27404—2008 规定，对于食品中的禁用物质，回收率应在方法测定限、两倍方法测定限和十倍方法测定限进行三水平试验；对于已制定最高残留限量（MRL）的，回收率应在方法测定限、MRL 以及这两者之间选一合适点进行三水平试验；对于未制定 MRL 的，回收率应在方法测定限、常见限量指标以及这两者之间选一合适点进行三水平试验。需要注意的是，在进行加标回收试验时，应在样品前处理时加入标准溶液，而不是上机检测前加入。

2.2.4.10 稳健度

稳健度可通过分析前处理时试剂来源、加热温度、加热时间、pH 值等可能出现的微小合理变化因素的影响得出。可采用正交设计法进行试验，也可采用固定其他条件不变，仅变化一个因素的方法进行试验。当发现对结果有显著影响的因素时，要进一步试验确定该因素的允许变化范围，并在方法中明确指出。具体方法可参见 1.4.10。

2.2.4.11 测量不确定度

原子吸收光谱法和原子荧光光谱法涉及的检测方法均为定量化学分析方法，具体评定方法见第 8 章，本节省略。

2.3 标准方法的验证

验证的目的主要是证明实验室有能力按照标准方法开展检验活动，通常应根据标准的要求来进行，包括标准中明确的资源要求和方法特定参数指标要求等。不同的标准方法验证的方法特定参数有所不同，但各具体方法特定参数的验证方法与非标准方法基本一致（参见 2.2.4）。

在验证试验开始前，首先要验证资源是否满足方法要求，一般从"人机料法环"五个方面进行验证。"人"是指试验人员是否经历方法培训、仪器使用培训、原始记录表格的使用培训、安全防护培训等。"机"是指实验室是否配备该方法所需的仪器、器具等，所配备的仪器是否满足需求。如原子吸收光谱仪，有些要求使用空气-乙炔燃烧头，有些要求使用氧化亚氮-乙炔燃烧头；再如烘箱，有些要求控温（105±2）℃，有些要求控温（105±5）℃，需要验证是否配备了合适的烘箱，关注仪器、器具的计量/校准证书，看证书结果是否满足需要。"料"是指实验室是否具备方法中规定的标准物质，包括标准溶液和标准样品，其是否满足方法质控要求、是否在有效期内，试剂耗材是否满足要求，试验用水是否满足需要。"法"是指该方法是否需要作业指导书，是否具备所需的原始记录表格，方法中引用的文件是否收集齐全。"环"是指是否满足该方法规定的环境要求，如实验室温湿度等环境条件是否满足方法要求，实验室是否配备空调、除湿机等。

在确认上述资源验证满足要求后，方可进行验证试验。一般来说，原子吸收光谱法和原子荧光光谱法需要通过试验来验证的方法性能参数主要包括检出限、定量限、线性范围、精密度、正确度。具体验证方法可参考 2.2.4 "非标准方法的确认"中的有关方法进行，必要时还可以参加能力验证计划或实验室间比对。需要指出的是，有些标准方法中的方法特性指标可能不是根据常见的定义来评估的，试验人员应优先根据标准中的要求进行。如 GB/T 6730.36—2016 中，校准曲线线性的评估准则是"校准曲线顶部 20% 与底部 20% 浓度范围的斜率值（表示为吸光度的变化）之比不应小于 0.7"，试验人员应采用标准中的规定方法进行评估，无须采用常见的相关系数法评估。

标准方法的验证通常在首次使用前进行，但必须注意的是，当实验室对关键仪器进行了更新，可能需要采用新仪器重新对方法进行验证。如某实验室按 GB/T 32603—2016《玩具材料中可迁移元素砷、锑、硒、汞的测定 原子荧光光谱法》标准，采用甲公司 AF-610A 仪器对玩具中的砷进行检测，在使用一段时间后，由于仪器老化，仪器更换为乙公司 AFS-9320，在更新仪器后，则需要重新进行方法验证，如涉及仪器参数条件优化，则需按照 2.2.3.2 对 AFS-9320 仪器条件进行优化。

2.4 应用实例

2.4.1 火焰原子吸收光谱法测定食品中铜的方法验证

2.4.1.1 目的

验证实验室是否具备正确执行 GB 5009.13—2017《食品安全国家标准 食品中铜的测定》(第二法 火焰原子吸收光谱法)进行黄豆中铜检测的能力。

2.4.1.2 方法摘要

选择有证国家标准物质 GBW10013 黄豆进行试验,称取 1#、2#、3# 共 3 份 GBW10013 黄豆样品,质量分别为 0.5004g、0.5010g、0.5006g,3# 样品中加入 0.5mL 浓度为 10mg/L 的铜标准溶液,全部湿法消解后,分别定容至 10mL,待测。同时进行样品空白试验。(本节以测定有证国家标准物质 GBW10013 黄豆中铜为例,如果没有有证标准物质,可以选择典型阳性样品作为验证样品。)

2.4.1.3 试剂与仪器条件参数

(1)试剂

铜标准溶液:由 1000mg/L 铜有证标准溶液逐级稀释,配制成 0、0.100mg/L、0.200mg/L、0.400mg/L、0.600mg/L、0.800mg/L、1.000mg/L 铜标准溶液。其他试剂按 GB 5009.13—2017 配备。

(2)仪器及条件参数

仪器 PE-AA800 原子吸收光谱仪。根据仪器推荐及条件试验,选择仪器参数为:波长 324.8nm,狭缝宽度选择 0.7H,铜空心阴极灯,灯电流 15mA,高效雾化器,空气-乙炔火焰(空气流速 17.0L/min,乙炔流速 2.0L/min),燃烧头旋转角度 0°,观察高度 0mm,提升速率 5mL/min。

2.4.1.4 方法特性参数验证

(1)检出限

测定铜的工作曲线(线性相关系数为 0.9999,见图 2-1)后,测定 22 次样品空白(结果见表 2-3),样品空白平均值为 0.00582mg/L,标准偏差为 0.001053mg/L,按照第 1 章空白标准偏差法(样品空白平均值+3 倍标准偏差)计算得到方法检出限为：

$$MDL = \frac{(0.00582 + 3 \times 0.001053)mg/L \times 10mL}{0.5g} = 0.18mg/kg$$

低于标准规定值（标准规定 0.5g 样品定容至 10mL 时，方法检出限为 0.2mg/kg）。

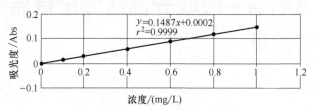

图 2-1　铜的工作曲线

表 2-3　22 次样品空白的浓度值　　　　　　　　　　单位：mg/L

序号	1	2	3	4	5	6	7	8	9	10	11
浓度	0.007	0.005	0.006	0.005	0.005	0.006	0.005	0.007	0.005	0.006	0.007
序号	12	13	14	15	16	17	18	19	20	21	22
浓度	0.005	0.004	0.006	0.005	0.006	0.007	0.004	0.006	0.008	0.007	0.006

注：检出限参考 GB 5009.1—2003 附录 A。

（2）定量限

按照样品空白平均值加 10 倍标准偏差计算得到方法定量限为 0.33mg/kg。

$$MQL = \frac{(0.00582 + 10 \times 0.001053)mg/L \times 10mL}{0.5g} = 0.33mg/kg$$

低于标准规定值（标准规定 0.5g 样品定容至 10mL 时，方法定量限为 0.5mg/kg）。

（3）精密度

测定 1#、2#GBW10013 黄豆样品，结果分别为 0.510mg/L、0.518mg/L，计算得到：

1#样品　　　　$\frac{0.510mg/L \times 10mL}{0.5g} = 10.2mg/kg$

2#样品　　　　$\frac{0.518mg/L \times 10mL}{0.5g} = 10.4mg/kg$

计算 1#、2#样品的绝对差为（10.4－10.2）mg/kg=0.2mg/kg，算术平均值的 10% 为 1.03mg/kg，符合标准规定（标准要求在重复性条件下获得的两次独立测定结果的绝对差值不得超过算术平均值的 10%）。

（4）正确度

测得 1#、2#GBW10013 黄豆样品中铜含量分别为 10.2mg/kg 和 10.4mg/kg，平均值为 10.3mg/kg，GBW10013 中铜含量证书值为（10.2±0.5）mg/kg，测定值在证书允许范围内。

测定 3#GBW10013 黄豆加标样品，结果为 1.012mg/L，1#样品结果为 0.510mg/L，忽略质量的差异，计算得到回收率为：

$$\frac{(1.012-0.510)\text{mg/L}}{(0.5\text{mL}\times10\text{mg/L})/10\text{mL}}\times100\%=100.4\%$$

2.4.1.5　结论

检出限、定量限、精密度、正确度等方法特性参数验证结果表明，本实验室具备采用 GB 5009.13—2017《食品安全国家标准　食品中铜的测定》（第二法　火焰原子吸收光谱法）进行检测的能力。

GB 5009.13—2017 标准中规定了石墨炉原子吸收光谱法、火焰原子吸收光谱法、电感耦合等离子体质谱法和电感耦合等离子体发射光谱法等四种检测方法；样品前处理有湿法消解、微波消解、压力罐消解、干法灰化四种方式；典型样品有粮食、豆类样品，蔬菜、水果、鱼类、肉类、饮料、酒、油等。因本实验室仅需要开展黄豆中铜的测定，仅需要验证黄豆，后期如需开展其他种类食品中铜的检测，则需要另行验证。当石墨炉原子吸收光谱法、火焰原子吸收光谱法、电感耦合等离子体质谱法和电感耦合等离子体发射光谱法都通过验证，才可以声明具有采用 GB 5009.13—2017《食品安全国家标准 食品中铜的测定》进行检测的能力，否则需要进行方法限定，比如"仅用第二法（火焰原子吸收光谱法）"等。

2.4.2　原子荧光光谱法测定化妆品中砷的方法验证

2.4.2.1　目的

验证实验室是否具备正确执行 SN/T 3479—2013《进出口化妆品中汞、砷、铅的测定方法　原子荧光光谱法》（注：本标准已作废）进行进出口化妆品（唇膏）中砷检测的能力。

2.4.2.2　方法摘要

选择某品牌唇膏样品进行试验，称取 1#、2#、3#、4#、5#等 5 份样品，质量分别为 1.0013g、1.0007g、1.0012g、0.9998g、1.0003g，微波消解后，定容至 25mL，分取消解后的样品溶液 10mL，加入 2mL 浓度为 125g/L 的硫脲-抗坏血酸溶液，并放置 0.5h 后，用 10%盐酸定容至 25mL。其中 3#、4#、5#样品中砷添加浓度分别为 5mg/kg、10mg/kg、20mg/kg（按照标准附录表 C.2），同时做样品空白试验。

2.4.2.3　试剂与仪器条件参数

（1）试剂

砷标准溶液：由 1000mg/L 砷有证标准溶液逐级稀释，配制成 0.0μg/L、4.0μg/L、10.0μg/L、20.0μg/L、30.0μg/L、40.0μg/L 砷标准溶液。其他试剂按标准配备。

（2）仪器及工作条件

仪器选用吉天 AFS-9320 原子荧光光谱仪。根据仪器推荐及条件试验，工作条件为：负高压 270V，灯电流 50mA，预热 30min，炉温 200℃，读数时间 13s，延迟时间 1.5s，载气流量 400mL/min，屏蔽气流量 800mL/min，读数方式为峰面积，测量方法为标准曲线法，载流 2% 盐酸溶液，还原剂 0.5% 氢氧化钾+1% 硼氢化钾溶液。

2.4.2.4　方法特性参数验证

（1）线性相关系数

测定砷的工作曲线的线性相关系数为 0.9991（图 2-2），符合标准要求（标准要求大于 0.999）。

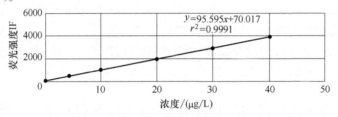

图 2-2　砷的工作曲线

（2）检出限

测定 11 次样品空白（结果见表 2-4），计算得到样品空白平均值为 0.286μg/L，标准偏差为 0.0066μg/L，按照空白标准偏差法（样品空白平均值+3 倍标准偏差）计算得到方法检出限为：

$$MDL = \frac{(0.286 + 3 \times 0.0066)\,\mu g/L \times 25mL \times 25mL}{1g \times 10mL \times 1000} = 0.019mg/kg$$

低于方法附录 B 规定的检出限 0.02mg/kg。

表 2-4　11 次样品空白的浓度值　　　　　　　　　　　　　单位：μg/L

序号	1	2	3	4	5	6	7	8	9	10	11
浓度	0.295	0.288	0.298	0.281	0.289	0.279	0.282	0.288	0.286	0.276	0.284

（3）正确度

测定 1# 唇膏样品和 2# 唇膏样品，结果分别为 0.049mg/kg、0.051mg/kg，平均值为 0.050mg/kg，加标后的 3#、4#、5# 样品溶液的 7 次检测浓度和回收率见表 2-5。

表 2-5　加标后的 3#、4#、5#样品溶液的 7 次检测浓度和回收率

样品编号	加标水平	1	2	3	4	5	6	7
3#	加入 5mg/kg 后的检测结果/（mg/kg）	4.909	4.839	4.857	4.803	4.856	4.827	4.817
	回收率/%	97.18	95.78	96.14	95.06	96.12	95.54	97.18
4#	加入 10mg/kg 后的检测结果/（mg/kg）	9.899	9.828	9.796	9.802	9.808	9.789	9.745
	回收率/%	98.49	97.78	97.46	97.52	97.58	97.39	98.49
5#	加入 20mg/kg 后的检测结果/（mg/kg）	18.988	18.789	18.866	18.865	19.011	18.874	18.876
	回收率/%	94.69	93.70	94.08	94.08	94.81	94.12	94.69

注：标准 SN/T 3479—2013 附录 C 给出的是标准制定者制定标准时的数据，不是要求，符合第 1 章回收率的规定即可。

（4）精密度

将加标后的 3#、4#、5#样品溶液分别测定 7 次，结果见表 2-6。

表 2-6　样品精密度测定数据　　　　　　　　单位：mg/kg

样品编号	1	2	3	4	5	6	7	SD	RSD/%
3#	4.909	4.839	4.857	4.803	4.856	4.827	4.817	0.035	0.71
4#	9.899	9.828	9.796	9.802	9.808	9.789	9.745	0.047	0.47
5#	18.988	18.789	18.866	18.865	19.011	18.874	18.876	0.077	0.40

注：标准 SN/T 3479—2013 附录 C 给出的是标准制定者制定标准时的数据，不是要求，符合第 1 章实验室内变异系数的规定即可。

2.4.2.5　结论

线性相关系数、检出限、精密度、正确度等方法特性参数验证结果表明，本实验室具备采用 SN/T 3479—2013 进行进出口化妆品（唇膏）中砷检测的能力。

说明：标准 SN/T 3479—2013 中规定了进出口化妆品中汞、砷、铅的测定，适用范围有膏霜类、精油类、唇膏类、化妆水香水类样品，本例选取了唇膏作为典型样品，仅验证了测定唇膏中砷的能力，如需开展精油类化妆品中砷的测定，则需要对精油类化妆品进行验证。此外，使用 SN/T 3479—2013 测定化妆品中的汞、铅的验证方法与砷类似。

2.4.3　原子荧光光谱法测定铁矿中砷的方法确认

2.4.3.1　目的

实验室根据需求新开发制订了原子荧光光谱法测定铁矿中砷含量的方法，现对

其是否满足应用要求进行方法确认。

2.4.3.2 方法原理和摘要

试样用混酸（盐酸、硝酸、氢氟酸和高氯酸）溶解。用还原剂将试液中的 As（V）预还原为 As（Ⅲ），用掩蔽剂掩蔽试液中的铁，在一定酸度下，试液和硼氢化钾溶液通过氢化物发生器产生氢化物，随载气进入石英管原子化，在砷元素的特征波长处测定荧光强度，将测得的试液的荧光强度与标准溶液的荧光强度相比较，得出试液中砷元素的含量。

称取 0.2~1.0g 预干燥试样，精确至 0.0001g。置于 150mL 聚四氟乙烯烧杯中，用少量水湿润试样，加 9mL 盐酸、5mL 氢氟酸、3mL 高氯酸、1mL 硝酸，盖上表面皿，低温加热至大部分试料分解，升高温度（不沸腾），直至试料分解完全，蒸发近干，取下冷却，加入 10mL 盐酸溶解盐类，转移至 100mL 单刻度容量瓶中，用水稀释至刻度，摇匀。分取 2.00~10.00mL 于 100mL 单刻度容量瓶中，加入 4mL 硫脲溶液、8mL 抗坏血酸溶液、10mL 盐酸溶液，用水稀释至刻度，摇匀，15~60℃下放置 20min，用于原子荧光光谱法测定。移取相同体积的空白溶液于 100mL 单刻度容量瓶中，加入 2mL 铁基体溶液进行匹配，配制方法同试液。

2.4.3.3 试剂

除非另有说明，在分析中仅使用确认为分析纯的试剂和去离子水或相当纯度的水。

① 盐酸（ρ=1.16~1.19g/mL），优级纯。

② 硝酸（ρ=1.42g/mL），优级纯。

③ 氢氟酸（ρ=1.15~1.18g/mL）。

④ 高氯酸（$HClO_4$ 含量为 70%~72%），优级纯。

⑤ 盐酸（1+1）：以盐酸①稀释。

⑥ 盐酸（1.5+98.5）：以盐酸①稀释。

⑦ 硼氢化钾溶液（2g/L）。称取 1.0g 硼氢化钾（纯度大于 95%）溶于 50mL 含有 0.25g 氢氧化钠溶液的烧杯中，转移至 500mL 容量瓶中，用水定容，使用时配制。

⑧ 硫脲溶液（100g/L）。称取 10g 硫脲溶于 100mL 水。

⑨ 抗坏血酸溶液（100g/L）。称取 10g 抗坏血酸溶于 100mL 水，使用时配制。

⑩ 铁基体溶液（30g/L）。称取 15g 高纯氧化铁粉于 150mL 烧杯中，加 30mL 盐酸①，盖上表面皿，低温下加热至大部分试样分解，升高温度（不沸腾），直至试样分解完全，蒸发至近干，取下冷却，加入 10mL 盐酸⑤溶解盐类，转移至 500mL 容量瓶中，用水稀释至刻度，摇匀。

⑪ 砷标准溶液 A（100μg/mL）。称取 0.132g 于硫酸干燥器中干燥至恒重的三氧

化二砷（基准试剂），温热溶于 1.2mL 浓度为 100g/L 的氢氧化钠溶液中，移入 1000mL 容量瓶中用水稀释至刻度，摇匀。或者由购买的有标准物质证书的砷标准溶液（1000μg/mL）稀释得到。

⑫ 砷标准溶液 B（1μg/mL）。用吸量管移取 10.00mL 砷标准溶液⑪于 1000mL 容量瓶内，用水稀释至刻度，摇匀。

⑬ 砷标准溶液 C（0.1μg/mL）。用吸量管移取 10.00mL 砷标准溶液⑫于 100mL 容量瓶内，用水稀释至刻度，摇匀。

2.4.3.4 仪器和器具

实验室常用器具包括单刻度聚四氟乙烯容量瓶和单刻度吸量管，分别符合 GB/T 12806 和 GB/T 12808 的规定。所有使用的器具需要在稀硝酸溶液中浸泡 24h 后，清洗干净后使用。

北京某公司 AFS-610A 原子荧光光谱仪，配有砷空心阴极灯。仪器工作参数：电压 270V；灯电流 60mA；原子化器温度 200℃；原子化器高度 8mm；载气流量 700mL/min，辅助气流量 0mL/min。

赛多利斯分析天平 BS224S，精度 0.1mg。

2.4.3.5 方法开发及制订

选择 6 个有证标准样品 AsCRM007（砷含量 0.0005%）、GSB03-2023-2006（砷含量 0.0013%）、BH0108-3W（砷含量 0.01%）、629-1（砷含量 0.023%）、GSBH30001-97（砷含量 0.05%）、YSB14722-98（砷含量 0.105%）及多种矿种的含砷铁矿样品，通过样品前处理（溶样方法）、不同原子荧光光谱仪器条件试验开发研究，建立了原子荧光光谱法测定铁矿中砷含量的方法，并制订相应的检测方法作业指导书，具体包括：

（1）溶样方法的选择

铁矿石的溶解方法一般有酸溶法和碱熔法，由于碱熔法步骤复杂，对坩埚损害大，故采用酸溶法。本方法在开发时，试验了盐酸、盐酸+硝酸、盐酸+硝酸+氢氟酸+高氯酸分别于 150℃电热板上溶解 1g 标准样品 AsCRM007（澳大利亚）、BH0108-3W（中国）及多种矿种的含砷铁矿样品。仅用盐酸，几乎所有矿种都消解不完全；盐酸+硝酸对于国产部分矿种消解不完全；盐酸+硝酸+氢氟酸+高氯酸对所有矿种都可完全消解。最终选择盐酸+硝酸+氢氟酸+高氯酸溶样，蒸干后加入 10mL（1+1）盐酸，用水定容至 100mL，待测。

（2）试液酸度的选择

分别移取 10mL AsCRM007 溶液于 6 个 100mL 容量瓶中，每个容量瓶依次加入 4mL 浓度为 100g/L 的硫脲溶液、8mL 浓度为 100g/L 的抗坏血酸溶液，再分别加入 0、5mL、8mL、10mL、12mL、15mL 盐酸，混匀，20℃室温下放置 20min，测定。

盐酸酸度对砷的影响见图 2-3。

当盐酸用量为 10mL 时，信号强度达到最大，且保持稳定。故本法选择盐酸用量为 10mL。尽管试样溶液中的酸度和标准曲线溶液中的酸度不同，试样溶液中的酸度更大，由图 2-3 可知，此时酸度差异对结果的影响可以忽略。

（3）加入硫脲体积的选择

分别移取 10mL 样品溶液于 6 个 100mL 容量瓶中，分别加入 10mL 盐酸、8mL 浓度为 100g/L 的抗坏血酸，分别加入 0、2mL、3mL、4mL、5mL、6mL、7mL 浓度为 100g/L 的硫脲溶液，混匀，20℃室温下放置 20min，测定。硫脲体积对砷的影响见图 2-4。

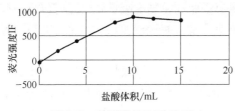

图 2-3　盐酸酸度对砷的影响

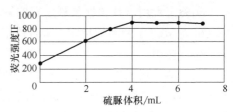

图 2-4　硫脲体积对砷的影响

由图 2-4 可知，加入 4mL 硫脲时荧光强度达到最大，因此，选择硫脲加入体积为 4mL。

（4）加入抗坏血酸体积的选择

分别移取 10mL 样品溶液于 6 个 100mL 容量瓶中，分别加入 10mL 盐酸、4mL 浓度为 100g/L 的硫脲溶液，分别加入 0、2mL、4mL、8mL、10mL、16mL 浓度为 100g/L 的抗坏血酸溶液，混匀，20℃室温下放置 20min，测定。抗坏血酸体积对砷的影响见图 2-5。

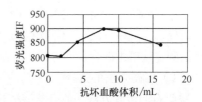

图 2-5　抗坏血酸体积对砷的影响

由图 2-5 看出，加入 8mL 抗坏血酸时荧光强度达到最大，因此，选择抗坏血酸加入体积为 8mL。

（5）消解温度的选择

试验了不同消解温度（100℃、150℃、200℃、250℃）对结果的影响，结果表明，100℃时，大部分样品的消解时间为 3d，结果与证书值一致。150℃时，消解时间为 4h，结果与证书值一致。200℃时，砷的损失可达 15%~50%；250℃时，砷的损失可达 35%~80%；因此前处理加热溶解样品时温度不能超过 150℃。如果样品中含有氯，则更容易挥发损失，经进一步试验表明，对于含氯样品，前处理加热温度不能高于 130℃。

（6）预还原温度和时间的选择

由于加入硫脲、抗坏血酸与溶液中砷进行预还原反应需要一段时间，为确保还原反应完全，对预还原温度和时间做了试验，结果表明：温度越低，预还原时间越长。室温15℃以上时，至少需要预还原15min；室温15℃以下时，预还原时间需要至少40min。当室温过低时，可以放入60℃的水浴中，预还原15min。

（7）载流、还原剂浓度的选择

固定其他参数不变，试验载流（0.5%、1.5%、3%、5%盐酸）、硼氢化钾（0.5g/L、2g/L、5g/L）、氢氧化钾（0.5g、1.5g、3g）对结果的影响，试验结果表明载流为1.5%盐酸、还原剂为2g/L硼氢化钾溶液（含0.5g氢氧化钾）时结果最好。

根据以上结果制订实验室"铁矿石中砷含量的测定　原子荧光光谱法"作业指导书（可参照 SN/T 2680—2010 中砷部分）。

2.4.3.6　方法特性参数确认

（1）线性范围

试验表明，在选定的条件下，砷标准溶液浓度在 0 ~ 120μg/L 范围内与荧光强度呈良好线性关系，相关系数为 0.999，具体见图 2-6。日常使用中，常用 0 ~ 20μg/L、0~40μg/L 等范围。

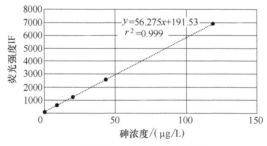

图 2-6　砷的线性范围

（2）检出限

采用 0、1μg/L、5μg/L、10μg/L、20μg/L 作工作曲线，见图 2-7，斜率为 186.43，连续测定样品空白溶液 11 次，测定结果见表 2-7。

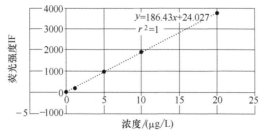

图 2-7　测定检出限时砷的工作曲线

表 2-7　11 次样品空白的测定结果

序号	1	2	3	4	5	6	7	8	9	10	11	SD
荧光值	116.9	113.3	109.8	108.4	110.7	111.7	108.5	104.9	105.7	106.5	109.3	3.502

DL=3×3.502/186.43=0.056（μg/L），根据样品稀释倍数，可计算获得方法检出限为 0.00001%。

（3）测定范围

检测下限的确定有几种方法，按检出限的 10 倍，即 0.56μg/L；也可用工作曲线最低点，即 1μg/L。按照就高的原则，本方法选择 1μg/L，按照称量 1g，定容到 100mL，分取 10mL，再定容到 100mL，换算得到样品浓度为 0.0001%，此为检测下限。最高曲线点为 120μg/L，按照称量 0.2g，定容到 100mL，分取 2mL，再定容到 200mL，换算得到样品浓度为 0.6%，此为检测上限。

（4）回收率

同时溶解标准品、空白及加入砷标准溶液的标准样品，按所建立方法进行测定，计算回收率，结果见表 2-8。

表 2-8　回收率结果

样品	AsCRM007	AsCRM007 加标	加入标准溶液量	回收率
测定值	4.898μg/L	9.523μg/L	5μg/L	92.5%
样品	GSB03-2023-2006	GSB03-2023-2006 加标	加入标准溶液量	回收率
测定值	9.985μg/L	19.125μg/L	10μg/L	91.4%
样品	GSBH30001-97	GSBH30001-97 加标	加入标准溶液量	回收率
测定值	49.76μg/L	97.23μg/L	50μg/L	94.9%

（5）正确度

4 个铁矿标准样品测定结果见表 2-9。

表 2-9　4 个铁矿标准样品测定结果

项目	AsCRM007	629-1	GSBH30001-97	YSB14722-98
证书值/%	0.0005±0.0001	0.023±0.001	0.05±0.002	0.105±0.002
检测值/%	0.00041	0.022	0.048	0.107

（6）精密度

试验人员甲用同一台仪器对 AsCRM007、GSB03-2023-2006、GSBH30001-97、YSB14722-98 进行多次检测，试验人员乙在 5 天内用不同型号仪器对 AsCRM007、GSB03-2023-2006、GSBH30001-97、YSB14722-98 进行多次检测。按照 GB/T 6379.2—2004 检查这些数据结果的一致性和离群值，计算标样的平均值和标准偏差，从而计算出重复性限 r 和再现性限 R。

如果将本方法制定成国家标准或行业标准，则需根据本方法的适用范围，选取典型的 4 个样品由 5 个实验室独立测试，每个样品测定 3 次，结果统计见表 2-10。

表 2-10 不同实验室验证的砷的数据及计算结果

样品标识	AsCRM007	GSB03-2023-2006	GSBH30001-97	YSB14722-98
参加实验室的数目	5	5	5	5
可接受结果的数目	5	5	5	5
平均值/%	0.00052	0.00153	0.0503	0.1112
真值/%	0.0005	0.0013	0.050	0.105
重复性标准差（S_r）	0.000067	0.00035	0.00438	0.00682
重复性变异系数/%	12.9	22.9	8.7	6.1
重复性限（r）（$2.8 \times S_r$）	0.000188	0.00098	0.0123	0.0191
再现性标准差（S_R）	0.000195	0.000508	0.00785	0.0132
再现性变异系数/%	37.5	33.2	15.6	11.9
再现性限（R）（$2.8 \times S_R$）	0.000546	0.00142	0.0220	0.0370

按照 GB/T 6379.2—2004 计算得到样品测定时的重复性限 r 和再现性限 R 如下：

$r = 0.1347x^{0.8132}$（x 为实验室内样品结果的平均值）

$R = 0.2217x^{0.7773}$（x 为实验室间样品结果的平均值）

（7）稳健度

根据 2.4.3.5（5）"消解温度的选择"，前处理时电热板温度不超过 150℃，电热板温度设定为 130℃、140℃、150℃溶解标准样品 GSBH30001-97（砷含量 0.050%），测定砷含量，每个温度测定 6 次，应用 t 检验法检验 130℃、140℃与 150℃时结果是否存在显著性差异，测定结果见表 2-11。

表 2-11 不同温度下砷测定结果

测定次数	砷测定结果		
	w130℃	w140℃	w150℃
1	0.050	0.051	0.050
2	0.049	0.048	0.051
3	0.047	0.049	0.049
4	0.049	0.048	0.048
5	0.051	0.050	0.050
6	0.048	0.049	0.052
平均值	0.0490	0.0492	0.0500
标准偏差	0.0014	0.0012	0.0014
t_1（w140℃/w150℃）	—	1.44	
t_2（w130℃/w150℃）	—	1.73	
$t_{0.05,10}$	2.228		

由表 2-11 可知，$t_1 < t_{0.05,10}$，$t_2 < t_{0.05,10}$，表明电热板温度设定为 130℃、140℃与 150℃时结果没有显著性差异，前处理时这三个温度均可以使用，只是前处理时间有所差异而已。

（8）测量不确定度

此处略，可参考本书第 1 章测量不确定度内容。

2.4.3.7　方法确认结论

方法线性范围、检出限、测量范围、回收率、正确度、精密度和稳健度等方法特性参数确认结果，表明新开发的原子荧光光谱法测定铁矿中砷含量的方法符合方法学要求和应用要求。

<h1 style="text-align:center">参 考 文 献</h1>

［1］　邓勃，何华焜. 原子吸收光谱分析［M］. 北京：化学工业出版社，2004.

［2］　刘明钟. 原子荧光光谱分析［M］. 北京：化学工业出版社，2008.

［3］　周天泽，邹洪. 原子光谱样品处理技术［M］. 北京：化学工业出版社，2006.

［4］　刘文卿. 应用统计学系列教材——实验设计［M］. 北京：清华大学出版社，2005.

［5］　于世林，杜振霞. 化验员读本（第 5 版）——仪器分析［M］. 北京：化学工业出版社，2019.

［6］　鲁道夫·博克.分析化学中试样分解方法手册［M］. 吴湘树，王信予，译. 北京：中国标准出版社，1987.

［7］　测量不确定度的要求：CNAS-CL01-G003：2019［S］.

［8］　食品安全国家标准　食品中铜的测定：GB 5009.13—2017［S］.

［9］　食品卫生检验方法　理化部分　总则：GB/T 5009.1—2003［S］.

［10］　萤石　镁含量的测定　火焰原子吸收光谱法：GB/T 5195.14—2017［S］.

［11］　铁矿石　铜含量的测定　火焰原子吸收光谱法：GB/T 6730.36—2016［S］.

［12］　土壤质量　总汞、总砷、总铅的测定　原子荧光法　第 1 部分：土壤中总汞的测定：GB/T 22105.1—2008［S］.

［13］　玩具及儿童用品材料中总铅含量的测定：GB/T 22788—2016［S］.

［14］　实验室质量控制规范　食品理化检测：GB/T 27404—2008［S］.

［15］　检测实验室中常用不确定度评定方法与表示：GB/T 27411—2012［S］.

［16］　合格评定　化学分析方法确认和验证指南：GB/T 27417—2017［S］.

［17］　氨基酸中铁和铅的测定　原子吸收光谱法：GB/T 28722—2012［S］.

［18］　化学分析方法验证确认和内部质量控制要求：GB/T 32465—2015［S］.

［19］　玩具材料中可迁移元素锑、钡、镉、铬、铅含量的测定　石墨炉原子吸收分光光谱法：GB/T 32602—2016［S］.

［20］　玩具材料中可迁移元素砷、锑、硒、汞的测定　原子荧光光谱法：GB/T 32603—2016［S］.

［21］　橡胶制品　钴含量的测定　原子吸收光谱法：GB/T 33046—2016［S］.

［22］　玩具材料中镉的测定　火焰原子吸收光谱法：GB/T 34438—2017［S］.

［23］　无机化工产品中汞的测定　原子荧光光谱法：GB/T 36384—2018［S］.

［24］ Iron ores—Determination of arsenic content—Hydride generation atomic absorption spectrometric method：ISO 17992：2013［S］.

［25］ 测量不确定度评定与表示：JJF 1059.1—2012［S］.

［26］ 用蒙特卡洛法评定测量不确定度：JJF 1059.2—2012［S］.

［27］ 铁矿石中砷、汞、镉、铅、铋含量的测定 原子荧光光谱法：SN/T 2680—2010［S］.

［28］ 进出口铁矿石中砷含量的测定 第1部分 氢化物发生原子吸收光谱法：SN/T 2765.1—2011［S］.

［29］ 进出口化妆品中汞、砷、铅的测定方法 原子荧光光谱法（已作废）：SN/T 3479—2013［S］.

第 3 章

电感耦合等离子体发射光谱法

3.1 概述

3.1.1 方法简史和最新进展

电感耦合等离子体原子发射光谱法（inductively coupled plasma atomic emission spectroscopy，ICP-AES），也称为电感耦合等离子体发射光谱法（inductively coupled plasma optical emission spectrometry，ICP-OES），是通过利用高频电感耦合产生等离子体放电的光源来进行原子发射光谱分析的方法。

1975 年美国 Applied Research Laboratories（ARL）公司生产出了第一台商品 ICP-AES 多通道光谱仪，1977 年出现了顺序型（单道扫描）ICP 仪器。至 20 世纪 90 年代，随着 ICP 的仪器性能得到迅速提高，相继推出分析性能好、性价比有优势的商品化仪器。1991 年出现了采用 Echelle 光栅新一代 ICP 仪器，开始采用电荷注入器件（charge injection device，CID）或电荷耦合器件（charge couple device，CCD）代替传统的光电倍增管（PMT）检测器，即全谱直读型 ICP-OES 仪器。20 世纪 90 年代起，ICP 分析技术在我国也得到了迅速发展，也逐渐成为国内实验室元素分析的重要手段，目前已迅速发展为一种极为普遍、适用范围广的常规分析方法。

ICP-OES 仪器技术新进展及发展方向主要体现在：

① 分析范围和能力不断扩展；
② 固态检测器和固态发生器的应用日益普遍；
③ 水平、垂直或双向观测技术不断提高；
④ 仪器控制与数据处理向数字化、网络化、自动化发展，操作软件功能日益强大等；
⑤ 仪器小型化、智能化、多样化；
⑥ 操作简捷、易用、高效、减少日常维护时间和实验室的运作成本等。

3.1.2 方法的特点

电感耦合等离子体发射光谱法是基于不同元素的原子从激发态回到基态时，发射不同波长的特征光谱，因而根据特征光的波长可进行定性分析；在一定条件下，同一元素特征光谱的强度与元素的含量成正比，据此可进行定量分析。

ICP-OES 仪器分析方法的特点包括：

① 样品范围广，分析元素多。如采用一些特定的进样装置，电感耦合等离子体原子发射光谱仪可对固体、液体等多种状态的样品进行测定分析，但应用最广泛的是溶液雾化法（即液态进样）。可以对 70 多种元素进行测定，不但可以测定金属元素，而且可以测定样品中的某些非金属元素如硫、磷、氯等。

② 分析速度快，可多种元素同时测定。每个样品分析时间仅 1~3min。多种元素同时测定是电感耦合等离子体原子发射光谱仪最显著的特点。在不改变分析条件的情况下，可同时或顺序地对不同浓度水平的多元素进行测定。

③ 检出限低、准确度高、线性范围宽等。电感耦合等离子体原子发射光谱仪对很多常见元素的检出限达 mg/L 水平，线性范围达 5~6 个数量级。

④ 可快速进行定性及半定量分析。对于未知样品，电感耦合等离子体原子发射光谱仪可利用标准谱线库进行元素的谱线比对，形成样品中所有元素谱线的"指纹照片"，通过计算机自动检索，快速得到定性分析结果，利用保存的工作曲线可得到半定量的分析结果。

⑤ 不足之处是光谱干扰和背景干扰比较严重、对某些元素灵敏度还不太高等。

3.1.3 方法的应用现状

由于电感耦合等离子体发射光谱仪性价比高（一般单价约为几十万元人民币）、检测速度快、分析成本低，在产品质检机构、检验检测实验室、生产企业实验室的普及度已经非常广，主要应用于玩具、电子电气、纺织品、食品接触材料、皮革、食品、化妆品等产品的多个痕量或微量元素同时分析。表 3-1 列出了采用 ICP-OES 对玩具、电子电气、化妆品、纺织品中元素检测的典型标准方法应用情况。

表 3-1　电感耦合等离子体原子发射光谱分析方法的应用

应用领域	标准号	标准名称	检测元素
玩具	GB/T 22788—2016	玩具及儿童用品材料中总铅含量的测定	铅（Pb）
	GB 6675.4—2014	玩具安全第 4 部分：特定元素的迁移	砷（As）、镉（Cd）、汞（Hg）、铬（Cr）、钡（Ba）、硒（Se）、铅（Pb）、锑（Sb）
电子电气	IEC 62321-5：2013	电感耦合等离子体原子发射光谱分析方法测定电子产品中聚合物和电子元件中的镉、铅、铬以及金属材料中的镉、铅含量	镉（Cd）、铅（Pb）、铬（Cr）
化妆品	GB/T 33307—2016	化妆品中镍、锑、碲含量的测定　电感耦合等离子体发射光谱法	镍（Ni）、锑（Sb）、碲（Te）
纺织品	GB/T 17593.2—2007	纺织品　重金属的测定　第 2 部分：电感耦合等离子体原子发射光谱法	砷（As）、镉（Cd）、钴（Co）、铬（Cr）、铜（Cu）、镍（Ni）、铅（Pb）、锑（Sb）

3.2 方法的开发及确认

3.2.1 方法开发的关键参数

方法开发的关键参数的选择正确与否，直接影响新方法的有效性、测试结果的准确性，通常包括样品前处理条件选择和 ICP-OES 仪器工作条件选择两个方面。

样品前处理条件选择包括采用合适的介质、温度、时间、容器，以及合适的样品制备尺寸，确保待测元素能从样品中有效溶解或萃取到消解试剂/萃取溶剂中；对 ICP-OES 的仪器分析来说，选择最佳的分析波长是测试方法定性、定量的关键，配置合适的仪器配件（雾化器、雾化室、炬管等）和最优的仪器工作条件也是确保仪器方法性能满足应用目标要求的重要因素。

3.2.2 样品前处理

附录 2 列举了样品制备和前处理的典型方法和注意事项，建议实验室根据实际情况，参考本章节和附录 2 相关的光谱部分进行选择，优化前处理的方法。

与大多数元素分析方法一样，对于 ICP-OES 测试方法的样品前处理，根据测定目标的不同，通常可分总含量分析和迁移量分析两大类，选择样品前处理方法之前必须明确测试类别，针对不同类型的测试，其样品前处理关键测试条件有很大不同，以下简要介绍两类分析的含义和确定其前处理条件需要特别注意的内容。

（1）总含量分析和迁移量分析的含义

从理论上讲，总含量是样品中某待测元素的客观含量，该含量属于绝对含量，而与测试条件无关。总含量样品前处理方法很多，但每一种消解方法都有一定的针对性，有其适用的特定范围，存在某种局限性。因待测样品的材料类型和待测定的元素不同，其结构和化学反应特性不同，采取的相应检测方法就有所不同。对于含硅酸盐的材料（如玻璃、陶瓷等），就需要选用氢氟酸消解的方法和使用耐氢氟酸的容器进行测试；对于不含硅酸盐的金属材料和非金属材料，可选用不同的消解方法，以达到最佳的消解效果，获得接近总含量真值的分析结果。

迁移量是指检测样品在特定条件下的待测定元素从样品迁移到溶剂中的量，可以理解为是一个条件值/相对含量。实验室必须严格按照特定的条件进行样品的前处理，所获得的迁移结果才有可比性，因此，迁移量测定属于经验方法。

在开发方法时，为了更好地满足分析目的，实验室应仔细推敲所需开发检测方法的检测目标含量是属于绝对量还是相对量。例如，如果某实验室需要开发"一种新研发的导电材料是否满足 RoHS 法规中重金属的要求"的 ICP-OES 测试方法，由于 RoHS 法规限值的是重金属的总含量，因此，需要制订检测方法的最终目标是得到该材料中重金属总含量分析结果，以判断是否满足法规要求。如果实验室需要开发"检测首饰中的镍释放含量"的检测方法，则其目的是要获得样品在特定条件下镍元素的可迁移提取量，需要根据检测目的来选择和确定各种迁移条件（如迁移溶剂、迁移温度、迁移时间等）。

（2）总含量分析的原则及注意事项

在选择 ICP-OES 总含量检测的前处理方法时，除某些特殊材料外，不建议采用碱熔法，因为碱熔法引入了大量的盐分，使基体效应非常严重，引入的大量盐分会沉积在雾化器上，导致信号衰减和不稳定，严重的甚至会堵塞雾化器。本章将不对碱熔法做详细介绍，如果实验室需要用到碱熔法（如测定地质矿石样品中的重金属总含量），可以参考其他章节的相关内容。

此外，还需考虑样品前处理方法中规定的适宜的样品质量和最终样品溶液定容体积。总含量测试的稀释倍数一般是 25~500 倍，典型的是 50~250 倍。稀释倍数越大，样品的基体效应就越小，但由于待测元素浓度也被稀释了，对于分析仪器的灵敏度要求就越高，即要求仪器的检出限就越低。稀释倍数越小，样品的基体效应就越大，对仪器可能带来更多的干扰；同时，有可能由于太小的稀释倍数，或者因样品量过大，某些元素消解时溶液已达到饱和，容易造成样品消解不完全。

（3）迁移量分析的原则及注意事项

对于迁移量测定来说，建立适合的迁移模型和迁移条件至关重要。实验室在开发新方法时，首先应查阅是否有现行的标准迁移模型可以参考，标准迁移模型中的迁移液种类、浓度和迁移条件与预期的目的和用途是否吻合，是否需要进一步查阅相关技术资料印证。由于迁移量的最终结果直接依赖于方法的迁移模式，开发迁移提取测试方法时，应严格规定迁移条件。在依据相关标准测试迁移含量分析时，务必按照标准或作业指导书规定的迁移条件进行测试，以使结果具备可比性。以下以玩具及儿童用品的可迁移元素测定为例，对迁移量的影响因素和条件选择进行介绍。

① 样品尺寸的大小关系到样品的表面积，即迁移液的接触面积。同样质量的样品，样品剪碎或粉碎的尺寸越大，与迁移液的接触面积就越小，分析结果越小。样品的尺寸尽可能统一，以保证分析结果的一致性。由于该标准是模拟小孩的正常行为制定的，儿童一般不会把玩具材料损坏到粉末状后吞食。因此，对于不含涂层的非金属样品一般方法会注明是大于 6mm 或者不大于 6mm；对于表面涂层，则可能被咬或抓落碎屑，玩具涂层要求粉碎样品并通过孔径为 500μm 的筛。

② 迁移液的配方是参考产品在被使用过程中，一些正常或可预见行为中的特

定元素发生的实际迁移情况来选定的。目前常用的模拟人体环境的迁移液有模拟胃液、汗液和唾液等。玩具检测一般选用 0.07mol/L 浓度的盐酸作为模拟胃液迁移液。

③ 大多数的迁移条件都是模拟人体环境条件来确定的，如迁移温度会使用人体正常体温 37℃，迁移时间一般是 1~2h。此外，不同的方法有不同的振摇速率，如 150r/min、60r/min 等。实验室可以根据模拟的实际情况和其他原则来设定。

④ 迁移的 pH 值可参考权威的文献资料或者国内外相关标准而设定。三种典型的模拟人体体液 pH 值为：胃液一般是 1.0~1.5，唾液是 6.8，汗液是 4.4。

注：以上迁移条件参考玩具安全标准 ISO 8124-3：2020、GB 6675.4—2014、EN 71-3：2019、GB/T 37647—2019。

3.2.3 仪器工作参数条件

附录 2 列举了各类仪器分析方法开发关键步骤及条件参数优化的注意事项，实验室可根据实际情况参考使用。

ICP-OES 仪器工作参数条件主要包括分析波长、等离子体功率和气流量。以下对主要参数的选择原则和方法加以介绍。此外，本部分还介绍了重要配件（雾化器、雾化室和炬管）的选择。雾化器装置是整个进样系统的核心部件，雾化的效果直接影响仪器的灵敏度和检测限；另外由于雾化器、雾化室和炬管的价格不菲，实验室可以根据实际情况参考以下介绍选择性价比高、合适的配件类型。

（1）分析波长的选择

分析波长的选择在电感耦合等离子体发射光谱分析中至关重要。通常每个元素有很多分析波长，实验室应比较仪器推荐波长，按推荐顺序从首选分析波长开始，逐一挑选。选择的原则是尽可能把光谱干扰降到最低，选择待测元素受基质影响最小，同时在测量范围内强度相对最强的波长，即尽可能地选择灵敏度高而干扰少的分析波长作为第一分析定量波长。对于一些基体复杂的合金样品（如铁合金、铜合金），ICP-OES 在 220.35nm 波长分析铅元素，可多选择一个波长作为辅助波长以增强结果的可信度。

（2）等离子体工作条件的选择

① 等离子体功率。较高温度的等离子体有助于促进高能量跃迁，因此适当提高功率设置可增加高能量跃迁谱线的强度。然而，对于低能量跃迁，由于在较低功率下已经接近其最大灵敏度，谱线的强度通常不会随功率的增加而显著增加，此时，通常随着功率的增加，会造成背景辐射增强、信噪比变差，检出限反而达不到降低的效果。由于 ICP-OES 常需要同时进行多种元素分析，因此，某些情况下，需综合各种分析元素的特性等因素折中考虑选择适合的功率。

使用的功率越大，功率管的寿命就相对越短。仪器供应商通常不建议用户将功率调到 1400W 以上，一般是默认 1200W。如果是新仪器，建议实验室等离子体功率从低往高逐步调整，选择能满足方法技术要求的最低功率。对于水溶液样品，常选用的功率为 1100~1300W；对于溶液中含有机试剂或有机溶剂的样品，为使有机物充分分解，功率可适当调高，一般选用 1350~1550W 的功率。此外，在测定易激发又易电离的碱金属元素时，应考虑选用较低的功率（750~950W）；而在测定较难激发的 As、Sb、Bi 等元素时，可选用稍高的功率（1300W 或以上）。

② 气流量。ICP-OES 仪器的气流量包括雾化气流量、等离子体气流量和辅助气流量。文献的正交试验结果和经验都表明三种气流量、等离子体功率和进样流速五个因素中，雾化气流量是最敏感的参数，实验室应对该参数仔细优化，选取最佳的雾化气流量十分关键。通常，减少雾化气流量，会有效地增加中央通道中的温度，有利于高能跃迁、延长气流在中央通道中的停留时间，从而有效增加高能量跃迁谱线的强度。如：Pb 220.35nm 谱线是高能量跃迁的一个例子，在较低的雾化气流量下显示出最高的灵敏度。反之，在较高的雾化气流量导致的低温条件下，可以实现低能量跃迁谱线的最佳强度。对于低能量跃迁谱线，典型的雾化气流量可高达 0.9L/min。对于同时包含高能量跃迁谱线和低能量跃迁谱线的分析方法，应折中确定雾化气流量，以达到最佳强度的效果。常用的雾化气流量是 0.6~0.8L/min。

③ 含有机溶剂的样品。分析含有机溶剂的样品溶液时，应考虑较高的等离子体功率、较低的雾化气流量，提高等离子体气流量和辅助气流量；同时，建议选用较小内径的泵管来降低样品溶液提升量，以替代降低进样泵泵速的方法。

（3）雾化装置的选择

雾化装置主要包括雾化器和雾化室。ICP 所用的雾化器主要有两种基本构造：一种是同心型雾化器，另一种是正交型雾化器。同心型雾化器采用固定式结构，具有不用调节、雾化效率较高、记忆效应小、雾化稳定性好、耐酸（玻璃雾化器对氢氟酸除外）等优点，但它的中心毛细管容易堵塞，建议采用专用的清洗装置清洗雾化器，切勿用金属丝来清理疏通堵塞的雾化器。目前仪器供应商提供的多为同心型雾化器，传统的同心型雾化器细分为通用 K 型、SeaSpray 型高溶解固体雾化器和适合有机溶剂分析的减速雾化器三种。SeaSpray 型高溶解固体雾化器是一种加强信号的同心型雾化器，可以得到相对更低的定量限，但它的价格通常是标准型号同心型雾化器的 1.5 倍。目前一种 PTFE 材质的 OneNeb 雾化器综合了各种同心型雾化器的优点，对各种样品液（包括含氢氟酸的样品液和含有机溶剂的样品液）的分析具有卓越的雾化效果。正交型（又称交叉型）雾化器相对同心型雾化器而言，耐盐性能较好，但雾化效率稍差。

常用雾化装置是同心型雾化器配合旋流雾化室。实验室应注意雾化室接口处的气密性，接口漏气会使仪器整体性能下降，甚者会出现仪器突然熄火或者点不着火的现象。

（4）炬管的选择

炬管分为一体式、半可拆卸式和完全可拆卸式。如果实验室日常分析的样品既有无机水样，也有有机溶剂，或者有氢氟酸消解液和熔融物，为了获得更高的灵活性和更低的运营成本，推荐选用部分可拆卸或者完全可拆卸的炬管。

（5）ICP 光源的观测方式

ICP 光源的观测方式分为轴向观测和径向观测。相对而言，径向观测的精密度、稳定性、动态线性范围、抗高盐能力等都比轴向观测好。轴向观测的光通量大、灵敏度较高，但是主要是针对基体比较简单的，如环保样品、自来水等样品的应用。目前市场上的 ICP-OES，矩管垂直放置的轴向观测已经成为主流，轴向观测的水平矩管由于存在容易积盐等缺点，已经逐渐被垂直矩管取代。

3.2.4 非标准方法的确认

非标准方法在一般情况下需要对方法的每个特性参数进行确认，方法的特性参数包括方法的选择性、基质效应、线性范围、方法检出限和定量限、正确度、精密度和稳健度。由于等离子体发射光谱分析方法发展成熟，实验室在进行非标准方法确认的时候，无论是前处理方法还是仪器工作参数条件，都可以在一些权威的标准中找到相似的方法作为参考。如果实验室采用的非标准方法其中一部分来源于已经确认过的标准方法，则在此类非标准方法的确认过程中，可以酌情简化。实验室可参考第 1 章和附录 2 进行确认。以下对各个特性参数的确认分别加以介绍。

3.2.4.1 选择性

在开发新方法时，当初步确定 ICP-OES 的分析波长后，实验室可以通过进一步对三类空白（标准溶液空白、试剂空白、代表性的样品空白）进行谱图观察、分析，排查是否在分析波长处存在干扰，确认方法的选择性是否满足要求。实验室可参考表 3-2 进行评估。

表 3-2 选择性评估测试表

序号	配制液	标准溶液空白 A	试剂空白 B	样品空白 C
1	未加标空白	A0	B0	C0
2	加标浓度 1 空白（X1）	A1	B1	C1
3	加标浓度 2 空白（X2）	A2	B2	C2

按表 3-2 准备标准溶液空白 A0、试剂空白 B0、代表性的样品空白 C0，以及分别加入两个不同目标浓度（X1、X2）的加标溶液（A1、A2、B1、B2、C1、C2），

将 9 种溶液逐一在仪器上分析，然后打开 ICP-OES 的谱图，观察未加标溶液 A0、B0、C0 谱图在分析波长附近是否有明显的干扰信号，加标溶液 B1、C1 和 B2、C2 的谱图在分析波长处波峰的位置和峰宽是否分别与 A1、A2 的吻合，谱图（A1、A2、B1、B2、C1、C2）的目标峰附近是否有其他明显的干扰峰。

图 3-1 为选择性满足要求情况举例，即砷元素分析波长 193.696nm 谱图，通过对标准溶液 A1 的谱图与加标样品 C1 的谱图叠加对比，观测到波峰位置和峰宽吻合，分析波长 193.696nm 附近没有发现其他干扰峰影响砷元素的定性与定量。

图 3-2 为选择性不满足要求情况举例，即砷元素分析波长 228.812nm 三个谱图叠加，样品空白 C0 的谱图在 228.812nm 附近观察到一个明显的波峰，该波峰的位置在标准溶液 A1 的谱图的左边（两峰尖相差约 0.01nm），与标准溶液 A1 的谱图不吻合；加标样品 C1 的谱图的峰尖并没有在原峰尖位置信号叠加，而是向右移动，往标准溶液的峰尖位置靠拢（并未完全重合），这种情况属于有干扰。应考虑是否需要重新选用分析波长（如改选 193.696nm 作为砷元素的分析波长），或者使用标准加入法等方法定量。

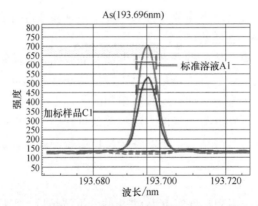

图 3-1　选择性满足要求情况举例（As 193.696nm）

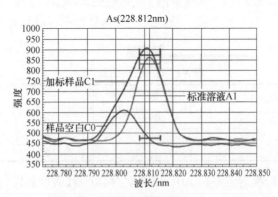

图 3-2　选择性不满足要求情况举例（As 228.812nm）

3.2.4.2　基质效应

基质效应可以结合选择性评估的数据一并进行确认。将表 3-2 中 A 组、B 组、C 组的三点（A0、A1、A2；B0、B1、B2；C0、C1、C2）的仪器响应信号强度与其浓度在 excel 中回归绘制工作曲线。下面以三类空白的两种情况（图 3-3 为满足要求情况，图 3-4 为不满足要求情况）为例加以说明。

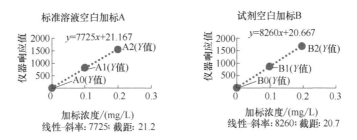

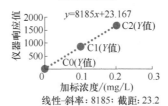

图 3-3　满足要求情况举例

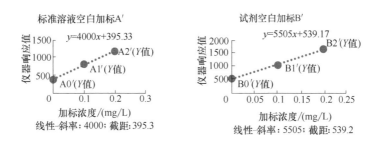

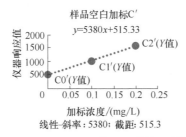

图 3-4　不满足要求情况举例

（1）方法背景的评估

首先通过评估 A 组曲线和 B 组曲线的截距来验证方法的背景是否可以忽略、能否满足方法的要求。如图 3-3 的 A 曲线，假设新方法工作曲线最低浓度点的浓度为 0.1mg/L，截距对应的浓度变量［截距/斜率=21.2/7725=0.0027（mg/L）］远小于工作曲线最低点（不计空白）的浓度（0.1mg/L），那么截距的影响（背景）就可以忽略；如果这个截距（"背景"）明显，对最终结果影响显著，如图 3-4 的 A′ 曲线，截距对应的浓度变量［截距/斜率=395.3/4000=（0.099mg/L）］大于工作曲线最低点（不计空白）的浓度（0.1mg/L）的 50%，实验室应该考虑是否需要选择更高级别的试剂，或者是否测试系统存在交叉污染（例如，进行硼元素检测时，选用塑胶的容器，避免使用普通的、含硼的玻璃容器）。

（2）标准溶液基体与试剂空白基体的匹配性评估

A 组曲线的斜率和 B 组曲线的斜率之间的差异程度反映了标准溶液基体与试剂空白基体的匹配程度。假设两曲线的斜率偏差（两斜率之差的绝对值/两斜率的平均值）要求小于 10%，图 3-3B 组曲线斜率与图 3-3A 组曲线斜率的偏差是 6.7%，则认为不存在显著性差异，标准溶液基体合理，不需要调整。ICP-OES 分析中，样品溶液中的酸应尽可能地与标准溶液匹配，如果样品溶液中的酸的种类或酸含量与曲线标准溶液不同，会带来明显的影响。例如，同一浓度水平下，30%（体积分数）硝酸含量的标准溶液在 ICP-OES 中的响应值比 5%（体积分数）硝酸含量的标准溶液低 10%以上。当标准溶液基体与试剂空白基本一致时，无须进行该项评估。

（3）测试样品基体的评估

测试样品基体的影响可通过比较两组曲线（A 组曲线和 C 组曲线）的斜率来评估。假设两曲线的斜率偏差要求小于 10%，图 3-4C′ 组曲线斜率与图 3-4A′ 组曲线斜率的偏差是 29.4%，则认为存在显著性差异，需要对样品基体影响进行校正。标准加入法是常用的基体校正方法。对基体复杂的合金样品（如铁合金、铜合金）进行铅元素分析时，存在明显的基质效应，可采用标准加入法进行定量。

ICP-OES 分析中，一般常用外标法定量。但发现样品基质效应显著时，可以考虑采用内标法校正。ICP-OES 有一种简易方便的添加内标的方法，正常分析只用到两条通道（进样通道和废液通道），该方法利用第三条通道进样内标，在进样泵后增加一个三通接口，将正常进样通道的分析溶液与第三条进样通道的内标混合均匀，使其一起进入雾化系统。但是这种情况下，必须保证三通接口与雾化室之间的管道足够长，以保证内标与分析溶液能够充分混合。

3.2.4.3　线性范围

ICP-OES 的线性大多数情况都非常好，方法开发时，线性范围确认的重点是确定工作曲线的最高点和最低点。考虑到仪器的工作范围的适用性，线性范围应覆盖关注浓度的 0~150%。关注浓度一般与法规限量有关，通常建议用倒推法找到方法的关注浓度点，例如，某个法规中铅元素的限量是 90mg/kg，方法的稀释倍数是 250 倍（例如，称取 100mg 样品，经过样品前处理后，用容量瓶定容到 25mL），那么其方法的关注浓度为 0.36mg/L，其曲线的最高浓度最好不低于 0.54mg/L。工作曲线的最低点（不计空白）一般选为方法的定量限对应的溶液浓度水平。

确定了工作曲线浓度点后，实验室就可以绘制一条 6 个校准点（包括空白）的工作曲线，验证其线性相关系数是否可以达到 0.995。一般情况下，ICP-OES 分析方法的线性较为理想，相关系数可达到 0.999 以上。

由于 ICP-OES 可以同时分析多种元素，很多情况下，实验室会配制混合标准溶液进行分析。同一瓶混合标准溶液中各种元素的浓度差异不宜超过两个数量级，以避免元素之间可能存在的干扰。

3.2.4.4　方法检出限和定量限

光谱分析的方法检出限是指能将分析物测定信号从特定基质背景中区别出来的最低量。一般采用空白标准偏差法来获得检出限，样品空白独立测试 10 次（结果的正负数值均作为有效数据），计算测试结果的平均值和标准偏差（s），"样品空白平均值+3s"即为方法检出限。实际工作中，一般空白平均值可以忽略，计算得到的 3s 即为方法检出限。当标准偏差（s）为零时，可以考虑在样品空白中加入最低可接受浓度的加标样品代替样品空白，此时，直接用 3s 计算方法检出限。

通常将 3 倍的方法检出限作为方法定量限。由于计算出来的定量限经常会远低于相应法规的限值，一般推荐使用标准曲线的最低点溶液浓度水平对应的样品含量（即考虑样品前处理稀释倍数等）来作为报告限，而仅需要验证报告限（或曲线的最低点）能达到定量的要求即可。如果报告限直接采用计算出的定量限，则仍需要验证其能满足方法的正确度和精密度等要求，并定期监测。例如，当铅元素的报告限对应的溶液样品分析浓度水平是 0.01mg/L 时，这个浓度水平已非常接近 ICP-OES 的检测极限，实验室除了要根据 3.2.2 和 3.2.3 优化方法外，还应该以该浓度点作为曲线最低点或者在测试样品序列中测定该浓度水平的标准溶液或样品。

3.2.4.5　正确度

与其他仪器分析一样，使用有证参考物质是评估方法正确度的首选。有证参考物质经过待确认的方法前处理和 ICP-OES 分析后得到多次测试（推荐 7~10 次）的分析结果，计算此分析结果的平均值与参考物质证书值之间的偏倚，作为正确度的评估。

然而实验室很难找到基体相似、浓度水平相近的有证参考物质，可以通过加标回收率来评估正确度，加标浓度建议是工作曲线的最低点和最高点。

实验室也可以使用相似基体的阳性样品或者自制的阳性样品，但这些样品必须经过多个有资质实验室参加的实验室间协同试验测定获得的公议值作为参考值，然后评估实验室自己的测试结果与该参考值之间的偏倚。如果待测材料是油漆或表面涂层，当找不到适合的有证参考物质时，实验室可以考虑在油漆中添加关注水平的一种或多种元素，通过搅拌、分散等工艺制备相应的阳性样品。这种样品制备方法较灵活，适用性强，但是加标后，必须注意将油漆烘干至恒重，以保证阳性样品的稳定性。

当待确认的方法是用 ICP-OES 代替原标准方法的分析仪器（ICP-MS 或者 AAS）时，实验室可用同一个阳性样品进行实验室间比对，并指定协同实验室使用原方法的分析仪器进行测试，再用 t-test 对两个分析方法进行显著性检验评定。

此外，实验室参加能力验证试验并获得满意的结果，是确认方法正确度很有说服力的一种方式。

方法回收率的接受范围可参考第 1 章表 1-9 方法回收率偏差范围。

以总铅测试为例，表 3-3 列举了常用的消费品总铅有证标准物质，供实验室选择。

表 3-3　常用的消费品总铅有证标准物质

名称	材质/基质
NIST S.R.M 2582（含铅量约为 200mg/kg 的油粉）	油漆粉末
ERM. EC681m（含多个元素的绿色塑胶）	聚乙烯
国家标准物 GBW02102（含铅量为 0.011%的合金）	铝青铜
NIST S.R.M 2581（含铅量为 0.5%的油粉）	油漆粉末
GSB 16-3485-2018［玩具及儿童用品油漆粉末中总铅含量（80mg/kg）标准样品］	油漆粉末

3.2.4.6　精密度

精密度是评估实验室在日常使用待确认方法过程中，测试结果可能出现的变化情况。用于精密度评估的样品一般要求是基体相似、浓度相近、均匀稳定，但不一定是有证标准物质。通常采用中间精密度来评估同一实验室使用待确认方法的正常波动水平，实验室的重复性和实验室内再现性可同时评估，测试成本相对低，能全面、有效地体现本实验室实际测试方法的稳定性和波动范围。

以下介绍一个典型的中间精密度测试计划模板（表 3-4），实验室可结合自身的实际，针对待确认的方法日常可能出现变化的情况（如同一批次材料不同的测试员，或不同的测试时间，或两台 ICP-OES 分析），按照自身关注点设计适合自己、具有特色的中间精密度测试方案。测试的关注点填写在表 3-4 组系列中，该表中的组系列 A 和 B 可以是代表不同的测试员、不同的测试时间，也可以是代表不同型号的测试仪器等。例如，安排 A 测试员与 B 测试员各测 4 个平行样；或测试员在第 A 日及间隔至少 3 天的第 B 日分别测试 4 个平行样，或者测试 4 个平行样后，分别在 A、B 两台 ICP-OES 上测试。表 3-4 内各指标的计算公式参考 ISO 5725，计算过程可参考如下示例。不同含量测试结果的实验室内和实验室间变异系数可参考第 1 章表 1-8 进行评估。

表 3-4　中间精密度测试计划表

测试元素	组系列	每系列测试中样品	组内变异系数 CV	总平均值 /(mg/kg)	重复性标准差 s_r /(mg/kg)	重复性变异系数 CV_r/%	再现性标准差 s_R /(mg/kg)	再现性变异系数 CV_R/%	$2.8CV_r$	$2.8CV_R$
待测元素	A	A1	CV_A	Mean	s_r	CV_r	s_R	CV_R	$2.8CV_r$	$2.8CV_R$
		A2								
		A3								
		A4								
	B	B1	CV_B							
		B2								
		B3								
		B4								

注：

组内平均值：组 $\overline{A}$=（A1+A2+A3+A4）/4；组 $\overline{B}$=（B1+B2+B3+B4）/4

组内离差：如 $D_{A1}=A1-\overline{A}$；$D_{B1}=B1-\overline{B}$

组内变异系数：CV_A=A 组内标准偏差除以组内平均值 $\overline{A}$；CV_B=B 组内标准偏差除以组内平均值 $\overline{B}$

总平均值：Mean=（A1+A2+A3+A4+B1+B2+B3+B4）/8

重复性方差：$s_r^2 = （D_{A1}^2 + D_{A2}^2 + D_{A3}^2 + D_{A4}^2 + D_{B1}^2 + D_{B2}^2 + D_{B3}^2 + D_{B4}^2）/ [（4-1）+（4-1）]$

重复性变异系数：$CV_r = s_r/Mean$

组间离差：$D_A = \overline{A} - Mean$；$D_B = \overline{B} - Mean$；

总方差：$s_d^2 = 4（D_A^2 + D_B^2）$

组间方差：$s_L^2 = （s_d^2 - s_r^2）/4$

再现性方差：$s_R^2 = s_r^2 + s_L^2$

再现性变异系数：$CV_R = s_R/Mean$

3.2.4.7　稳健度

稳健度的评估主要是确定显著影响结果的条件因素的允许波动范围的临界值（也就是设定这些因素的允许极限），对结果有显著影响的因素应在方法中明确注明。影响结果的因素包括前处理过程、ICP-OES 的分析条件等，包括测试员、测试样品的尺寸、消解（或萃取）的温度、试剂的来源和保存时间、标准溶液的保存条件和保存时间等。

当在多个因素中寻找对结果有显著影响的因素时，例如，ICP-OES 的影响因素有等离子体功率、等离子体气流量、雾化气流量、辅助气流量、进样流速等，宜采用正交设计进行试验确认最佳工作条件。一些文献的正交试验数据和实际的操作经验表明雾化气流量是各个因素中最敏感的。实验室应在方法中明确规定 ICP-OES 的各工作参数的允许误差或波动范围，最好在仪器上加密并监控这些参数，以保证仪器在相对稳定的状态下工作。

稳健度试验通常采用已知浓度的均匀样品的重复测试来进行。对于大多数因素的稳健度评估，可采用经典的不同水平显著性检验验证方法，预先设定该因素的目标临界值，采用已知含量的均匀样品在临界值附近进行多次重复测定（如果是双边临界值，就是两个临界值；如果是单边临界值，就用临界值和允许范围内的值），然后用 *t*-test 评估两个临界值的结果是否存在显著性差异，或者虽然存在差异但是仍然在可接受的范围内，证明该因素的允许极限设定是合理的，结果是相对稳定的。例如，某检测方法规定消解温度的可接受范围是（140±5）℃，实验室可在其他参数不变的情况下，对比同一样品在 135℃ 和 145℃ 的多次重复测定结果是否存在显著性差异即可。

3.2.4.8　典型的 ICP-OES 非标准方法种类

电感耦合等离子体光谱分析属于材料中受限物质的痕量分析，当开发任何新方法时，实验室一般都可以根据待测样品材料类型和待测元素找到文献可借鉴的相似前处理方法和可参考的仪器工作参数条件。以下简单介绍目前 ICP-OES 非标准方法的最常见应用的四类典型例子，主要是针对修改标准方法或偏离标准方法的情况。

① 标准方法适用的材料改变。例如，原标准方法只适用于纺织品中的元素测定，实验室需要扩充到塑料的元素测定。

② 在标准方法的基础上扩充分析更多的待测元素。例如，玩具安全标准 ISO 8124-5：2015 是检测 8 种重金属元素的，实验室要在原有的基础上扩充到 17 种重金属元素的测定，那么实验室要对新的 9 种元素进行确认。

③ 电感耦合等离子体光谱分析代替标准方法中电感耦合等离子体质谱分析。这种情况属于分析仪器的调整，因此，实验室必须有足够的证据证明电感耦合等离子体光谱仪器的能力，做方法确认时，重点是如何选用优化的仪器分析条件达到目标的检出限、定量限、精密度和正确度，不确定度也应在合理的可接受范围内。为了进一步确认光谱分析方法的有效性，建议实验室做方法确认时增加与其他有电感耦合等离子体质谱分析能力的实验室之间的对比测试。另外，优化后的等离子体光谱仪器分析条件必须在相应的非标准方法或作业指导书详细列清楚。由于等离子体光谱分析和等离子体质谱分析的前处理方法通常是相似的，如果实验室日常分析的样品相对简单且与原标准相同，那么对于某些方法特征参数可以酌情简化。详细举例如 3.4.2 玩具表面涂层可溶元素含量测定的方法确认。

④ 使用等离子体发射光谱分析作为元素价态定量分析的筛选方法。由于是筛

选方法，筛选限值的选定尤为重要，筛选限值必须能筛选大部分的样品，以减少元素价态分析的测试量，达到筛选测试的目的。另外，筛选限值的确定务必要考虑筛选安全系数或筛选方法的不确定度，筛选方法的不确定度应该小于原来的元素价态限值与筛选限值之差。例如，RoHS 标准有六价铬 0.1%限量，实验室可用 ICP-OES 检测铬元素作为六价铬的筛选方法。

3.3　标准方法的验证

标准方法验证是一项能力证实工作，是实验室提供证据证明根据现有的资源和能力可以满足标准要求的性能指标，具备标准方法的检测能力。实验室的资源和能力包括使用具备资格和能力的测试员，仪器和测试设备性能符合要求且运行平稳，选用的有证标准物质和试剂恰当，作业指导书足够详细且与相应的检测标准规定相符，测试环境也能满足测试和安全要求。

由于在开发时已对标准方法作了较全面的确认，实验室在应用标准时，重点在于验证其与标准方法规定的符合性，需对以下的方法性能特征参数逐一验证，有时可以按照实际情况酌情简化或者省略某个方法性能特征参数的验证，但须注明理由。

在标准方法的验证过程中，有机会碰到一些情况，如标准方法中方法性能特征参数的要求不清晰、验证结果使实验室不得不缩小标准方法的应用范围（见 3.3.3 例子）等。实验室可参考附录 3 进行验证。

3.3.1　线性范围

标准方法的线性范围验证相对简单，实验室只需按照标准的指引配制一系列的标准溶液，在 ICP-OES 上按浓度从低至高对各标准溶液进行分析，绘制工作曲线，查看仪器绘制的曲线相关系数是否能达到标准方法的要求或者 0.995 以上即可。否则，应检查该仪器是否稳定、方法设置或溶液配置等是否存在问题。

3.3.2　方法检出限和定量限

方法的检出限和定量限是方法验证的重点性能指标。标准方法一般会给出该方法的检出限（和定量限）的要求及计算方法，至少也会包括其中的一项（要求或计算方法）。实验室按照标准方法的指引验证是否满足该方法要求即可，如果没有注明该方法的检出限（和定量限）的要求或计算方法，实验室可参考本章 3.2.4.4 加以验证。

3.3.3 正确度

正确度评估是方法验证必不可少的性能指标。当标准方法已有相关规定，应优先按照标准方法的规定进行，国家标准方法通常会以回收率来表示方法正确度的要求，如，GB/T 33307—2016 中正确度要求镍、锑、碲的添加浓度在 1.0~25.0mg/kg 范围内，加标回收率在 80%~110% 之间，相对标准偏差小于 10%。对于这类方法的验证，实验室应按照标准方法的要求，分别加标两个浓度水平（1.0mg/kg 和 25.0mg/kg）。该方法样品量为 0.2~0.5g，最终定容体积为 50mL，稀释倍数至少为 100 倍，1.0mg/kg 样品含量折算成 100 倍稀释后的溶液浓度为 0.01mg/L，由于 0.01mg/L 的浓度水平在 ICP-OES 锑元素分析中已十分接近锑元素的检测极限，建议实验室先加标 0.01mg/L 低浓度和 0.25mg/L 高浓度，如果回收率非常理想，其相对标准偏差小于 10%，那么实验室再进一步验证稀释 250 倍（也就是 0.2g 样品量）的情况。如果回收率及相对标准偏差只是刚好满足要求，一方面，实验室可以通过优化 ICP-OES 的工作条件（参考 3.2.3）后，再评估是否满足该方法的正确度要求。另一方面，实验室可以直接缩小样品量的范围，作业指导书规定样品量为 0.5g，并且应定期监测报告限或定量限，制订严格的质量控制程序，以保证正确度满足标准方法的要求。

当标准方法没有注明正确度的要求和做法时，实验室按照可参考本章 3.2.4.5 选择适合的方式验证该方法的正确度和合理的正确度允许范围。

3.3.4 精密度

精密度的评估体现在重复性和再现性的评估。标准方法通常以两种方式表达方法的精密度。第一种是以附录的形式给出该标准方法制定过程中方法确认的精密度的评估资料数据（包括测试材料的种类、验证的元素及其浓度水平、重复性和再现性评估数据，等等）供参考；第二种是直接把要求写在方法的正文里，例如，GB/T 33307—2016 中注明"重复条件下获得的两次独立测定结果的绝对差值不得超过算术平均值的 10%"。对于在正文中表述精密度的标准方法，实验室只要按指引验证是否达到该标准方法的精密度即可。对于其他方式表述的标准方法，建议采用本章 3.2.4.6 介绍的中间精密度测试计划表进行精密度的评估。

必须注意的是，造成精密度差异的各个因素中，测试员的方法熟练程度对精密度的贡献不可忽略。在进行方法验证前，应对标准方法进行理论和操作训练，包括测试员上岗前的培训，资格考核、授权，平时多练习，加强监督测试员每一个步骤的细节与作业指导书的符合性，尽可能减少人为操作因素对结果的影响，有效地提高方法的精密度。

3.3.5 稳健度

标准方法在发放之前已对其稳健度作了确认，正常情况下，实验室无需额外验证。

对于某些特殊情况，有些重要的操作细节会直接影响最终的测试结果，但是标准方法却没有明确注明，例如，美国 ASTM F963-17 可溶性测试中，没有注明萃取时的振荡频率及其允许极限，实验室在对该方法进行验证时，需要对振荡频率及其允许极限作规定，如振荡频率为（150±10）r/min，且经验证在规定振荡频率范围内，实验室结果是稳健的。实验室可以参考本章 3.2.4.7 的内容验证对结果有影响的因素的稳健度。

3.4 应用实例

3.4.1 电子电气产品中镉、铅和铬含量测定的方法验证

3.4.1.1 目的

验证实验室是否具备准确执行 IEC 62321-5：2013 "Determination of certain substances in electrotechnical products-Part 5：Cadmium，lead and chromium in polymers and electronics and cadmium and lead in metals by AAS，AFS，ICP-OES and ICP-MS"，采用电感耦合等离子体发射光谱测定电工产品聚合物（PE、ABS、PP、PVC）中的镉、铅和铬的能力。

3.4.1.2 方法摘要

根据 IEC 62321-5：2013 标准方法，称取 0.2g 聚合物样品，加入硝酸进行微波消解，最后定容至 50mL，采用 ICP-OES 分析镉、铅和铬的含量。

实验室通过以下测试验证自身具有能力达到标准方法各项特性参数的技术要求，包括方法的选择性高、测量范围合理、三个元素的方法检出限不大于 2mg/kg、

定量限均不大于 10mg/kg、回收率在 80%~120% 范围内、精密度组内和组间的变异系数分别不大于 10%、稳健度稳定。

3.4.1.3 试剂与仪器参数

（1）试剂

① 纯水：GB/T 6682—2008 三级水。

② 浓硝酸：分析纯或等同。

③ 标准工作溶液：按内部程序配制含 2mg/L 内标钇的一系列标准工作溶液（0.1mg/L、0.5mg/L、1.0mg/L、2.5mg/L、5mg/L）。

（2）仪器参数

① 微波消解：CEM MARS6 one torch 温度自动调节控制模式的消解程序参数见表 3-5。

表 3-5　消解程序参数

功率/W	升温时间/min	最大温度/℃	保持时间/min
1030~1800	20~25	210	15

② 电感耦合等离子体发射光谱仪（ICP-OES，Agilent 5100），仪器工作条件参数见表 3-6。

表 3-6　仪器工作条件参数（IEC 62321-5：2013）

项目	参数
功率/kW	1.1
等离子体气流量/（L/min）	15
辅助气流量/（L/min）	1
雾化器流量/（L/min）	0.7
一次读数时间/s	5
读数次数	3
仪器稳定延时/s	15
进样延迟/s	30
泵速/（r/min）	12
冲洗时间/s	30
雾化器	SeaSpray nebulizer（glass）
炬管	Easy-fit torch
观察模式	轴向
雾化室	带球形接头出口的双通道玻璃旋流雾化室

③ 元素分析波长见表3-7。

表3-7　元素分析波长

元素	第一（定量）波长/nm	第二波长/nm
镉（Cd）	214.439	228.802
铬（Cr）	267.716	206.158
铅（Pb）	220.353	217
钇（Y）	371.029	—

3.4.1.4　方法特征参数验证

（1）线性范围和测量范围

本方法的三个待测元素的标准曲线共有 6 个标准点（包括空白），浓度范围见表 3-8（不包括空白）。根据本技术报告和 GB/T 27417—2017 要求，方法的测量范围应覆盖方法的最低浓度水平（定量限）和关注浓度水平。

表3-8　标准曲线浓度

元素	标准曲线溶液/（mg/L）				
	浓度1	浓度2	浓度3	浓度4	浓度5
镉（Cd）	0.1	0.5	1.0	2.5	5.0
铬（Cr）	0.1	0.5	1.0	2.5	5.0
铅（Pb）	0.1	0.5	1.0	2.5	5.0

RoHS 法规中铅和铬的限量要求是 1000mg/kg，镉的限量要求是 100mg/kg，转换成溶液浓度是 4mg/L 与 0.4mg/L，从表 3-8 可推断出该标准曲线浓度范围覆盖限量浓度 4mg/L 和 0.4mg/L 的 125%。

按照选定的仪器条件进行测试分析，得到各元素的标准曲线和相关系数。如表 3-9 所示，各元素相关系数 r 均大于 0.9999，符合 IEC 62321-5：2013 中 $r^2 > 0.995$（即 $r > 0.9975$）的要求和 GB/T 27417—2017 中准确定量线性回归相关系数不低于 0.99 的要求。

表3-9　标准曲线线性参数

元素	定量波长	线性方程	线性方程相关系数（r）
镉（Cd）	214.439	$y=32729.27x+1.46$	0.99997
铬（Cr）	267.716	$y=40662.58x+16.98$	1.00000
铅（Pb）	220.353	$y=2701.20x+6.59$	0.99999

（2）检出限（LOD）和定量限（LOQ）

由于标准方法 IEC 62321-5 已规定了检出限和定量限的评估方法，实验室优先选用该标准的评估方法对方法的检出限和定量限进行验证。

准确称取 200mg 不含待测物的聚合物样品，将样品放入微波消解罐中，重复此步骤 7 次。以添加标准溶液的形式，向每个罐中加入 10μg 铅、镉和铬（最终定容体积为 50mL，相当于溶液浓度为 0.2μg/mL）。按测试程序进行消解和测量。

测定的 7 个加标样品的检出限和定量限见表 3-10，计算每一个的样品元素的百分比回收率在 90%~100%，满足 IEC 62321-5 中 70%~125%的要求。

计算 3 种重金属元素的标准偏差 SD，根据 IEC 62321-5 规定，3.14 倍的标准偏差即为检出限（LOD），5 倍的检出限即为定量限（LOQ）。

表 3-10　检出限和定量限

元素		Cd 浓度 / (ug/mL)	Cd 回收率	Cr 浓度 / (ug/mL)	Cr 回收率	Pb 浓度 / (ug/mL)	Pb 回收率
加标回收（10ug）	加标 1	0.1926	96.3%	0.195	97.5%	0.1923	96.2%
	加标 2	0.1899	95.0%	0.1915	95.8%	0.1878	93.9%
	加标 3	0.1923	96.2%	0.194	97.0%	0.1872	93.6%
	加标 4	0.1929	96.5%	0.1952	97.6%	0.1913	95.7%
	加标 5	0.1911	95.6%	0.1935	96.8%	0.1903	95.2%
	加标 6	0.1907	95.4%	0.1928	96.4%	0.1897	94.9%
	加标 7	0.1919	96.0%	0.1953	97.7%	0.1884	94.2%
SD		0.001097	—	0.001414	—	0.001876	—
LOD=3.14×SD		0.003443	—	0.004441	—	0.005890	—
LOQ=5×LOD		0.01722		0.02220		0.02945	

该方法稀释倍数为 250（称量 200mg，定容 50mL），由此计算出各个元素的方法检出限见表 3-11，三个元素的方法检出限均小于 2mg/kg，定量限均小于 10mg/kg，满足方法要求。本方法三个元素的报告限选定为 10mg/kg。

表 3-11　方法检出限、定量限和法规限值

	镉（Cd） / (mg/kg)	铬（Cr） / (mg/kg)	铅（Pb） / (mg/kg)
方法 LOD	0.9	1.1	1.5
方法 LOQ	4.3	5.6	7.4
法规限值	100	1000	1000

（3）正确度

实验室选用了须验证的四种聚合物材料的回收率来评估正确度。PE 材料的有证物质 ERM-EC681m 被同时用于评估该方法的正确度和精密度，另外三种聚合物材料（PVC、ABS、PP）进行加标测试评估回收率。加标浓度选用标准方法关注浓度 0.2mg/L。PVC、ABS、PP 三种聚合物回收率测试结果见表 3-12。有证物质 ERM-EC681m

的回收率测试结果见表 3-13。

实验结果表明：四种材料的回收率均在 90%~110% 之间，回收率满足本标准要求（80%~120%），即正确度满足实验要求。

表 3-12　聚合物（PVC、ABS、PP）回收率测试结果

样品编号	Cd		Cr		Pb	
	结果/（mg/L）	回收率	结果/（mg/L）	回收率	结果/（mg/L）	回收率
PVC-1	0.1976	98.8%	0.2057	102.9%	0.2011	100.6%
PVC-2	0.1971	98.6%	0.2034	101.7%	0.1948	97.4%
PVC-3	0.1969	98.5%	0.2029	101.5%	0.193	96.5%
PVC-4	0.1961	98.1%	0.2013	100.7%	0.1929	96.5%
ABS-1	0.1975	98.8%	0.2037	101.9%	0.1958	97.9%
ABS-2	0.1965	98.3%	0.2025	101.3%	0.1962	98.1%
ABS-3	0.1975	98.8%	0.2035	101.8%	0.1958	97.9%
ABS-4	0.1988	99.4%	0.2037	101.9%	0.1941	97.1%
PP-1	0.1992	99.6%	0.2061	103.1%	0.1977	98.9%
PP-2	0.1978	98.9%	0.2045	102.3%	0.1969	98.5%
PP-3	0.1965	98.3%	0.2019	101.0%	0.1967	98.4%
PP-4	0.1972	98.6%	0.205	102.5%	0.1936	96.8%

（4）精密度

实验室选用 PE 材料的标准物质 ERM-EC681m 用于精密度的评估。两位技术人员（A&B）在相隔 5 天的时间内，根据 IEC 62321-5 标准的作业指导书进行测试。实验室内变异系数 CV_r 和 CV_R 值均小于本标准方法 20% 的要求，重复性和再现性评估结果满足实验室预期要求。

表 3-13　ERM-EC681m 的回收率测试结果

测试元素	测试人员	测试日期	样品序列	测试结果/（mg/kg）	回收率	组内变异系数 CV	平均值/（mg/kg）	重复性标准差 s_r/（mg/kg）	重复性变异系数 CV_r	再现性标准差 s_R/（mg/kg）	再现性变异系数 CV_R	2.8 CV_r	28 CV_R
Cd	A	D1	A1	141.2	96.7%	1.3%	138.8	1.7	1.2%	1.9	1.4%	3.4%	3.9%
			A2	140.6	96.3%								
			A3	140.0	95.9%								
			A4	137.0	93.8%								
	B	D1+5	B1	139.6	95.6%	1.0%							
			B2	138.4	94.8%								
			B3	136.2	93.3%								
			B4	137.7	94.3%								

测试元素	测试人员	测试日期	样品序列	测试结果/(mg/kg)	回收率	组内变异系数CV	平均值/(mg/kg)	重复性标准差 s_r/(mg/kg)	重复性变异系数 CV_r	再现性标准差 s_R/(mg/kg)	再现性变异系数 CV_R	2.8 CV_r	28 CV_R
Cr	A	D1	A1	45.1	100.0%	1.6%	44.5	0.7	1.6%	0.8	1.8%	4.5%	5.0%
			A2	43.9	97.3%								
			A3	43.4	96.2%								
			A4	44.0	97.5%								
	B	D1+5	B1	44.7	99.2%	1.5%							
			B2	45.4	100.6%								
			B3	45.2	100.2%								
			B4	43.9	97.3%								
Pb	A	D1	A1	64.5	92.5%	1.6%	64.0	1.6	2.4%	1.6[①]	2.4%[①]	6.7%	6.7%[①]
			A2	63.5	91.1%								
			A3	65.2	93.5%								
			A4	63.0	90.3%								
	B	D1+5	B1	66.0	94.7%	3.1%							
			B2	61.9	88.8%								
			B3	65.2	93.6%								
			B4	62.7	90.0%								

① 鉴于铅元素计算出来的组间 s_R 和 CV_R 的值比组内的小，根据 ISO 5725 指引，表中的 s_R 和 CV_R 的值分别用组内的 s_r 和 CV_r 代替。

3.4.1.5　结论

验证试验结果证明，三个元素的方法检出限均小于 2mg/kg，定量限均小于 10mg/kg，能满足标准方法的目标检出限和定量限。重复性和再现性评估的实验室变异系数 CV_r 和 CV_R 值均小于 20%，精密度评估结果满意。方法的回收率为 90%~101%，满足该标准规定的回收率在 80%~120% 之间的要求。

测量不确定度的评估：此处略，可参考本书测量不确定度章节。

综合以上，各参数都满足要求，证实实验室具备使用电感耦合等离子体发射光谱测定电工产品聚合物中的镉、铅和铬，执行 IEC 62321-5 标准方法检测的能力。

3.4.2　玩具表面涂层可溶元素含量测定的方法确认

3.4.2.1　目的

由于加拿大标准方法 C03 的检测仪器 ICP-MS 测试成本高，而加拿大表面涂层法规规定可溶元素的限值是 0.1%，实验室对原标准方法的检测仪器进行修改，采用电感耦合等离子体发射光谱代替 ICP-MS。实验室对该修改的方法进行确认，确认采用电感耦合等离子体发射光谱测定加拿大玩具表面涂层可溶元素砷、钡、镉、硒和锑是否科学，仍满足方法应用要求。

本方法的样品前处理方法仍采用加拿大产品安全参考手册第 5 卷-实验室方针与步骤中的 B 部分：测试方法 C03（生效日期：2018-08-01），仪器分析选用了电感耦合等离子体发射光谱代替原方法的电感耦合等离子体发射质谱的方法。

3.4.2.2　方法摘要

根据加拿大玩具表面涂层可溶元素标准方法 C03：2018，称取恒重且已过筛的 100mg 样品放入 100mL 烧杯中，按标准规定的可溶性重金属元素含量的前处理方法，加入 20mL 5%盐酸溶液，混合摇匀，置于温度为（20±3）℃的恒温振荡器中摇动 10min，然后立刻过滤，滤液加入 1mL 浓硝酸定容至 50mL。用 ICP-OES 测定滤液中 5 种可迁移元素（锑、砷、钡、镉、硒）的含量。

实验室通过以下测试，确认修改后的方法是否达到原标准方法预期的各项特性参数的技术要求（方法的选择性强、测量范围合理、五个元素的方法检出限不大于 20mg/kg，定量限均不大于 50mg/kg、回收率在 85%~110%范围内，精密度组内和组间的变异系数分别不大于 11%、稳健度稳定）。

3.4.2.3　试剂与仪器参数

（1）试剂
① 超纯水：GB/T 6682—2008 三级水。
② 浓盐酸：分析纯或等同。
③ 浓硝酸：分析纯或等同。
④ 标准工作溶液：配制逐级稀释到以（2%盐酸+2%硝酸）为基体的各级标准工作溶液（0、0.1mg/L、0.5mg/L、1.0mg/L、2.0mg/L、3.0mg/L）。

（2）仪器参数
① 电感耦合等离子体发射光谱仪（ICP-OES，Agilent 5100）。参考 3.2 对 ICP-OES 仪器工作条件进行优化，优化后的仪器工作条件参数见表 3-14。

表 3-14　仪器工作条件参数（C03：2018）

项目	参数
功率/kW	1.1
等离子体气流量/（L/min）	15
辅助气流量/（L/min）	1
雾化器流量/（L/min）	0.7
一次读数时间/s	5

项目	参数
读数次数	3
仪器稳定延时/s	15
进样延迟/s	30
泵速/（r/min）	12
冲洗时间/s	30
雾化器	SeaSpray nebulizer （glass）
炬管	Easy-fit torch
观察模式	轴向
雾化室	带球形接头出口的双通道玻璃旋流雾化室

② 元素分析波长见表 3-15。

表 3-15　元素分析波长

元素	第一（定量）波长/nm	第二波长/nm
砷（As）	193.696	188.979
钡（Ba）	230.424	233.527
镉（Cd）	214.439	228.802
锑（Sb）	206.834	217.582
硒（Se）	196.026	203.985

③ 恒温振荡水浴槽：Julabo SW22。

3.4.2.4　方法特征参数确认

（1）选择性与基质效应

本方法属于迁移量分析，其标准溶液基体与试剂空白基体相同，均为 2%盐酸+2%硝酸介质，因此仅需对两类空白（标准溶液空白、代表性样品空白）进行选择性与基质效应评估。

按表 3-16 准备标准溶液空白、代表性样品（白色涂层）空白，分别加入五个元素两个目标浓度（0.1mg/L、3.0mg/L）的加标溶液，接着将六种溶液逐一在仪器上分析，并且记录两种空白及加标样品五个元素的响应强度。

表 3-16　空白试验和方法背景的评估

元素	标准溶液空白					代表性样品（白色涂层）空白				
	砷（As）193.696nm	钡（Ba）230.424nm	镉（Cd）214.439nm	锑（Sb）206.834nm	硒（Se）196.026nm	砷（As）193.696nm	钡（Ba）230.424nm	镉（Cd）214.439nm	锑（Sb）206.834nm	硒（Se）196.026nm
未加标空白（仪器响应强度）	13.49	67.28	19.42	25.57	10.57	11.09	285.7	17.07	16.27	18.31
加标浓度（0.1mg/L）空白（仪器响应强度）	176.8	7804	8078	236	145.1	172.9	7744	8175	241.5	156.7

元素	标准溶液空白					代表性样品（白色涂层）空白				
	砷（As）193.696 nm	钡（Ba）230.424 nm	镉（Cd）214.439 nm	锑（Sb）206.834 nm	硒（Se）196.026 nm	砷（As）193.696 nm	钡（Ba）230.424 nm	镉（Cd）214.439 nm	锑（Sb）206.834 nm	硒（Se）196.026 nm
加标浓度（3.0mg/L）空白（仪器响应强度）	4969	224400	238600	6673	4049	5007	221300	240400	6738	4183
回归直线的斜率	1652.1	74735.9	79509.8	2217.6	1346.2	1666.1	73656.8	80104.3	2240.4	1388.3
回归直线的截距	12.6	196.6	72.3	20.0	10.5	8.7	331.2	89.6	16.9	18.1
截距对应的浓度变量（截距/斜率）/（mg/L）	0.0076	0.0026	0.0009	0.0090	0.0078	0.0052	0.0045	0.0011	0.0075	0.0130

① 方法的选择性通过观察各元素 ICP-OES 的谱图评估，从谱图可以观测到加标样品的各个目标峰的位置和峰宽与标准溶液的目标峰吻合，目标峰附近没有发现其他影响元素定性与定量的明显干扰峰。图 3-5 为浓度为 0.1mg/L 的两种空白五个元素的叠加谱图。由谱图和仪器的响应值可以判断出本方法选用的仪器工作参数条件适合，能有效地对待测元素进行定性与定量。

② 方法背景的评估通过标准溶液空白曲线和样品空白曲线的截距对应的浓度变量来验证。利用表 3-16 的数据，以仪器响应强度为纵坐标，未加标空白浓度与两个加标浓度（0.1mg/L、3.0mg/L）为横坐标，每个元素分别以标准空白溶液和样品空白溶液为介质，绘制两条工作曲线，两种空白五个元素共 10 条曲线，计算各曲线的斜率、截距及其相应的浓度变量（截距/斜率）。从表 3-16 中最后一行的数值可以得知各截距对应的浓度变量远小于目标曲线的最低点浓度（0.1mg/L），截距的影响（背景）可以忽略。

③ 通过比较两种标准溶液空白曲线斜率与样品空白曲线斜率对样品基体进行评估。从表 3-16 两种空白五个元素的斜率可以计算出标准溶液空白曲线斜率与样品空白曲线斜率的偏差，结果见表 3-17。由于表 3-17 中的偏差都小于 10%，可以判断样品的基体与标准溶液不存在显著性差异，结果满意，标准溶液无需按样品基体进行基体匹配，即直接用 2%盐酸+2%硝酸介质稀释即可。

（2）线性范围和测量范围

本方法的待测元素的标准曲线共有 6 个校准点（包括空白），浓度范围见表 3-18（不包括空白）。根据 GB/T 27417—2017 和本章的要求，方法的测量范围应覆盖方法的最低浓度水平（定量限）和关注浓度水平。

加拿大玩具表面涂层可溶元素的限量要求是 1000mg/kg，由于样品前处理稀释倍数为 500，转换成方法的溶液浓度是 2mg/L，从表 3-18 可以看出该标准曲线的浓度范围（0.1~3.0mg/L）覆盖限量浓度（2mg/L）的 150%。

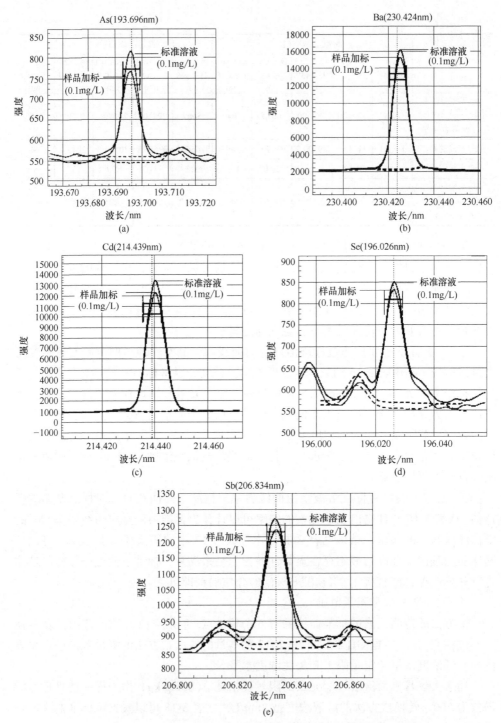

图 3-5 浓度为 0.1mg/L 的两种空白五个元素的叠加谱图

表 3-17　样品基体的评估

元素	砷（As）193.696nm	钡（Ba）230.424nm	镉（Cd）214.439nm	锑（Sb）206.834nm	硒（Se）196.026nm
标准溶液空白曲线斜率与样品空白曲线斜率的偏差	0.8%	1.5%	0.7%	1.0%	3.1%

表 3-18　标准曲线浓度

元素	标准曲线溶液/（mg/L）				
	浓度 1	浓度 2	浓度 3	浓度 4	浓度 5
砷（As）	0.1	0.5	1.0	2.0	3.0
钡（Ba）	0.1	0.5	1.0	2.0	3.0
镉（Cd）	0.1	0.5	1.0	2.0	3.0
锑（Sb）	0.1	0.5	1.0	2.0	3.0
硒（Se）	0.1	0.5	1.0	2.0	3.0

按照选定的仪器条件进行测试分析，得到各元素的标准曲线和相关系数。如表 3-19 所示，各元素的相关系数均大于 0.999，符合原标准方法 C03 相关系数（不小于 0.99）的要求。

表 3-19　标准曲线线性参数

元素	定量波长	线性方程	线性方程相关系数（r）
砷（As）	193.696nm	$y=1073.88x+3.838$	0.99995
钡（Ba）	230.424nm	$y=54175.398x+48.43$	0.99996
镉（Cd）	214.439nm	$y=36179.56x+16.83$	0.99996
锑（Sb）	206.834nm	$y=1949.35x+10.82$	0.99995
硒（Se）	196.026nm	$y=827.19x+8.82$	0.99951

（3）检出限（LOD）和定量限（LOQ）

加拿大 C03 方法提到的计算检出限的参考标准 ASTM D4210 已被其官方撤销，因此本方法的检出限选择空白标准偏差法，用以下公式计算得到：

检出限（LOD）=样品空白平均值（Blank）+（10 次）样品空白的标准偏差（SD）的 3 倍

按 C03 的前处理方法，做 10 个白色涂层空白样品，准备 10 个 100mL 烧杯，用加液器加入 20mL 的 5%盐酸溶液，混合摇匀，置于温度为（20±3）℃的恒温振荡器中摇动 10min，立刻过滤，向滤液中加入 1mL 浓硝酸后定容至 50mL。用 ICP-OES 仪器测定 10 个全程空白，计算各重金属元素相应的空白样品测试结果的标准偏差（SD），3 倍的标准偏差加样品空白平均值即为检出限（方法检出限对应的溶液浓度水平），结果如表 3-20 所示。

表 3-20 可溶出重金属元素检出限的溶液浓度

元素	砷（As）/（mg/L）	钡（Ba）/（mg/L）	镉（Cd）/（mg/L）	锑（Sb）/（mg/L）	硒（Se）/（mg/L）
空白 1	0.0062	0.0040	0.0001	0.0053	0.0006
空白 2	0.0068	0.0038	0.0001	0.0050	−0.0034
空白 3	0.0021	0.0030	0.0002	0.0017	0.0019
空白 4	0.0016	0.0041	−0.0001	0.0011	0.0044
空白 5	0.0049	0.0037	0.0000	0.0011	0.0014
空白 6	0.0077	0.0030	−0.0001	0.0026	0.0018
空白 7	0.0029	0.0041	−0.0001	0.0010	−0.0018
空白 8	0.0042	0.0038	−0.0002	0.0024	−0.0038
空白 9	0.0026	0.0030	0.0000	−0.0021	−0.0019
空白 10	0.0024	0.0040	0.0002	0.0004	0.0012
空白平均值（x）	0.0041	0.0037	0.0000	0.0019	0.0000
标准偏差（SD）	0.00220	0.00048	0.00013	0.00223	0.00277
检出限（LOD）=x+3SD	0.0107	0.00514	0.00039	0.00859	0.00831

由于该方法前处理稀释倍数为 500，转化为最终样品含量表达方法检出限，采用 3 倍的方法检出限为定量限 LOQ，结果见表 3-21。表 3-21 所列的检出限和定量限远低于法规 1000mg/kg 的限量，各元素的检出限和定量限均满足预期目标。报告限的要求是大于或等于定量限，实验室可将该方法的元素报告限选定为 50mg/kg（0.0050%），其相应的溶液浓度即为标准曲线的最低点浓度（0.1mg/L）。

表 3-21 可溶出重金属元素的方法检出限和定量限

元素	砷（As）/（mg/kg）	钡（Ba）/（mg/kg）	镉（Cd）/（mg/kg）	锑（Sb）/（mg/kg）	硒（Se）/（mg/kg）
方法检出限	5.4	2.5	0.2	4.3	4.2
方法定量限	16.2	7.5	0.6	12.9	12.6

（4）正确度

该方法的适用样品范围只有油漆表面涂层一种相对单一的基质，实验室采用涂层加标的方法评估其正确度。

选取一个白色涂层，按照作业指导书分别称取 9 份 0.1g 白色涂层样品，放入 100mL 烧杯中，用加液器加入相当于测试样品质量 200 倍体积（20mL）的 5%盐酸溶液，混合摇匀，置于温度为（20±3）℃的恒温振荡器中摇动 10min，立刻过滤；1 份滤液作原始样品，另外 8 份滤液分成两组，进行两个浓度（0.1mg/L 和 3.0mg/L）加标；最后分别向 9 份滤液中加入 1mL 浓硝酸后，用水定容至 50mL，溶液用 ICP-OES 测定。涂层材料的加标回收数据见表 3-22。

试验结果表明：5 个元素在低浓度和高浓度下的加标回收率均在 90%~110%之

间，回收率满足本标准要求，即正确度满足要求。

表 3-22 涂层材料的加标回收数据

元素	原样	低浓度加标回收（0.1mg/L）				高浓度加标回收（3mg/L）				回收率均值	相对偏差
		加标1	加标2	加标3	加标4	加标1	加标2	加标3	加标4		
As 浓度/（mg/L）	0.0042	0.0954	0.0944	0.0981	0.0984	3.0140	3.0170	3.0200	3.0080	—	—
As 回收率	—	91.2%	90.2%	93.9%	94.2%	100.3%	100.4%	100.5%	100.1%	96.4%	4.6%
Ba 浓度/（mg/L）	0.0000	0.1012	0.1003	0.1004	0.1001	2.9920	3.0050	2.9460	2.9670	—	—
Ba 回收率	—	101.2%	100.3%	100.4%	100.1%	99.7%	100.2%	98.2%	98.9%	99.9%	0.9%
Cd 浓度/（mg/L）	0.0000	0.1007	0.1010	0.1007	0.1006	2.9330	2.9350	2.9370	2.9360	—	—
Cd 回收率	—	100.7%	101.0%	100.7%	100.6%	97.8%	97.8%	97.9%	97.9%	99.3%	1.6%
Sb 浓度/（mg/L）	0.0023	0.1018	0.0994	0.0981	0.0973	2.9970	3.0040	3.0000	2.9990	—	—
Sb 回收率	—	99.5%	97.1%	95.8%	95.0%	99.8%	100.1%	99.9%	99.9%	98.4%	2.1%
Se 浓度/（mg/L）	0.0004	0.0962	0.0919	0.0918	0.0946	3.1250	3.1320	3.1280	3.1260	—	—
Se 回收率	—	95.8%	91.5%	91.4%	94.2%	104.2%	104.4%	104.3%	104.2%	98.8%	6.1%

（5）精密度

实验室选用了原加拿大标准方法 C03 推荐的 NIST 2710a（Montana Soil）作为精密度的评估。两位技术人员（A＆B）在相隔 5 天的时间内，根据 C03 标准的作业指导书进行测试，砷元素和钡元素的含量数据见表 3-23，由于本方法的稀释倍数为 500 倍，样品砷元素的平均溶液浓度含量约是 1.5mg/L，实验室内变异系数 CV_r 和 CV_R 均小于第 1 章表 1-8 中 7.5% 的要求；钡元素的平均溶液浓度含量约是 0.237mg/L，实验室内变异系数 CV_R 和 CV_R 均小于第 1 章表 1-8 中 11% 的要求。重复性和再现性评估结果满足实验室预期要求。

（6）稳健度

仍按照加拿大标准 C03 的方法处理样品，相对来说，电感耦合等离子体发射光谱分析方法的稳健度较高。然而，在影响结果的样品前处理参数中，由于迁移的振速对结果影响较大，而在标准中没有规定其允差，实验室对本方法的振速加以规定［在（140±5）r/min 范围内］并对其允差作确认。

实验室挑选了一个含钡的黄色涂层，共准备了 9 份样品，分别把迁移的振速调到 135r/min、140r/min 和 145r/min，其他操作都按原作业指导书进行，迁移钡的结果见表 3-24，根据 *t*-test 结果可以判断这两组临界值数据分别与 140r/min 组数据没有显著性差异，本方法的振速设定在（140±5）r/min 范围内合理，在此范围内，方法相对稳健。

表 3-23 砷元素和钡元素的含量数据

测试元素	测试日期	样品序列	测试结果/（mg/kg）	组内变异系数CV	平均值/（mg/kg）	s_r/（mg/kg）	CV_r	s_R/（mg/kg）	CV_R	$2.8CV_r$	$2.8CV_R$
As	D1	A1	740.5	1.6%	752.9	12.5	1.7%	18.4	2.4%	4.8%	6.7%
		A2	726.8								
		B1	745.9								
		B2	756.2								
	D1+5	A3	777.4	1.7%							
		A4	762.2								
		B3	767.4								
		B4	746.9								
Ba	D1	A1	112.1	3.3%	118.7	2.9	2.5%	4.3	3.6%	7.0%	10.1%
		A2	120.6								
		B1	118.2								
		B2	114								
	D1+5	A3	120.9	1.2%							
		A4	119.8								
		B3	123.2								
		B4	120.8								

注：s_r 为重复性标准差；CV_r 为重复性变异系数；s_R 为再现性标准差；CV_R 为再现性变异系数。

表 3-24 黄色涂层 *t*-test 结果

样品序列	钡（Ba）测试结果/（mg/kg）		
	135r/min	140r/min	145r/min
1	521.6	549.1	576.5
2	527.8	537.5	593.3
3	585.6	579.6	561.2
平均值	545.0	555.4	577.0
标准偏差	35.3	21.7	16.1
t_1（135r/min vs 140r/min）	0.43		—
t_2（145r/min vs 140r/min）	—		1.38
$t_{0.05,4}$	2.776		
结论	$t_1<t_{0.05,4}$，$t_2<t_{0.05,4}$，没有明显差异		

（7）标准溶液有效期的确认

由于原标准方法未规定标准溶液有效期，方法拟规定标准溶液有效期为 2 周，实验室还对该标准溶液有效期进行了验证。参考表 3-18 规定配制一系列的标准溶液，把新配制的标准溶液从低浓度到高浓度逐一在仪器上分析，并绘制工作曲线，然后再将两周前配制的标准溶液作为样品溶液进行分析，该样品分析结果除以其标准溶液配制浓度值，计算回收率，结果见表 3-25。从表中结果可以得知，两周前配制的标准溶液的测定回收率都在 90%~110% 之间，表明两周前配制的标准溶液与新配制的标准溶液的浓度测定偏差都小于 10%，结果满意，标准溶液能在两周内保持相对稳定，有效期设定合理。

表 3-25　两周前配制的标准溶液的回读结果

两周前配制的标准溶液		砷（As）	钡（Ba）	镉（Cd）	锑（Sb）	硒（Se）
浓度 1（0.1mg/L）	回读结果/（mg/L）	0.1053	0.1004	0.1000	0.0998	0.1036
	回收率	105.3%	100.4%	100.0%	99.8%	103.6%
浓度 2（0.5mg/L）	回读结果/（mg/L）	0.5011	0.5102	0.4893	0.5116	0.4886
	回收率	100.2%	102.0%	97.9%	102.3%	97.7%
浓度 3（1.0mg/L）	回读结果/（mg/L）	0.9846	0.9631	0.9900	0.9757	0.9792
	回收率	98.5%	96.3%	99.0%	97.6%	97.9%
浓度 4（2.0mg/L）	回读结果/（mg/L）	1.8953	2.1008	1.9930	1.9016	2.1336
	回收率	94.8%	105.0%	99.7%	95.1%	106.7%
浓度 5（3.0mg/L）	回读结果/（mg/L）	3.1053	3.1025	2.9836	2.8935	3.0993
	回收率	103.5%	103.4%	99.5%	96.5%	103.3%

3.4.2.5　结论

试验证，改用 ICP-OES 替代标准方法中规定的 ICP-MS，新建立的方法选用的 ICP-OES 仪器工作参数条件适合，样品的基体效应可以忽略，实验室的定量限低于 2mg/kg，能够满足方法应用的要求。对于重复性和再现性评估的实验室内变异系数 CV_r 和 CV_R，砷元素皆小于 7.5%，钡元素皆小于 11%，精密度评估结果满意。方法的回收率为 90%~110%，满足回收率在 85%~110% 之间的要求。

综合以上各参数评估结论，证明 ICP-OES 测定加拿大玩具表面涂层可溶元素砷、钡、镉、硒和锑的方法满足原标准要求和预期用途相关要求。

参 考 文 献

［1］合格评定　化学分析方法确认和验证指南 GB/T 27417—2017［S］.

［2］NATA General Accreditation Guidance—Validation and verification of quantitative and qualitative test methods. 2018.

［3］ 检测和校准实验室能力认可准则：ISO/IEC 17025：2017［S］.

［4］ Eurachem The fitness for Purpose of Analytical Methods – A Laboratory Guide to Method Validation and Related Topics. 2nd ed. 2014.

［5］ 轻工产品化学分析方法确认和验证指南：CNAS-TRL-011：2020［S］.

［6］ Determination of certain substances in electrotechnical products—Part 5：Cadmium，lead and chromium in polymers and electronics and cadmium and lead in metals by AAS，AFS，ICP-OES and ICP-MS：IEC 62321-5：2013［S］.

［7］ Health Canada Part B：Test Methods Section Method C03 Determination of Leachable Arsenic （As），Selenium （Se），Cadmium（Cd），Antimony（Sb）and Barium（Ba）in Applied Coating. 2018.

［8］ 玩具及儿童用品 特定元素的迁移试验通则：GB/T 37647—2019［S］.

［9］ Accuracy（trueness and precision）of measurement methods and results-Part 2：Basic method for the determination of repeatability and reproducibility of a standard measurement method：ISO 5725-2：2019［S］.

第 **4** 章

电感耦合等离子体质谱法

4.1 概述

4.1.1 方法简史和最新进展

ICP-MS 全称是电感耦合等离子体质谱仪，它是一种将 ICP 技术和质谱结合在一起的分析仪器。ICP 通过在电感线圈上施加强大功率的高频电流，在线圈内部形成高温等离子体，并通过气体的推动，保证了等离子体的平衡和持续电离。在 ICP-MS 中，ICP 同时起到离子源的作用，高温的等离子体使大多数样品中的元素都电离出一个电子而形成了一价正离子。质谱是一个质量筛选和分析器，通过选择不同质荷比（m/z）的离子，检测某个特定离子的强度，进而分析计算出该元素的浓度。

20 世纪 60 年代至 80 年代末期是电感耦合等离子体发射光谱（ICP-OES）技术发展的昌盛时期。然而，ICP-OES 分析中的基体干扰和光谱干扰问题，严重制约了该技术的进一步发展，尤其在地质学、地球化学领域中基体干扰十分严重。研究者们发现原子质谱分析是唯一能与 ICP-OES 竞争的元素分析技术，可测定的元素涵盖元素周期表中大部分元素，并能满足更高灵敏度的要求，且谱图简单、分辨率适中，可用于同位素分析。20 世纪 90 年代 ICP-MS 主要被用来完成较困难的分析任务，研究工作重点集中在样品处理及样品引入技术等。随着 ICP-MS 仪器的普及以及仪器功能的进一步优化，该仪器已逐渐发展成为检测实验室样品快速分析的有力武器。尽管 ICP-MS 已获广泛应用，但对该技术的研究以及仪器的改进仍在深入进行，以下是 ICP-MS 近期发展的主要趋势。

4.1.1.1 仪器改进

① 以扇形磁场为质量分析器的高分辨率电感耦合等离子体质谱（HR-ICP-MS）技术已日趋成熟，并实现了仪器商品化。这种高分辨率质谱仪在生物蛋白组学、金属组学及高纯材料等领域极具应用潜力。

② 电感耦合等离子体飞行时间质谱仪（ICP-TOF-MS）在测量瞬时信号时具有良好的性能，可以在极短的时间内同时检测不同质荷比的离子，测试速度快，特别适于进行元素形态分析和与其他分离仪器或激光烧蚀、电热蒸发样品引入设备联用。ICP-TOF-MS 被学者称为最有希望的下一代元素分析质谱仪。

③ 对于 ICP-MS 应用中较为严重的多原子离子干扰问题，不少仪器已经通过碰撞池技术及动态反应池技术加以解决。这是 ICP-MS 在近年来的发展中的一次重大技术突破，为 ICP-MS 的应用带来了更广阔的前景。

④ 仪器操作软件正朝着功能扩大、对用户更加友好的方向不断改进。

4.1.1.2　应用进展

① 联用技术元素形态分析。联用技术元素形态分析是 ICP-MS 最近几年里发展最迅速，也是最热门的研究。已发展了 ICP-MS 与流动注射（FI）、高效液相色谱（HPLC）、气相色谱（GC）及毛细管电泳（CE）联用技术，并用于不同样品中元素形态的分析。ICP-MS 联用早期的进展受到分离技术与 ICP-MS 联机时接口的制约，目前已有多种针对不同联用技术的商品接口，包括 HPLC 与 ICP-MS、CE 与 ICP-MS 接口等，相应仪器软件的配套使元素形态分析的难度大大降低，朝着元素形态可常规分析的方向发展。

② ICP-MS 分析样品处理技术。尽管 ICP-MS 仪器已有长足改进，可满足大部分样品分析的要求，但是在进行实际分析时，样品处理是非常艰巨的任务，特别是基体比较复杂的生命科学、环境科学领域的样品。目前研究方向主要包括在线与离线的样品处理技术、微波消解及提取技术、激光剥蚀技术、超声波辅助技术等。

4.1.2　方法的特点

① 可以快速同时进行多元素分析，周期表中 73 种元素均可测定。
② 元素（包括已形成难熔氧化物的元素）测定灵敏度非常高。
③ 标准曲线具有较宽的动态范围。
④ 具有良好的精密度。

4.1.3　方法的应用现状

ICP-MS 是一种灵敏度非常高的元素分析仪器，可以测量溶液样品中含量在 10^{-9} 或 10^{-9}（质量比）以下浓度水平的微量元素，广泛应用于半导体、地质、环境以及生物制药等行业中，并已建立了很多国际标准、国家标准、行业标准。表 4-1 为实验室 ICP-MS 常用的检测方法标准。

表 4-1　实验室 ICP-MS 常用的检测方法标准

标准号	名　　称
GB/T 23372—2009	食品中无机砷的测定 液相色谱-电感耦合等离子体质谱法
SN/T 2288—2009	进出口化妆品中铍、镉、铊、铬、砷、碲、钕、铅的检测方法 电感耦合等离子体质谱法
GB/T 23362.4—2009	高纯氢氧化铟化学分析方法 第 4 部分：铝、铁、铜、锌、镉、铅和铊量的测定 电感耦合等离子体质谱法
GB/T 20127.11—2006	钢铁及合金 痕量元素的测定 第 11 部分：电感耦合等离子体质谱法测定铟和铊含量

标准号	名　称
GB/T 223.81—2007	钢铁及合金 总铝和总硼含量的测定 微波消解-电感耦合等离子体质谱法
SN/T 2484—2010	精油中砷、钡、铋、镉、铬、汞、铅、锑含量的测定方法 电感耦合等离子体质谱法
SN/T 0736.12—2009	进出口化肥检验方法 电感耦合等离子体质谱法测定有害元素砷、铬、镉、汞、铅
YC/T 316—2014	烟用材料中铬、镍、砷、硒、镉、汞和铅残留量的测定 电感耦合等离子体质谱法
SN/T 2004.5—2006	电子电气产品中铅、汞、镉、铬、溴的测定 第 5 部分：电感耦合等离子体质谱法（ICP-MS）
EN 71-3：2019	玩具安全性 第三部分：特定元素的迁移
ISO/TS 16965：2013	土壤质量 使用电感耦合等离子体质谱法（ICP-MS）测定微量元素
BS ISO 30011：2010	工业场所空气 电感耦合等离子体质谱分析法测定空气中悬浮微粒物质内的金属和准金属

4.2　方法的开发及确认

ICP-MS 检测方法的开发及确认与大多数其他检测方法类似，首先，收集和分析现有检测方法及可参考的文献资料，制订检测方法草案；其次，通过样品前处理和仪器条件优化试验等方法开发试验，确定检测方法或检测作业指导书；最后，再通过试验确定相关检测方法参数，以确认所建立的方法的有效性、可行性。

在制订检测方法草案时，应根据现有各种标准方法、非标准方法和检测工作需求开展调查研究，对比、筛选后提出方法开发工作方案，初步编写检测方法草案，草案应包含：适用范围、参考文献及文件资料、检测原理、使用仪器、所需试剂及其纯度、样品的采集、运输和保存、分析步骤、结果计算、其他说明。

在方法开发试验基本完成后，应通过对方法的各项技术参数的评估，确定具体的技术内容、测定范围、检出限、定量限、实验的精密度和准确度等方法特性，必要时，应进行进一步的条件优化试验，并在此基础上修订方法草案，形成最终检测方法文本。

方法开发是制订建立一个新方法的重要环节，也是修改标准方法要掌握的重要内容，以下将从 ICP-MS 检测方法开发的样品前处理及仪器工作条件优化两个方面介绍方法开发关键参数。

4.2.1　方法开发的关键参数

采用电感耦合等离子体质谱法建立检测方法，主要需考虑样品前处理条件和电感耦合等离子体质谱仪工作条件两方面因素。在前处理方面，由于多数 ICP-MS 是液体进样，前处理使固体样品离子化，消解成为溶液，某些液体样品可简单处理后直接进样；ICP-MS 仪器工作条件的选择主要包括：同位素及内标溶液的选择、调谐参数的设定、ICP-MS 的干扰消除和等离子体工作条件的选择等。

4.2.2 样品前处理

除了最近发展起来的激光剥蚀等少数几种进样方式可以直接固体进样外，目前使用的 ICP-MS 大多数采用液体进样方法，所以在进行上机测试之前需将样品处理成满足 ICP-MS 分析的溶液形态。

4.2.2.1 对于样品溶液的一般要求

在 ICP-MS 分析中存在基体干扰、多原子离子干扰等影响分析精密度和准确度的问题，能够进行上机测试的样品溶液需满足以下基本要求。

① 溶液中溶解的总固体量（TDS）<0.2%，即 $2×10^{-3}$（质量比）。

② 溶液中有机物的含量不能太高，否则会引起严重的基体效应，同时，有机物燃烧后的碳粒沉积并堵塞锥口，导致灵敏度和稳定性下降。

③ ICP-MS 分析主要以微量和痕量分析为主，溶液中待测元素的浓度不能太高。一般要求固体样品中元素含量≤0.01%，液体样品中元素含量≤0.0001%（最好≤0.00001%），或元素的计数（即信号值）一般小于 5000000cps，否则需要进行稀释。

④ 溶液中应保持一定的酸度，以防止金属元素水解后产生沉淀。常用一定浓度（1%~5%）的 HNO_3 为介质。

⑤ 溶液中尽量不含高沸点的 H_2SO_4 和 H_3PO_4 介质，以免损坏采样锥和截取锥，以及避免 S、P 带来的多原子离子干扰。

⑥ 溶液中不得含 HF，否则会损坏石英玻璃材料的雾化器和雾室以及接口，除非使用耐 HF 系统的进样装置和铂锥。

⑦ 固体样品必须完全消解，样品溶液不能有混浊，最好经 0.45μm 或 0.22μm 的微孔滤膜过滤后或者离心后取澄清样品溶液进行测试。

4.2.2.2 样品前处理技术

（1）实验室设备和试剂要求

ICP-MS 灵敏度高，且多数分析方案分析的元素范围都很广，因此在样品处理过程中特别要注意避免元素污染的问题，可能产生污染的 3 个主要来源是：

① 在固体样品粉碎、过筛和混匀时所用的设备。

② 实验室环境和消解装置。

③ 样品处理时所用的试剂。

为了保证用于分析的部分样品能代表整个样品，固体样品在消解前必须经过研磨和混匀。为了避免金属元素的污染，一般应使用尼龙筛网和玛瑙研钵，而不能使用金属或合金材料装置。

对于常规的微量和痕量分析而言，只要实验室已注意做好整体清洁工作，没有必要使用特殊的净化设施。但在进行超痕量或要求较高的分析时，则要求使用超净实验室。

消解固体样品的容器一般使用聚四氟乙烯（PTFE）或氟塑料（PFA，带有全氟化的烷氧基侧链的四氟乙烯），它们具有耐高温和吸附性能弱的特点，适合微量和痕量元素分析。盛放样品溶液的容器一般选用上述材料或低密度聚乙烯（LDPE）或高密度聚乙烯（HDPE）以及聚丙烯（PP）材料制作的样品瓶。分析用容器在使用前一般需在 20%~30% 的 HNO_3 溶液中浸泡数小时后，分别用去离子水和超纯水充分漂洗干净并烘干后使用，以避免污染。消解样品应尽量使用纯度高的试剂，一般要求优级纯及以上级别的试剂，如超纯试剂等。实验室用水一般要求电导率达到 $18.2M\Omega$ 以上的超纯水。消解处理好的样品溶液应储存于干净的聚乙烯或聚丙烯瓶中，并尽早进行上机分析。

（2）无机酸的选用

① 硝酸（HNO_3）。浓硝酸（16mol/L，68%）是 ICP-MS 分析中样品消解常用的试剂之一，常用于分解各种金属、合金以及生物样品，将样品中的痕量元素释放出来，形成溶解度很高的硝酸盐。硝酸常与其他试剂一起混合使用，以达到将样品完全分解的目的。如硝酸与氢氟酸组成的混合酸常用来分解含硅的样品；硝酸与高氯酸或双氧水组成的混合酸用来分解有机质含量高的生物样品；硝酸、高氯酸、氢氟酸组成的混合酸用来分解难以分解的矿石样品等。

硝酸是 ICP-MS 分析中最好的酸性介质，因为等离子体已有硝酸的组成元素（H、N、O），所以加入硝酸基体后，由 H、N、O 形成的多原子离子并不显著增加，故造成的干扰很小。另外，硝酸是可获得优级纯形式的少数酸之一，是超痕量元素分析的理想试剂。

② 盐酸（HCl）。浓盐酸（12mol/L，37%）可分解碳酸盐、磷酸盐及许多金属氧化物。高温高压下，盐酸可分解许多硅酸盐、难溶氧化物、硫酸盐、酸性挥发性硫化物及氟化物，但不能分解黄铁矿和重晶石。分析硅酸盐样品时，盐酸通常与其他无机酸混合使用，如 HF 和 HNO_3。浓盐酸加热可分解一些硫酸盐；盐酸与 HNO_3 或 $KClO_3$ 氧化剂混合使用，可以分解许多硫化矿。

要注意的是，盐酸中的 Cl 元素容易形成多原子离子（如 $^{40}Ar^{35}Cl$、$^{35}Cl^{16}O$），对 As 和 V 分析用同位素 ^{75}As 和 ^{51}V 产生较大干扰，对其他元素（Cr、Fe、Ga、Ge、Se、Ti、Zn 等）也有一定程度的干扰。所以在 ICP-MS 分析中要尽量避免使用盐酸。

不过，一般只对质量数小于 80 的元素产生这种干扰。另外，可通过加入硝酸将溶液反复蒸发至近干，使 HCl 从样品溶液中有效地除去，最终溶液转为硝酸介质，以避免 Cl 元素产生多原子离子干扰。

③ 氢氟酸（HF）。浓氢氟酸（29mol/L，48%）是唯一能溶解含硅基体样品（如土壤、矿石、硅藻土等）的酸。氢氟酸较少单独使用，常与氧化性酸如硝酸或高氯酸混合使用。

需注意的是，即使低浓度的氢氟酸，也会对玻璃产生腐蚀作用。当需要使用氢氟酸时，应使用塑料（最好是 PTFE）容器。溶液中残留的 HF 还会腐蚀 ICP-MS 的玻璃器件，如雾化器、雾室以及矩管等。因此，通常是在分析前加入一定量的高沸点酸（如硝酸或高氯酸），用蒸发的方式把 HF 从消解后的样品溶液中除去，但这种方法不能用来测定硅。另外，由于 HF 具有强腐蚀性和毒性，在使用 HF 时应千万小心，注意做好个人安全防护措施。

④ 高氯酸（$HClO_4$）。高氯酸常用来分解含有机质的样品。热的浓高氯酸是强氧化剂，它和有机化合物会发生爆炸反应，而冷高氯酸或稀高氯酸则没有这种特性。因此，当消解有机样品（如生物组织等）时，最好先用 HNO_3 或 $HNO_3/HClO_4$ 混合酸（注意：硝酸的用量应该至少是高氯酸的 4 倍）进行预处理后，再加入高氯酸进行处理。

使用高氯酸的主要缺点是引入了 Cl 元素，且和盐酸不同的是在分解过程中引入的氯酸根离子很难采用蒸发方式除去，因此 Cl 元素带来的多原子离子干扰（如 $^{40}Ar^{35}Cl$、$^{35}Cl^{16}O$）使低浓度 As 和 V 的测定受到影响。

此外，高氯酸属于高危险性化合物，使用时必须采用严格的安全措施，操作时应在专用的通风橱内进行。

⑤ 硫酸（H_2SO_4）和磷酸（H_3PO_4）。浓硫酸（18mol/L，98%）对于多种矿石、金属、合金、（氢）氧化物来说是一种有效的溶剂，一般和硝酸（以及别的酸）一起使用来分解有机物质。不过，一些无机硫酸盐（尤其是 Ba、Ca、Pb 和 Sr 的硫酸盐）溶解性差，且在一些样品的分解过程中会出现某些痕量元素（As、Ge、Hg、Se 等）的挥发损失，所以硫酸的使用受到一定的限制。需要注意的是，浓硫酸的沸点相当高（338℃），因此不能在 PTFE 容器（PTFE 在 260℃以上变形，在 327℃下熔化）中使用。

磷酸的应用相对较少，一般只用于铝和铁合金、陶瓷、矿石以及炉渣的分解。磷酸和硫酸一样，具有高沸点，因而不能像 HCl 那样通过蒸发除去，且其黏性大的特性会导致样品在引入过程中发生传输率的变化。另外，磷酸和硫酸中引入的 P 和 S 元素会引起 P 和 S 的多原子离子干扰，样品溶液中磷酸和硫酸的存在会严重腐蚀采样锥，因此，在 ICP-MS 的样品处理方法中应尽量避免使用硫酸和磷酸。

⑥ 王水。王水是将浓盐酸和浓硝酸按 3∶1 的体积比混合后得到的一种混合酸试剂。王水具有很强的样品分解能力，通常用于分解其他强酸试剂难以处理的金属

和合金样品，其中包括各种钢、硫化物以及其他矿物，王水对 Au、Pd、Pt 的分解尤为常见。王水具有挥发性和较高浓度的 Cl⁻，对于 ICP-MS 分析而言并不是一种理想的消解介质。不过，它是一种能够非常有效地分解样品的试剂，可以在分解样品后再蒸发消解溶液至近干以除去 Cl，最后用稀硝酸溶解定容后分析。

（3）样品前处理技术

由于大多数的 ICP-MS 分析采用的是液体进样技术，所以一般需将样品处理成适合仪器分析的样品溶液后上机进行测试。

对于有机质含量不高的简单基质的无机液体样品，直接过滤和适当酸化后就可以上机进行测试。如淡水环境样品可直接测定或蒸发预富集后用 ICP-MS 分析。

而对于固体样品和有机质含量高的样品，则需选用合适的样品前处理技术，将它们分解变成简单的无机溶液后方能进行测试。如土壤、沉积物、污水、淤泥、烟尘等，可用上面介绍的硝酸和氢氟酸等不同试剂对样品进行消解。不过，由于多数环境样品中有机成分含量高，一般需在加入高氯酸之前，先用浓硝酸预分解不稳定的有机化合物（如油类或脂类）。

在某些情况下，由于需要测试的是某种特定溶剂在某个条件下的样品迁移含量，则无须考虑样品中的金属总量，因而没必要采用强酸对样品进行完全溶解。如陶瓷铅、镉溶出量的测定。

不管什么样品，最终都需以溶液的形式存在，且需满足前面所述的 ICP-MS 分析中对于液体样品的一般要求，才能用于 ICP-MS 分析（参见 4.2.2.1）。

样品分解技术可分为 4 种基本类型：敞开式容器酸分解法、密闭式容器分解法、微波消解法以及碱金属熔融法，目前应用较多的是敞开式容器酸分解法和微波消解法。下面将介绍各种分解方法及其应用，另外简单介绍一下样品的分离和预富集方法。

① 敞开式容器酸分解法。敞开式容器酸分解法是化学实验室中应用最为普遍的一种样品分解方法。该方法将样品或试剂用敞开式容器在电热板上或电炉中加热，方法对设备的要求较低，可用于大批量样品同时消解。但该方法耗时较长，污染较为严重，准确度和精密度差。

采用敞开式容器酸分解法应特别注意防止待测元素挥发损失，如一般该法不适合用于汞元素的测定，某些样品中微量和痕量元素分析通常采用氢氟酸并混以其他酸（硝酸或高氯酸）的敞开式容器酸分解法，但这种方法不能用来测定硅，因为 HF 和 Si 形成易挥发的四氟化硅（SiF₄）而被除去。测定硅必须采用密闭式容器分解法，且在分析前要用硼酸络合过量的氟。

② 密闭式容器分解法。密闭式容器分解法是在密闭的容器（一般为聚四氟乙烯材料）内用酸或其他试剂在加温加压下进行湿法消解的分解方法。

密闭式容器分解法和其他分解方法相比，具有以下优点：a. 容器内部产生的压力使酸等试剂的沸点升高，因而消解温度较高。升高的温度和压力可显著提升消解试剂的消解能力，缩短样品的分解时间，并用于某些难熔样品的分解。b. 可避免挥发性元素（如 As、B、Hg、Sb、Se、Sn）的挥发，使之仍留在消解溶液中。c. 在密闭环境中进行反应，避免了试剂的蒸发，只需较少的试剂，减少了试剂成本和分解期间产生的有毒气体排放（如硝酸分解后产生的二氧化氮等）。d. 由于降低了试剂用量以及密封系统排除了可能引入的空气中的尘埃，减小了污染的可能性。该方法常用的消解罐是由聚四氟乙烯（PTFE）杯和盖以及与之紧密扣合的不锈钢或工程塑料组成的。使用时必须十分小心，因为在密封系统中，混合反应物产生的蒸气压力可达十几甚至几十个大气压，所以样品和试剂的量不能够超过内衬容量的10%~20%，另外，需等到消解罐彻底冷却至室温后方能打开。

③ 微波消解法。微波是指频率为 300~300000MHz 的电磁波，用于样品处理的微波消解仪器一般选用 2450MHz 频率。含水或酸的体系都是有极性的，在微波电场的作用下，以每秒 24.5 亿次的速率不断改变其正负方向，使分子产生高速碰撞和摩擦而产生高热。同时，一些无机酸类物质溶于水后，电离成为离子，在微波电场的作用下定向流动，离子在流动过程中与周围的分子和离子发生高速摩擦和碰撞，使微波能转变成热能。微波加热就是通过分子极化和离子导电两个效应对物质直接加热的。它消除了由于空气或容器壁等的热传导和热辐射造成的热量损失，因而热效率特别高。在微波电场的作用下，特别是在密闭加压条件下，样品和酸的混合物吸收微波能量后，无机酸的沸点提高进而增加了氧化反应的活性，使样品表面层搅动、破裂，不断产生新的样品表面与酸溶剂接触直至样品消解完全。由于上述特性，加上消耗试剂少和消解速度快等优点，近年来微波消解系统广泛用于食品、消费品材料的有害元素测定以及土壤、沉积物、矿物、岩石、生物等样品中元素测定的前处理过程。

微波加热尤其适合于密闭式容器分解法，所以微波消解法实际上是密闭式容器分解法的一种。溶液可直接在一个低导电性和传热性且微波容易透过的容器（如聚四氟乙烯材料）中加热，因此其加热速度非常快。

微波消解的效率不仅取决于酸的种类和用量，还与微波消解压力和时间有关，一般提高消解压力和时间可加速样品的消解。但需要注意的是，为了避免因反应过于剧烈而使压力急剧升高导致消解罐爆裂，微波溶样时采用预消解（即在不施加微波的条件下使其预先反应一段时间，一般在敞开体系中进行，以释放反应中产生的气体）或采用阶梯式升高加热功率的方法。

④ 碱金属熔融法。在地质和冶金样品的分解中，经常要用到各种各样的碱金属熔剂，如偏硼酸锂、四硼酸锂、碳酸钠、氢氧化钠、过氧化钠、相应的钾盐和碱金属的氟化物（尤其是氟氢化钾），所以这些方法常称为碱金属熔融法。碱金属熔融法可以有效地分解即使是最难熔的物相。

碱金属熔融法的主要缺点是在样品制备过程中引入了大量的可溶性盐类，必须在分析前进行高倍稀释，因而降低了方法的定量限。另外，K、Na、Ca等易电离元素的存在会引起严重的基体抑制效应和多原子离子干扰。

⑤ 分离和预富集方法。由于ICP-MS对高含量的TDS的承受能力有限以及高浓度的个别元素或某基体元素产生的基体效应的影响，在很多情况下，ICP-MS分析样品需要进行足够的稀释，导致该方法的低检出限和样品定量下限并没有比其他分析技术有明显的优势。针对上述问题解决的办法是将主基体元素与待测元素分离，实际上在分离的过程中，不仅除去了可能有的基体效应，而且达到了预富集的作用，一般可富集几个数量级，因而改善了定量限（LOQ）。

常用的分离和预富集方法主要有溶剂萃取法、离子交换色谱法和共沉淀／吸附法3种。

4.2.3　仪器工作参数条件

在选定了样品前处理方法之后，还需要对仪器分析参数分别进行优化，以达到最佳检测能力。仪器参数的选择主要考虑同位素及内标溶液的选择、调谐参数的设定、ICP-MS的干扰消除、等离子体工作条件的选择四个方面。

4.2.3.1　同位素及内标溶液的选择

ICP-MS测定时，大多元素具有多个同位素，应该按丰度大、干扰小、灵敏度高的原则来选择，某些元素的同位素容易受到常见的多原子离子（如ArCl、ClO等）干扰，应避免使用。

在ICP-MS分析过程中，普遍认为加入内标元素能改进精密度，还能补偿随浓度倍增的干扰。选择合适的内标元素，可以在一定程度上校正干扰，内标元素选择主要考虑自然界中含量很少的元素和相似相近的原则。当测定元素较多且质量数差异较大时，也可选择多个内标元素，每个待测元素根据质量数相近的原则选择相应的内标元素。

4.2.3.2　调谐参数的设定

质谱调谐的主要目的是调节各个仪器参数，使其达到最佳状态，通常采用特定的标准溶液（调谐溶液）来进行，调谐参数的设定包括自动设定和手动设定两种设定方式。需要调节设定的参数主要有：采样深度、采样水平位置、采样垂直位置、RF功率、等离子体气流量、辅助气流量、雾化气流量、试样提升速度等，通过这些参数的调节来达到调谐要求，其中前三个参数主要是调节仪器炬管对应进样锥的位置，不同仪器厂家是不同的，应根据仪器说明书进行设定。

对于调谐一般指标的要求：

① 低质量数、中质量数、高质量数的灵敏度满足试验要求：Be 大于 5Mcps/（mg/L），In 大于 30Mcps/（mg/L），Bi 大于 20Mcps/（mg/L）。

② 氧化物、双电荷的比率小于 3.0%。

③ 质量轴要求在 ±0.1amu 以内。

4.2.3.3 干扰消除

ICP-MS 中的干扰可分为两大类："质谱干扰"和"非质谱干扰"（也称"基体干扰"或"基体效应"）。质谱干扰是 ICP-MS 中见到的最严重的干扰类型，通常对分析物离子流测量结果产生正误差。根据干扰物的不同，质谱干扰可进一步分为：多原子离子干扰、同量异位素重叠干扰、难熔氧化物干扰、双电荷离子干扰。根据干扰产生的效果的不同，非质谱干扰大体分为：抑制或增强效应、高盐溶液引起的物理效应。

（1）质谱干扰

① 多原子离子干扰。多原子离子干扰是最常见的质谱干扰类型，一般是由两个或更多的原子结合而成的短寿命的复合离子对待测元素离子的干扰，其干扰来源为：等离子体/雾化所使用的气体、溶剂/样品的基体组分、样品中其他元素离子或者周围环境中的氧气/氮气。例如，氩气等离子体中，氩气离子及氩气离子与其他离子形成的复合离子是造成质谱干扰的常见形式，$^{40}Ar^+$ 对 ^{40}Ca 产生强烈干扰，而 ^{40}Ar 与氧结合形成 $^{40}Ar^{16}O^+$，则明显干扰 ^{56}Fe。氩气中的杂质（如 Kr、Xe 等）也会引起一些干扰问题，虽然 Kr 和 Xe 的含量一般都不高，但 Kr 的含量随所用氩气的纯度和氩气钢瓶中液面的不同有很大的变化。在测定 Sr 同位素比值时，Kr 的存在量将会限制 Sr 同位素比值的准确测定。

由于样品通常需要使用各种无机酸酸化或溶解，在样品消解过程中不可避免会引入其他元素或离子。在此过程中，Ar 会与样品消解所使用的酸形成多原子离子干扰。例如，HCl 介质中 $^{40}Ar^+$ 与丰度最大的 ^{35}Cl 结合形成 $^{40}Ar^{35}Cl^+$，对 As 的同位素 ^{75}As 产生干扰。某些情况下，基体/溶剂的基体组分之间结合，形成质谱干扰。典型的例子为使用硫酸介质处理样品，$^{32}S^+$ 与两个氧结合形成 $^{32}S^{16}O^{16}O^+$，对 ^{64}Zn 产生干扰。对于含高钠盐组分的样品（如海水），不可选用 $^{63}Cu^+$ 同位素作分析离子，因为 Ar 与钠形成 $^{40}Ar^{23}Na^+$ 干扰。与溶剂相关的常见多原子离子干扰见表 4-2。

多原子离子的形成程度不仅与仪器设计有关，还与仪器工作条件参数及样品处理所用的试剂等有关。例如，仪器的接口设计、锥孔的尺寸、离子提取的几何位置、等离子体及雾化系统的操作参数、样品前处理使用的酸和样品基体的性质等都会直接影响多原子离子干扰的程度。然而，在实际分析中，只要在样品前处理过程中加以注意，只有少数的这种离子才会产生严重的干扰效应。在等离子体中，Ar、H 和

O 占优势，可互相结合，也可与被分析样品的基体元素形成多原子离子。在样品制备过程中使用的溶剂或酸中的重要元素（如 N、S 和 Cl）也参与这种反应。多原子离子干扰的表现形式大都以氧化物、氢氧化物、氢化物等存在，且大多存在于 $82m/z$ 以下。

表 4-2   与溶剂相关的常见多原子离子干扰

元素/同位素	基体/溶剂	干扰离子
$^{39}K^+$	H_2O	$^{38}ArH^+$
$^{40}Ca^+$	H_2O	$^{40}Ar^+$
$^{56}Fe^+$	H_2O	$^{40}Ar^{16}O^+$
$^{80}Se^+$	H_2O	$^{40}Ar^{40}Ar^+$
$^{51}V^+$	HCl	$^{35}Cl^{16}O^+$
$^{75}As^+$	HCl	$^{40}Ar^{35}Cl^+$
$^{28}Si^+$	HNO_3	$^{14}N^{14}N^+$
$^{44}Ca^+$	HNO_3	$^{14}N^{14}N^{16}O^+$
$^{55}Mn^+$	HNO_3	$^{40}Ar^{15}N^+$
$^{48}Ti^+$	H_2SO_4	$^{32}S^{16}O^+$
$^{52}Cr^+$	H_2SO_4	$^{34}S^{18}O^+$
$^{64}Zn^+$	H_2SO_4	$^{32}S^{16}O^{16}O^+$
$^{63}Cu^+$	H_3PO_4	$^{31}P^{16}O^{16}O^+$
$^{24}Mg^+$	有机溶剂	$^{12}C^{12}C^+$
$^{52}Cr^+$	有机溶剂	$^{40}Ar^{12}C^+$
$^{65}Cu^+$	矿物	$^{48}Ca^{16}OH^+$
$^{64}Zn^+$	矿物	$^{48}Ca^{16}O^+$
$^{63}Cu^+$	海水	$^{40}Ar^{23}Na^+$

多原子离子干扰是可以预测的，可根据基体类型推算出哪些多原子离子干扰可能出现。另外，一些仪器制造商提供的软件也可用来进行干扰检查和干扰效正。有些多原子离子干扰可以通过试剂空白进行校正，然而，在给定的质量数下，有时多原子离子干扰峰甚至比被测物离子的贡献还要大，此时，若仍采用试剂空白进行校正，容易导致分析结果的明显误差。另外，多原子离子本身信号不太稳定，因而，在进行校正时将增大测量误差。

② 同量异位素重叠干扰。同量异位素重叠干扰是样品中与分析离子质量数相同的其他元素的同位素引起的质谱重叠干扰。例如，V 具有 ^{50}V 和 ^{51}V 两种同位素，在 HCl 介质中，因 $^{35}Cl^{16}O^+$ 对 ^{51}V 的干扰，只能选择 $^{50}V^+$。但也应注意到，^{50}V 的丰度只有 0.25%，同时与 ^{50}Ti（丰度 5.4%）及 ^{50}Cr（丰度 4.3%）具有相同的质量数。因此，在存在 Ti 和 Cr 元素的情况下，要准确测定 V 的含量，必须采用数学校正。

周期表中的大多数元素都至少有 1 个（如 Co）、2 个（如 Sm）、甚至 3 个（如 Sn）同位素，不受同量异位素重叠干扰。只有 In 是个例外，它的一个同位素 ^{115}In 与 ^{115}Sn 重叠，而另一个同位素 ^{113}In 又与 ^{113}Cd 重叠。一般而言，具有奇数质量数的同位素不受质谱重叠干扰，而具有偶数质量数的同位素则相反。需要指出的是，在 m/z=36 以下，不存在同量异位素重叠干扰。同量异位素重叠干扰除了来自样品基体或者溶液酸中的元素外，还有一些来自等离子体用的氩气以及其中杂质（如 Kr、Xe 等）。

③ 难熔氧化物干扰。难熔氧化物离子是由于样品基体不完全解离或是在等离子体尾焰中的解离元素再与氧结合而产生的。其质量数出现在离子母体质量数（M）加上质量单位为 16 的倍数处，如 M+16（MO$^+$）、M+32（MO^{2+}）或 M+48（MO^{3+}）。一般而言，可能出现的氧化物离子的相对强度可从该元素的单氧化物键强度加以预测。单氧化物键强度越高，该元素对应的 MO$^+$离子产率越大。氧化物离子的产率通常是以其强度对相应元素峰强度的比值，即 MO$^+$/M$^+$，一般用百分数来表示［严格地讲，该比值应表示为 MO$^+$/（MO$^+$+M$^+$），但由于氧化物比值通常比较小，所以一般采取近似表示法］。必须指出的是，等离子体操作条件会影响氧化物离子的生成，如 RF 正向功率和雾化气流速对 MO$^+$的形成具有很大的影响。一般而言，MO$^+$/M$^+$随载气流速的增大而增大，随入射功率的增大而减小。除了单氧化物离子外，ICP-MS 分析时还能观测到双氧化物离子和三氧化物离子。与 ICP-MS 中出现的大多数干扰效应一样，氧化物离子干扰的程度取决于样品基体和分析物的浓度。轻稀土元素的氧化物干扰是最严重的难熔氧化物干扰，它们可能会严重干扰重稀土元素的测定。

④ 双电荷离子干扰。在 ICP 中，多数离子都以单电荷离子的形式存在，但也存在一些多电荷离子。与单电荷离子不同，双电荷离子的峰出现在母体离子的 1/2 质量处。等离子体中双电荷离子的形成受元素的二次电离能和等离子体平衡条件控制，只有二次电离能低于 Ar 的一次电离能的元素才容易形成双电荷离子。所涉及的元素主要为碱土金属、部分过渡金属和稀土元素（REE）。雾化气流速能影响双电荷离子的产率，在非常低的雾化气流速条件下，等离子体的温度升高，平衡移向双电荷离子产率较高的方向。在正常操作条件下，双电荷离子的产率通常较低（小于 1%）。此类干扰可以通过对雾化气流、RF 功率、等离子体的采样位置的优化而降低。

⑤ 解决质谱干扰的途径。解决质谱干扰除了优化仪器条件（如 RF 电源、雾化气流速等）外，最常用的消除或降低方法有：分离干扰元素、数学校正法、冷等离子技术及等离子体屏蔽技术、碰撞/反应池技术。

分离干扰元素：对于基体产生的质谱干扰，最常用的方法是通过分离技术去除基体。通常采用共沉淀过滤分离、色谱分离富集等。例如，对于含有高氯化钠及氯化镁的海水中痕量元素的分析、熔融法分析地质样品中的稀土等痕量元素，以及高纯稀土化合物中杂质的分析，经常采用色谱分离富集的方法。色谱分离富集法的最大缺点是操作烦琐且容易带来试剂空白及污染问题。

数学校正法：数学校正法在仪器软件中的应用比较多，大多情况下，可以得到比较满意的结果。通常采用两种干扰校正方法：一种是通过测定较高含量的干扰元素纯溶液，求出干扰系数，离线对分析结果进行校正。如 ^{153}Eu 受 ^{137}BaO$^+$ 的干扰，^{157}Cd 受 ^{141}PrO$^+$ 和 ^{140}CeOH$^+$ 的干扰，可在分析中通过测定较高含量的 Ba、Pr 及 Ce 的单元素溶液求出干扰系数 r 后加以扣除。干扰扣除量=干扰元素浓度×r。另一种是在线干扰校正，编制分析方法时，根据分析同位素和干扰同位素的关系，推导出干扰校正公式并将其输入分析程序，计算机软件通过同时测定的其他相关同位素的数据自动在线校正。

（2）非质谱干扰（基体干扰）

① 抑制或增强效应。空间电荷效应是 ICP-MS 中的主要基体干扰，通常表现为分析信号受到抑制或增强。

空间电荷效应与被干扰物和被测物的离子质量数有密切关系，重基体离子抑制分析物信号的情况比轻基体离子更为严重，但重分析物离子受到基体抑制的情况则要轻于轻分析物离子。所以在大量重基体元素中测定微量低质量元素时，抑制效应非常严重。

② 高盐溶液引起的物理效应。基体会对待测元素信号产生不同程度的抑制或增强作用，称为基体效应。多数情况下，高盐基体会对待测元素产生抑制作用。早期 ICP-MS 研究工作表明，仪器不能承受含有大量固溶体的溶液，即可溶解固体总量（TDS）不能太高，一般要求最好控制在 0.2%以下（小于 2000μg/mL）。

③ 解决非质谱干扰的途径。通常情况下，在用 ICP-MS 进行分析时，任何一种基体元素都会对待测元素产生影响，只是程度有所不同而已，其一般规律是：待测物的质量数越大，受基体效应影响越严重；基体元素的质量数越大，产生的基体效应亦越大；在等离子体中，电离度越大，基体元素基体效应越严重。基体效应主要取决于基体元素的绝对浓度，同时和仪器的透镜系统有相关性，但通常很难被量化，主要的非质谱干扰解决方法有：分离基体干扰元素、基体匹配法、内标法、标准加入法。其中最常用的是内标法，由于待测元素、内标元素同时都受到基体效应的影响，且假定它们所受影响的程度相近，即两者的比值是相对稳定的。

4.2.3.4　等离子体工作条件的选择

ICP-MS 等离子体工作条件包括：RF 功率、等离子体气流量、辅助气流量、雾化气流量和试样提升速度等，这些条件设定将影响质谱干扰的大小，同时影响待测元素的灵敏度和精密度等。

ICP 炬管工作线圈上的 RF 功率最大为 1600W，最小为 500W。当 RF 功率最小时，等离子体保持为点亮状态，当逐渐调高至上限 1600W 时，等离子体越来越明亮，温度逐渐升高。等离子体气的作用是维持等离子体的形成，并使炬管冷却，防止等离子体熔化炬管。辅助气引入炬管第二层，使等离子体远离样品引入管的末端并维持等离子体的形成。载气流生成喷雾，并推动喷雾向前流动。靠近雾化器的是补偿气入口，补偿气可以补充更多气体到喷雾气流中，推动喷雾向前流动。

以下给出等离子体工作条件变化对 ICP-MS 测定影响的一般规律和注意事项，供开发方法时参考。一般情况下，可先根据仪器推荐条件进行初步试验，再逐步改变条件参数，通过分析各条件对测定结果的影响而确认最终的工作条件设定参数。

① 随着 ICP 发射功率升高，样品停留在 ICP 中的温度越高、时间越长，同样导致双电荷产率较高和氧化物产率较低。

② 载气和辅助气使用的氩气中含有的 O_2、N_2、H_2O、Kr、Xe 等杂质会产生谱线重叠干扰，载气流速越低，ICP 温度维持得相对较高，双电荷产率越高，而氧化物产率越低。

③ 雾化气流量可以改变进入 ICP 的溶剂蒸气量，进而对 ICP 负载和效率产生影响。低速有利于水蒸气浓缩，从而大大减少因 H、O 产生的质谱干扰，同时降低 ICP 热量的损失。

④ 试样提升速度会对样品的电离率产生影响，过快的试样提升速度会降低电离率。

4.2.4 非标准方法的确认

在方法开发完成后，需要进行非标准方法确认，非标准方法方法确认一般包含以下主要方法性能参数：选择性、线性范围、检出限和定量限、正确度、精密度（重复性和再现性）、稳健度和基质效应。

4.2.4.1 方法选择性

选择性是指在杂质、辅料等其他成分可能存在的情况下，制订的分析方法能够正确且准确检出被分析物质的特性。

ICP-MS 方法选择性确认，通常选择有代表性空白样品（阴性样品）测定是否有待测元素的信号，也可用不同基体空白样品加标方法，计算回收率有无明显超出允许范围等方法。发现有明显干扰应参考 4.2.3.3 干扰消除对其进行解决。当测定的样品含有同质异位素时，主要采用干扰方程来消除干扰，如采用 EPA 200.8 测定样品中的铟（115）时，受 ^{115}Sn 同质异位素干扰，采用干扰方程 In（115）=115 总强度−118 总强度×0.0861 来消除 Sn 的干扰，118 的总强度是由 ^{118}Sn 产生的。

对于难熔氧化物干扰，主要采用监控产生氧化物的质荷比强度和调谐时控制氧化物产生率，ICP-MS 通常要求氧化物产生率小于 3%，^{47}Ti^{16}O$^+$对 ^{63}Cu$^+$的干扰，测铜时，同时监控质荷比 47 的强度。对于双电荷离子干扰，如 $^{136}Ba^{2+}$ 对 $^{68}Zn^{+}$ 的干扰，测锌时，同时监控质荷比 136 的强度。

4.2.4.2　方法线性范围

配制系列标准溶液，其浓度范围尽可能覆盖一个数量级，至少做 6 个检测点（包括空白）。线性回归方程的相关系数（r）不应低于 0.999。测试溶液中被测组分浓度应在标准曲线的线性范围内。采用内标是为了校正仪器漂移和基体效应，应在标准溶液中添加，或者与标准溶液一起同时吸入仪器（在线内标）。可以根据所测元素质量数的不同选择相近的内标元素，一般至少选用两个，一个控制轻质量数，一个控制重质量数。

4.2.4.3　方法检出限和定量限

ICP-MS 比任何其他常规元素分析技术具有更高的灵敏度和更低的仪器检出限。在 ICP-MS 分析技术中，仪器检出限通常定义为一个空白溶液（通常为绘制标准曲线的空白，一般为超纯水或 2% 的硝酸溶液）多次重复测定所产生的信号值的平均值加上 3 倍标准偏差所对应的分析物的浓度值，它可以用来比较不同仪器的分析性能，但不能代表样品实际可测量的最低下限的信息。

方法检出限则更能够提供样品实际可测量的最低下限的信息。类似仪器检出限，方法检出限是指全过程空白溶液多次测定所产生的信号值的平均值加上 3 倍标准偏差所对应的分析物的浓度值。而要得到仪器能够准确测量的最低水平，即定量下限，用方法检出限是不足够的，因为方法检出限仅给出对某元素是否存在的判定临界值，在该水平下的正确度和精密度往往还比较大，一般难以满足定量的要求。目前，一般以全过程空白所产生的 11 次重复测定值的平均值加上 10 倍标准偏差所对应的元素的浓度值作为定量分析下限，也称定量限（LOQ）。

4.2.4.4　正确度

正确度用以衡量分析数据和样品真实含量的接近程度。在实际分析中，用有证标准物质（CRM）的分析结果来评价正确度是最好的方法。标准物质是某一类均匀性经过检验并用多种分析技术予以分析后具有公认的真实组成的样品，如标准河水或海水的标准物质以及某一类岩石的标准物质等。

具体的确认方法是：按待确认方法规定的样品处理方法处理某标准物质后，并按待确认方法规定的仪器测定方法测试，将测量值与该标准物质的真实值进行比较，若测量结果在真实值的误差范围之内，表明该方法用于处理同类样品后得到的数据的正确度是没有问题的。但前提是必须有该类样品的标准物质，在得不到与样品组成相近的标准物质时，一般采用加标回收率试验来评价方法的正确度。

ICP-MS 方法回收率验证：可采用有证标准样品（或质控样品）或样品基质中加入已知浓度标准物质的方法，进行回收率的验证，进行加标回收率测定时应注意以下问题：①加标物形态应和待测物形态一致。②加标量应尽量与样品待测物含量相近并注意对样品容积的影响。③加标测定值应不超过方法测定上限的 90%。对于不同样品浓度水平，其回收率要求不同，一般样品浓度为 0.1~1mg/kg 时，要求回收率在 75%~120%；样品浓度＜0.1mg/kg 时，要求回收率在 70%~125%。

4.2.4.5 精密度

精密度是指在规定条件下，相互独立的测试结果之间的一致程度，多采用相对标准偏差［RSD/（%）］表示。对精密度的确认实质是对测量方法重复性和再现性的评价，其中测量方法应该是从制样到出结果的全部试验过程，即包括对样品处理过程。通常用同一样品平行处理多次得到的分析结果的相对标准偏差即 RSD（%）来衡量。方法精密度一般可通过协同试验来获得（参见第 9 章），在开发方法实验室，也通过一定的试验设计获得方法在本实验室的重复性标准差和实验室内再现性标准差。ICP-MS 方法一般规定了精密度的要求，样品浓度为 0.1~1mg/kg 时，要求精密度小于 8%；样品浓度＜0.1mg/kg 时，要求精密度小于 15%。

4.2.4.6 稳健度

在确认方法的稳健度时，可通过设定一系列的方法参数在一定的范围内变动，测定这些变动对结果的量化影响来评价。主要考虑的参数有样品颗粒大小、温度、加热速率、pH 值、试剂浓度、萃取时间等。如果参数的影响可以忽略或者在预先设定的容许范围内，则对该参数来说，该方法是稳健的。

获得的这些参数影响数据，可以了解到哪些参数影响方法检测结果的敏感因素，帮助评估在一种或某种参数变化后，方法是否需要重新确认。考察稳健度最简单的测试方法是每次只考虑一个参数，稳健度评价可以识别方法中有显著影响的参数，并确保使用该方法时这些参数得以有效控制。如有必要进一步改善方法，相应的改善应聚焦在方法的这些更为敏感的影响因素上，通过一定的修改或调整，提升方法的稳健性，或者将影响方法的关键因素制成文件加以明确规定。

4.2.4.7 基质效应

在 4.2.3.3 干扰消除已经详细介绍过基质效应及其干扰解决途径，在确认方法基质效应时可供参考。判断基质效应是否显著的最常用的方法是比较有基质和无基质样品仪器信号是否有显著差异。

在研究基体对仪器响应的影响时，常常采用向标准溶液中添加纯基体成分的方法，即可通过配制加入基质（也可以改变基质成分含量）和不含有基质两套浓度一致的系列标准溶液分别绘制标准曲线，以考察这两个曲线斜率是否存在显著性差异。若不存在显著性差异，如曲线斜率偏差小于10%，则认为不需要对基体影响进行校正，可直接用溶剂稀释标准物质配制标准工作溶液。当确认基质效应显著影响分析结果时，应通过基体匹配、基质分离或稀释、干扰校正等方法降低或消除。

4.3　标准方法的验证

凡是未使用过的标准方法对实验室来说就意味着是新方法，对新方法也都应进行验证，即证实实验室具备正确操作和使用该标准方法出具结果的能力。对于电感耦合等离子体质谱法来说，其标准方法的验证，首先，对标准方法进行研究，确认实验室具备相关资源，如某标准方法可能规定仪器有碰撞反应池装置等特定功能要求。其次，可通过某些实际样品按照标准方法进行称样、溶样、检测、计算，熟悉检测方法，并确认标准是否有规定不够详细的内容，是否需要补充制订测试作业指导书等。拟定验证方案，包括确定需要验证的方法性能参数及相关指标要求，如线性范围、检出限、定量限、正确度和精密度等。此外，还需准备验证用相关的样品，如各类有代表性基质实际样品、空白样品、标准样品等。必要时还可以参加能力验证或实验室比对。

4.3.1　线性范围

按标准方法规定配制标准溶液，以ICP-MS测得的信号强度为纵坐标，浓度（μg/L）为横坐标绘制标准曲线。线性回归方程的相关系数（r）应满足标准方法规定的要求，如没有明确的要求，一般不应低于0.999。

4.3.2　方法检出限和定量限

如果标准方法规定了方法检出限测定方法，应按规定进行，否则可参考4.2.4.3空白标准偏差法进行。即按照样品分析的全部步骤进行测定，独立测试的次数应不少于10次（$n \geqslant 10$），计算出检测结果的标准偏差（s），方法检出限=样品空白平均值+3s。

方法定量限是指特定分析方法中，分析物能够被识别或检测并报出数据的最低浓度，也就是说其置信度要比方法检出限更高。一般样品空白不能仅用同一溶液样品重复测定，而需要同时称取多份样品空白，按照样品分析的全部步骤进行测定，独立测试的次数应不少于 10 次（$n \geqslant 10$），计算出检测结果的标准偏差（s），方法定量限=样品空白平均值+10s（只适用于标准偏差值非零时）。

4.3.3　正确度

优先使用标准样品对标准方法正确度进行验证，即按标准方法对标准样品进行检测，比较标准样品的测定值和证书值，看是否在标准允许偏差范围内。如果没有标准样品，可以采用加标回收法验证正确度。对不同浓度水平的水样进行加标测定，按照样品分析的全部步骤进行测定，每个样品平行测定 6 次。分别计算不同浓度加标样品的平均值、加标回收率等各项参数。与验证方法加标回收率进行比较，判断是否满足标准方法规定或测定相关通用要求或应用要求。

4.3.4　精密度

按照样品分析的全部步骤进行测定，从称样到获得最终报告样品含量结果，每个样品平行测定 5 次。分别计算不同样品测定的平均值、标准偏差和相对偏差。如标准方法未对不同基体样品和不同浓度水平给出不同精密度数据，则可取该组数据中最大相对偏差值与验证方法的精密度比较，判断是否满足标准方法规定要求，但标准方法缺少精密度数据时，也可将实验室测定的精密度数据与相关通用要求或应用要求比较判定。

4.4　应用实例

该应用实例为橡胶制品中铬、钴、砷、溴、钼、镉、锡和铅的测定　电感耦合等离子体质谱法方法验证。

4.4.1　目的

验证实验室是否具备正确执行 SN/T 4843—2017《橡胶制品中铬、钴、砷、溴、钼、镉、锡和铅的测定 电感耦合等离子体质谱法》，采用电感耦合等离子体质谱法测定橡胶制品中铬、钴、砷、溴、钼、镉、锡和铅的能力。本实例以铬的测定为例进行说明。

4.4.2　方法摘要

橡胶制品经硝酸消化前处理后，采用 ICP-MS 法测定橡胶制品中铬、钴、砷、溴、钼、镉、锡和铅。

4.4.3　试剂与仪器参数

（1）试剂

① 硝酸，ρ=1.19g/mL。

② 硝酸溶液，1+19。

③ 过氧化氢，ρ=1.10g/mL。

④ 铬、钴、砷、溴、钼、镉、锡、铅的标准储备液，1000μg/mL。

⑤ 内标：^{45}Sc、^{72}Ge、^{89}Y、^{115}In、^{209}Bi 标准溶液，1μg/mL。

⑥ 内标使用液：内标⑤稀释 100 倍得到 10μg/L。

（2）仪器参数

本试验以标准推荐的仪器主要操作条件为基础，以 RF 功率、等离子体气流量、辅助气流量、雾化气流量、试样提升速度五个主要参数为因素进行调整（表 4-3）。

表 4-3　ICP-MS 仪器参考工作条件

仪器参数	参数值
RF 功率	1300W
等离子体气流量	15L/min
辅助气流量	0.4L/min
雾化气流量	0.8L/min
试样提升速度	0.10r/s

4.4.4　方法特征参数验证

（1）线性范围

按照标准的规定和 GB/T 602 的要求制备标准储备液，准确吸取一定体积铬、钴、砷、溴、钼、镉、锡、铅的标准储备液（1000μg/mL），用硝酸溶液（1+19）逐级稀释配置浓度为 0、1.0μg/L、3.0μg/L、10μg/L、30μg/L、100μg/L 的铬、钴、砷、溴、钼、镉、锡和铅混合标准系列溶液。将系列标准工作溶液按浓度由低至高上机测定，绘制标准曲线，相关结果见表 4-4。

表 4-4　标准曲线相关参数

测定元素	水平点/（μg/L）	线性回归方程	相关系数
Cr	0、1.0、3.0、10、30、100	$y=0.0411x+0.0022$	0.9999

测试方法 Cr 的相关系数均＞0.999，即该元素标准曲线在 0~100μg/L 的范围内的线性满足要求。

（2）方法检出限和定量限

按标准方法规定，方法检出限为 5mg/kg，但标准没有给出具体的测定方法，可参考 4.3.2 空白标准差法测定。

方法检出限：样品空白独立测试 11 次，计算 11 次测试的标准偏差（s），方法检出限为样品空白平均值+3 倍的标准偏差（s）。

方法定量限：样品空白独立测试 11 次，计算 11 次测试的标准偏差（s），方法定量限为样品空白平均值+10 倍的标准偏差（s）。

方法检出限和定量限见表 4-5。

表 4-5　方法检出限和定量限

测定元素	空白平均值/（mg/kg）	s/（mg/kg）	方法检出限/（mg/kg）	方法定量限/（mg/kg）	SN/T 4843—2017 给出的检出限/（mg/kg）
Cr	0.16	0.46	1.5	4.8	5.0

（3）正确度

分别称取已按标准方法测定获得含量结果的橡胶样品 1#、2#、5#样品各 6 份，加入一定体积的混合标准溶液，按标准方法测定各加标样品含量，计算回收率，结果见表 4-6。

表 4-6　回收率试验结果

样品名称	项目	1	2	3	4	5	6
5#	称样量/g	0.1	0.1	0.1	0.1	0.1	0.1
	样品浓度/（mg/kg）	6.4	6.4	6.4	6.4	6.4	6.4
	样品绝对含量/μg	0.64	0.64	0.64	0.64	0.64	0.64
	加入标样浓度/（mg/L）	1	1	1	1	1	1
	加入标样体积/mL	0.5	0.5	0.5	0.5	0.5	0.5
	加入量（定量限）/μg	0.5	0.5	0.5	0.5	0.5	0.5
	回收量/μg	1.18	1.14	1.20	1.19	1.11	1.12
	回收率/%	108	100	112	110	94	96
2#	称样量/g	0.1	0.1	0.1	0.1	0.1	0.1
	样品浓度/（mg/kg）	250	250	250	250	250	250
	样品绝对含量/μg	25	25	25	25	25	25
	加入标样浓度/（mg/L）	100	100	100	100	100	100
	加入标样体积/mL	0.2	0.2	0.2	0.2	0.2	0.2

样品名称	项目	1	2	3	4	5	6
2#	加入量（关注浓度）/μg	20	20	20	20	20	20
	回收量/μg	46	42	43	45	43	42
	回收率/%	105	85	90	100	90	85
1#	称样量/g	0.1	0.1	0.1	0.1	0.1	0.1
	样品浓度/（mg/kg）	890	890	890	890	890	890
	样品绝对含量/μg	89	89	89	89	89	89
	加入标样浓度/（mg/L）	100	100	100	100	100	100
	加入标样体积/mL	1	1	1	1	1	1
	加入量（最高浓度）/μg	100	100	100	100	100	100
	回收量/μg	189	188	190	187	189	191
	回收率/%	100	99	101	98	100	102

本标准方法未给出回收率要求，验证测试结果表明，本方法回收率在85%~112%之间，满足 1.4.9 表 1-9 的要求即 $10mg/kg \leqslant p < 0.01\%$的允许偏差范围（80%~115%）。

（4）精密度

取 4 个样品 1#、2#、3#和 4#，分别重复测定 5 次，计算方法精密度。精密度试验结果见表 4-7。

表 4-7　精密度试验结果　　　　单位：mg/kg

样品代码	测定次数	Cr	样品代码	测定次数	Cr
1#	1	50	3#	11	401
	2	49		12	392
	3	53		13	407
	4	48		14	428
	5	53		15	418
	SD	2.3		SD	14.1
	平均值	51		平均值	409
	CV/%	4.5		CV/%	3.5
2#	6	252	4#	16	836
	7	268		17	826
	8	246		18	822
	9	247		19	822
	10	249		20	859
	SD	9.0		SD	15.6
	平均值	252		平均值	833
	CV/%	3.6		CV/%	1.9

测试方法 Cr 的精密度试验结果表明，相对标准偏差在 1.9%~4.5%之间，满足 1.4.8 表 1-8 的要求 1000mg/kg 的 CV（3.8%）、100mg/kg 的 CV（5.3%）和 10mg/kg 的 CV（7.5%）。

4.4.5 结论

验证试验结果表明，该标准方法在本实验室获得的检出限和定量限满足 SN/T 4843—2017 标准的要求，线性范围、正确度和精密度满足方法验证的通用要求，本实验室具备 SN/T 4843—2017 采用电感耦合等离子体质谱法测定橡胶制品中铬、钴、砷、溴、钼、镉、锡和铅的能力。

参 考 文 献

［1］刘宝友，刘文凯，刘淑景. 现代质谱技术［M］. 北京：中国石化出版社，2019.

［2］冯玉红. 现代仪器分析实用教程［M］. 北京：北京大学出版社，2008.

［3］游小燕，郑建明，余正东. 电感耦合等离子体质谱原理与应用［M］. 北京：化学工业出版社，2014.

［4］测量方法与结果的准确度（正确度与精密度）第 3 部分：标准测量方法精密度的中间度量：GB/T 6379.3—2012［S］.

［5］化学分析方法验证确认和内部质量控制要求：GB/T 32465—2015［S］.

［6］橡胶制品中铬、钴、砷、溴、钼、镉、锡和铅的测定　电感耦合等离子体质谱法：SN/T 4843—2017［S］.

第 **5** 章

气相色谱法及气相色谱－质谱联用法

5.1　概述

5.1.1　方法简史和最新进展

20 世纪 40 年代，英国化学家马丁（A.J.P.Martin）和辛格（R.L.M.Synge）在研究色谱理论的过程中，证实了气体作为色谱流动相的可行性，并预言了气相色谱（GC）的诞生。1952 年，他们发表了第一篇 GC 法论文。此后 20 多年里，GC 分析方法伴随着 GC 仪器技术的不断升级而得到飞速发展。1955 年 Perkin Elmer 公司开发出世界上第一台商品化气相色谱仪 Model 154；1958 年毛细管 GC 柱问世；1979 年弹性石英毛细管柱的出现，使得 GC 分离能力大大提升；20 世纪 90 年代出现的电子压力传感器和电子流量控制器，通过计算机实现对压力和流量的精确控制，更使 GC 的精确操控和自动化水平上了一个新台阶。第一台气相色谱-质谱（GC-MS）仪则诞生于 1956 年，之后随着离子源技术、接口技术、小型化技术的发展，现已成为痕量有机化合物检测的强有力的分析工具。

中国从 1955 年开始进行气相色谱的研究，首先进行气相色谱研究的是中科院大连石油研究所，随后中科院在北京、上海和长春的一些研究所也参与进来，几年之后气相色谱的研究和应用便普及开来。目前国产的气相色谱生产商主要有北分瑞利、上海仪电、浙江福立、上海天美等。

5.1.2　方法的特点

气相色谱（GC）法是一种高效、高选择性、高灵敏度、操作简便、分析快速、应用广泛的分离分析方法。它采用氮气、氢气、氦气等气体作为流动相，样品中各种物质组分在流动相与固定相（气-液或气-固两相）间反复多次分配，以及分配过程中由于结构和性质差异而导致的分配系数的差异，使得待分离组分在色谱柱上得到分离，从而被检测器所识别，进而实现定性和定量分析。

气相色谱法发展到今天，其各种技术已相对成熟。从色谱柱技术来看，目前使用最多的色谱柱为毛细管色谱柱，填充柱仍然有部分场合需要使用，但已不再是色谱柱的主流。常用的检测器有通用型检测器［如氢火焰离子化检测器（FID）、热导检测器（TCD）］和特异型检测器［如电子捕获检测器（ECD）、氮磷检测器（NPD）、火焰光度检测器（FPD）等］。气相色谱和质谱技术联用，发展出了气相色谱-质谱联用（GC-MS）法，此时也可将质谱仪作为气相色谱的一类特殊检测器。它不仅比一般的 FID 检测器更为灵敏，而且还可以通过将待测目标物分子形成离子碎片并测定其质荷比的方式对待测目标物进行定性，进一步提高定性的准确性，现在已逐渐成为有机分析的常用仪器。常见的气相色谱-质谱技术有气相色谱-四极杆质谱（GC-MS）、气相色谱-飞行时间质谱（GC-TOF-MS）、气相色谱-三重四极杆串联质谱（GC-MS/MS）等。

5.1.3　方法的应用现状

GC 和 GC-MS 法不仅可用于分析气体试样，也可分析易挥发液体试样或经衍生化反应等途径可转化为易挥发液体的高沸点液体试样或固体试样；不仅可分析有机物，也可分析部分无机物。一般来说，只要常压下沸点在 500℃ 以下、热稳定性良好的物质，原则上都可以采用气相色谱法进行分析。目前气相色谱法所能分析的有机物，大约占全部有机物的 20%，而这些有机物恰好是目前应用很广的那些物质，因此气相色谱法的应用十分广泛。

目前，GC 和 GC-MS 法广泛应用于消费品检测领域，并制定了多项检测方法标准，如木制品中有机氯杀虫剂的检测（SN/T 3376—2012，GC 法）、电子电气产品中多溴联苯和多溴二苯醚的检测（GB/T 26125—2011，GC-MS 法）、玩具及儿童用品中特定邻苯二甲酸酯的检测（GB/T 22048—2015，GC-MS 法）等，表明 GC 和GC-MS 法在消费品检测中发挥越来越强大的作用。

5.2　方法的开发及确认

一个完整的方法研制应该包含方法开发和方法确认两部分内容。方法开发包括根据样品和待测目标物性质选择适当的分析方法并进行科学的优化，以达到最佳检测效果；方法确认则通过一系列严谨的试验，对开发出来的方法进行确认，以保证方法的科学性和可靠性。

在消费品分析中，需要用到 GC 或 GC-MS 法分析时，大多数情况下都是需要分析样品中的微量或痕量物质，因此本节内容主要是针对消费品中微量和痕量物质分析方法的开发和确认。

方法开发首先需要针对待检测的具体目标物以及目标物所在的样品基体而进行设计。一般来说，在进行色谱类检测方法开发试验之前，应首先对样品和待测目标物进行充分了解，弄清分析的目的和要求、样品的材质（成分）、待测目标物的分子式和结构式、沸点所在温度范围、理化性能（尤其是热稳定性）等，从而初步确定适当的色谱分析方法。

若待测目标物具有一定的挥发性（常压下沸点通常不超过 450℃）、热稳定性较好、分子量较小（通常不超过 1000amu），则可考虑直接用气相色谱法或气质联用法进行分析。若待测目标物本身不易挥发，但可与其他物质发生衍生化反应，且衍生化产物具有一定的挥发性（常压下沸点通常不超过 400℃）、热稳定性较好、分子量较小（通常不超过 800amu），则可考虑经衍生化反应后用 GC 或 GC-MS 法进行分析。

5.2.1　方法开发关键参数

对于 GC 和 GC-MS 法来说，决定方法开发成败的关键在于待测组分是否能达到充分分离的效果，既需要待测目标物与基质中的其他物质有效分离，也需要不同待测目标物之间互相充分分离。因此，这就需要在样品前处理阶段，充分提取待测目标物，并减少最终上机的样液中的杂质含量；在仪器分析阶段，仪器各项参数设置尤其是色谱柱参数（如色谱柱的类型、柱长、内径、固定相膜厚）和柱温升温程序的设置要能使待测目标物得到充分分离。在待分析物质种类较多、个别化合物难以分离的情况下，也可利用特征离子进行分析。如串联质谱 MS/MS 可通过二级碎片离子进行定性定量，以减少未完全分离物质的干扰。

5.2.2　样品前处理

5.2.2.1　样品前处理方法的选择

对于电器产品、纺织品、玩具、家具等消费类产品来说，很少类型的样品能直接上气相色谱仪进行测定，通常都需要预先进行样品前处理后才能用仪器测试。

若待测目标物有较强挥发性，而样品基质为不挥发的物质或与待测目标物的沸点相差较大，可考虑采用直接顶空进样或加入有机溶剂后进行顶空进样的方式来进行分析。

若待测目标物挥发性较弱，则可用有机溶剂提取，并对提取获得的样品溶液进行液体进样上机分析。

5.2.2.2　样品前处理条件的优化

（1）顶空条件的优化

进行固体样品的直接顶空进样分析时，应将样品破碎至较小的颗粒后装入顶空瓶内，立即用瓶盖密封好。此时需注意的是，虽然将样品破碎有利于顶空过程中待测目标物充分挥发并从样品基质中逸出，但并非破碎至粒径越小越好，因为当待测目标物为某些极易挥发的成分时，在样品破碎的过程中就会有部分目标物挥发而损失，而且随着破碎时间延长，损失增大。因此样品的破碎程度需要通过试验优化确定。

进行顶空进样分析时，如果样品基质能溶于某些高沸点有机溶剂（如 ABS、PVC 等塑料材质可溶于 N,N-二甲基甲酰胺），则可以采取以下方式：准确称取破碎后的样品，装入顶空瓶内，迅速加入一定量的高沸点溶剂，立即封好瓶盖，并用超声振荡或摇动的方式使样品基质完全溶解于溶剂中，然后进行顶空分析。与直接将溶液注射进样的方式相比，用溶剂将样品基质完全溶解后采用顶空进样分析，其好处是可以在很大程度上消除样品的基质效应，且顶空瓶中的样品溶液和标准溶液采用了相同的有机溶剂。但此时加入的溶剂类型以及溶剂的加入量都十分关键，需要通过试验进行选择。

与所有的顶空进样一样，样品在顶空瓶内所占体积（或取样量）、顶空的平衡时间、温度等条件，都需要进行优化，以达到挥发出来的杂质组分尽量少、目标物响应值尽量高。

（2）溶剂提取条件的优化

溶剂提取通常针对难挥发的目标物组分。确定溶剂提取方法首先应选择适当的溶剂，所选的溶剂除了能很好地与目标物组分相溶以外，还应该能较好地渗透进基质材料中，以达到充分提取的效果。常用的有机溶剂主要有正己烷、二氯甲烷、四氢呋喃、甲醇等低沸点溶剂。溶剂应尽可能将目标物提取出来，并尽可能少让基质中的杂质溶出。若单种溶剂提取效果欠佳，有时还需将两种或两种以上的溶剂按一定比例进行混合，配制成混合溶剂进行提取。溶剂选择主要优化参数包括：溶剂的类型、溶剂用量、混合溶剂的比例关系等。

提取方式主要有索氏抽提、超声提取、微波萃取、快速溶剂萃取等。超声提取因所需设备简单、提取效率高、提取操作及后清洁简便等优点而得到越来越广泛的应用。超声提取主要需要优化的参数包括：超声提取的功率、提取时间、提取次数等。

样品提取后，大多情况下还需对提取液进行净化。现在多用商品化固相萃取（SPE）小柱进行净化，商品化 SPE 小柱填装技术成熟、批次稳定性好，对测试方法的重现性影响较小。对提取液进行净化时，需保留尽可能多的待测目标物，同时将干扰性和污染性杂质尽可能去除，需要优化的内容主要包括 SPE 小柱类型的选择（主要指填料类型，常用的填料有 C_{18}、氧化铝、弗罗里硅土等）、淋洗液的种类和用量、洗脱液的种类和用量等。

由于样品经过净化过程后，洗脱液体积通常较大，若待测目标物在样品中含量较低，通常还需进行浓缩处理。现在主要有旋转蒸发和氮吹两种常用的浓缩方式，二者都能高效去除多余溶剂，减少样液体积，提高检测灵敏度。需要注意的是，使用旋转蒸发需注意控制蒸发速度，避免暴沸污染系统；使用氮吹则应控制好氮气流速,防止目标物组分被气流带走而影响检测结果。若目标物中含有某些低沸点组分,在进行旋转蒸发浓缩时,需注意控制水浴的温度以及浓缩完成后的剩余体积等。

5.2.3 仪器工作参数条件

一般,当选定了仪器分析方法为 GC 或 GC-MS 法和样品前处理方法之后,还需要对仪器分析参数进行优化,以达到最佳分离效果和最佳检测能力。通常,GC 或 GC-MS 仪器方法开发的主要内容包括以下四个方面。

5.2.3.1 确定仪器配置

确定仪器配置,主要包括色谱柱和检测器的类型选择。通常需要根据待测目标物的类型和理化性能来进行选择。

色谱柱是色谱分析的心脏,对目标物、多种目标物相互之间以及目标物和干扰性杂质之间的分离效果起到关键性作用。色谱柱的选择通常遵循"相似相溶"原理,即目标物主要为非极性化合物时,选用非极性到弱极性色谱柱;目标物主要为强极性化合物时,选用极性色谱柱;目标物主要为中等极性化合物时,可选用中等极性色谱柱,也可视情况选用弱极性或极性色谱柱。

检测器的选择需要根据目标物的结构、理化性能以及检测器本身的特点来进行。氢火焰离子化检测器(FID)是 GC 分析中最常用的通用型检测器,对绝大多数有机物都有响应,但灵敏度稍低,通常适用于检测含量在 0.1mg/kg 以上的目标物;电子捕获检测器(ECD)是特异型检测器,对含有氟、氯、溴、碘等卤族元素的有机物的响应非常灵敏(可达 μg/kg 甚至 ng/kg 数量级水平),若目标物分子结构中有卤族元素,可以考虑选择 ECD;氮磷检测器(NPD)也是特异型检测器,对含有氮或磷元素的有机物有特异性响应,灵敏度高,若目标物分子结构中有氮或磷元素,可以考虑选择 NPD;火焰光度检测器(FPD)则对含有硫或磷元素的有机物有特异性响应,若目标物分子结构中有硫或磷元素,可以考虑选择 FPD。质谱检测器则是对绝大多数有机物都有响应,且属于灵敏度较高的通用型选择器,通常可达 0.1μg/kg 数量级水平,且有强大的定性功能,适用于多种不同目标物的同时分析,但仪器价格较气相色谱贵。

5.2.3.2 仪器初始条件设置

初始操作条件主要包括色谱柱型号及参数、载气及流速、进样口温度、分流比、柱温箱温度、检测器温度等。

一般来说,用 GC 法进行分析时,可参考以下条件对仪器方法进行初始设置:

根据目标物极性选用适当的毛细管色谱柱［如非极性的 DB-1、弱极性的 DB-5、中极性的 DB-624、强极性的 DB-Wax，或其他类似型号的色谱柱，常用尺寸为 30m（柱长）×0.32mm（内径）×0.25μm（膜厚）］；载气为高纯氮气，恒流模式，流速为 1mL/min；进样口温度设置为 240~260℃，分流比为 50∶1；起始柱温为 40~60℃，以 10~20℃/min 速率升至 260~280℃，保留 10min；检测器温度为 260~300℃。FID 的灵敏度与氢气、空气、氮气三者之间的流量比有关，通常三者之间的流量比应接近于 1∶10∶1，初始时流速可设置为氢气 30~40mL/min、空气 300~400mL/min、氮气 30~40mL/min。

当选用 GC-MS 法进行分析时，可参考以下条件对仪器方法进行初始设置：根据目标物极性选用适当的毛细管色谱柱［如非极性的 DB-1MS、弱极性的 DB-5MS、中极性的 VF-624MS、强极性的 HP-INNowax，或其他类似型号的色谱柱，常用尺寸为 30m（柱长）×0.25mm（内径）×0.25μm（膜厚）］；载气为高纯氦气，恒流模式，流速为 1mL/min；进样口温度设置为 240~260℃，分流比为 50∶1；起始柱温为 40~60℃，以 10~15℃/min 速率升至 280℃，保留 10min；色谱-质谱接口温度为 280~300℃。

需要特别注意的是，在设置仪器条件中的几个温度参数时，通常需设置 GC 检测器温度（或 GC-MS 的色谱-质谱接口温度）≥柱温箱程序升温的最高温度（一般设置为比待测目标物中沸点最高物质的沸点高出 20℃以上）≥进样口温度。否则容易使样品中的高沸点物质残留在色谱柱或仪器系统中，对后续检测带来污染。

用 GC-MS 法进行分析时，可将质量检测器的初始扫描方式设置为全扫描，扫描的质荷比范围为 50~500amu，以有效避开水、氮气、氧气、二氧化碳等物质的干扰。

5.2.3.3 GC 及 GC-MS 条件进一步优化

样品在初始条件下进行测试，观察测试结果，并进行进一步条件优化。优化内容主要包括色谱柱参数、柱温箱升温程序、载气及流速、进样口温度、分流比、检测器温度、质谱仪扫描范围等。

对任何仪器参数的优化都应注意适当的参数范围，因为参数设置得过高或过低，都不利于达到最佳分离和检测效果，如对色谱柱参数进行优化时，增加柱长度、减小柱内径、增加固定相膜厚通常可以增加不同目标物之间以及目标物与其他杂质的分离度，但也会带来相应的不利后果，如延长分析时间、减小柱容量（导致无法加大进样量，灵敏度无法提升）、加重柱流失（噪声增加）等。

在分析高沸点目标物（如多溴二苯醚、多氯三联苯等）时，需要较高的进样口温度，因为更高的进样口温度可以使样品气化更充分，但也需注意，进样口温度过高可能造成目标物的高温分解。在同时分析多种目标物时，可能会用到 60m 柱长的色谱柱，以使各种目标物之间互相分离得更好，同时，为了缩短分析时间，可能会用到更快的柱箱升温速率和更高的载气流速；但需注意的是，提高升温速率、增加载气流速虽然可缩短分析时间，但也可能造成分离度不够、分离效果下降，必须在分离效果和分析速度上取得平衡。为提高低含量目标物的检测灵敏度，加大进样量（如从通常的 1μL 增加到 2μL）或减小分流比（如设置成 1∶1）都是可行的选择，但也需注意，这些措施可能会引入更多的干扰性和污染性杂质，反而降低检测的信噪比（或灵敏度），甚至因引入杂质过多而污染仪器系统。此外，提高检测器温度可以进一步净化检测器，减少高沸点物质残留，但也可能造成基线噪声上升，影响检测的灵敏度等。

对于 GC-MS 法的质量检测器，可根据待测目标物的分子量、离子碎片、受其他物质干扰等情况，进一步调整全扫描的质荷比范围；也可在进行全扫描的基础上，增加选择离子扫描的方式，仅选择待测目标物的特征离子进行扫描，进一步提高检测方法的灵敏度。

总之，在进行仪器参数优化时，应尽量避免走极端，对每个参数的改变都需充分考虑其对分析结果的正反两方面的影响，综合考虑分离度、响应值、噪声、杂质引入等多因素要求，以达到分离效果、灵敏度、系统稳定性等的总体效果最佳状态。

5.2.3.4　定性和定量分析

（1）定性分析

如果待测目标物种类较少、样品组成比较简单、没有其他杂质的干扰，则在 GC 上可以通过比较标准物质和待测物质的保留时间进行定性。若样品中的色谱峰保留时间与标准物质的色谱峰保留时间一致，则可认为样品中的该色谱峰就是标准品中的该物质。

若待测目标物种类较多、样品组成比较复杂、存其他杂质干扰时，则建议使用 GC-MS 进行定性。除了可通过比较标准物质和待测物质的保留时间进行定性外，还可通过与标准物质的质谱图对照来进行定性，大大提高了定性的准确度。若样品中的色谱峰保留时间与标准物质的色谱峰保留时间一致，且质谱图中离子碎片及其丰度比也与标准物质一致，则可认为样品中的该色谱峰就是标准品中的该物质。

（2）定量分析

虽然色谱定量分析方法包括归一化法、外标法、内标法、标准加入法、峰面积百分比法等，但在消费品分析领域，GC 和 GC-MS 用得最多的定量方法仍然属外标法和内标法两种。

外标法是用待测组分的标准品作为对照物质，用标准品和样品中待测组分的响应值（GC 法中通常为色谱峰面积，GC-MS 法中通常为选择离子的峰面积）相比较进行定量的方法。

内标法是除了用待测组分的标准品作为对照物外，还另外选择样品中不存在的某种纯物质作为内标物，并取同样的量分别加入标准工作溶液和待测样品溶液中，对含有内标物的样品溶液进行分析，分别测定其中待测组分和内标物的响应值（GC法中通常为色谱峰面积，GC-MS法中通常为选择离子的峰面积），并根据公式计算出待测组分含量的方法。

外标法和内标法通常都采用标准工作曲线法定量。外标法工作曲线的绘制方式和步骤通常为：用标准物质配制一系列已知浓度的标准工作溶液上机测试，得到不同浓度下标准物质相应的响应值；然后以标准物质的浓度为横坐标，以标准物质的响应值为纵坐标，进行线性回归绘制外标法标准曲线。将样品溶液中待测组分的响应值代入标准曲线进行计算，可得到样品中待测组分的浓度值。内标法工作曲线的绘制方式和步骤通常为：用标准物质配制一系列已知浓度的标准工作溶液（内含一定浓度的内标物）上机测试，得到不同浓度下标准物质和内标物的响应值；然后以标准物质和内标物的浓度比为横坐标，以标准物质和内标物的响应值之比为纵坐标，进行线性回归绘制内标法标准曲线。将样品溶液中内标物和待测组分的响应值代入标准曲线进行计算，可得到样品中待测组分的浓度值。

外标法操作简便，无论样品中其他组分是否出峰，均可对待测组分进行定量，但检测结果的准确性易受到进样重复性和试验条件稳定性的影响。内标法能有效消除进样重复性和试验条件稳定性带来的影响，检测结果较为准确；但操作步骤较为烦琐，而且很多时候很难找到合适的内标物。因此，在消费品检测的方法开发中仍以外标法居多。

5.2.4 非标准方法的确认

虽然气相色谱和质谱的测试对象多种多样，所包含的技术细节也各不相同，但一般情况下，在方法开发完成后，需要进行的方法确认的方法性能参数基本相同，一般都包括选择性、线性范围、检出限、定量限、正确度、精密度、稳健度和基质效应。

5.2.4.1 选择性

GC和GC-MS法的选择性通常表示方法能将待测目标物从样品基质中有效分离并正确识别出来的能力。对方法选择性的考察，通常需要方法开发人员具有较为丰富的产品分析经验，对产品中可能存在的干扰性物质有充分的了解。通常对于微量甚至痕量物质的分析方法，方法开发人员区分待测目标物与相似物质（包括同分异构体、同系物、相关杂质、样品基质成分等）的能力至关重要。一般在实际操作中，可以用两种方法相结合来考察干扰情况：①取一定数量的代表性空白样品，按照所开发出来的方法进行分析，观察在目标物色谱峰及附近区域是否有干扰峰出现；②在有代表性的空白基质样品溶液中添加一定浓度的有可能干扰分析物的定性或定量物质，如同分异构体、同系物、目标化合物在进行工业化生产时可能包含的杂质成分、目标物可能发生的氧化/还原/分解/水解/热解等产物等，考察这些物质是否能与目标物色谱峰分离，在干扰物同时存在的情况下，目标物是否仍能被准确定量。若干扰峰与目标物色谱峰能达到充分分离，或虽然无法充分分离，但其质谱图与目标物有显著区别，则可认为方法的选择性得到确认。如在对顶空-GC-FID法检测样品中的残留正己烷含量方法选择性时，可按以下步骤进行试验：①取两个洁净的顶空进样瓶，在其中一个瓶内注入 5μL 浓度为 500mg/L 的正己烷标准溶液（溶剂为 N,N-二甲基甲酰胺），观察正己烷在 GC 上的保留时间；在另一顶空瓶内放入一定量的待测样品（事先在 80℃烘箱中加热 8h 以上）以及 N,N-二甲基甲酰胺 5μL，观察样品的色谱图中是否会在正己烷的保留时间出现色谱峰。②在顶空瓶内放入一定量的待测样品（事先在 80℃烘箱中加热 8h 以上），以及数微升另外用 N,N-二甲基甲酰胺配制的内含正戊烷、正庚烷、正辛烷、异辛烷等挥发性烃类物质的溶液，观察是否在正己烷的保留时间附近有干扰性的色谱峰出现。

一般来说，GC-MS 法的选择性较 GC 法好，GC-ECD、GC-NPD 等特异型检测器类气相色谱法的选择性比 GC-FID 等通用型检测器类气相色谱法的选择性要好。因此，当 GC-FID 法难以避免其他物质的干扰时，可改用 GC-MS 法，或根据待测目标物性能改用 ECD、NPD 等特异型检测器。

5.2.4.2　线性范围

对方法的线性范围进行确认时，绘制的 GC 或 GC-MS 标准工作曲线应具有 5 个或 5 个以上校准浓度点（不包括 0 点），外标法的回归曲线的线性相关系数应大于或等于 0.99，内标法由于能有效消除进样误差，因此标准曲线的线性通常较外标法更好，应大于或等于 0.995。标准曲线的浓度范围不宜过宽，以不超过 2 个数量级为宜，且最好能覆盖关注浓度（如限量要求对应的溶液浓度）。例如，某产品标准中规定 A 物质限值不得超过 50mg/kg，在开发检测方法时，拟取 1g 样品，经溶剂提取、净化、浓缩后定容至 1mL 上机测定，则该限值所对应的上机样液浓度应为 50mg/L，此时可以考虑将标准工作溶液浓度分别选为 0、5mg/L、10mg/L、20mg/L、50mg/L、100mg/L，考察其响应值的线性相关系数；若线性相关系数达不到 0.99 以上，则应进行适当调整，进一步缩小浓度范围。

5.2.4.3　检出限

GC 和 GC-MS 法的检出限通常采用信噪比法来确定。一般情况下，当待测目标物的信噪比（S/N）为 3 时，目标物在样液中的浓度可作为仪器检出限，此时目标物在原始样品中的浓度可作为方法检出限。

通常，在确定某个方法的检出限时，需要避免某些不正确的做法，如直接用低浓度的标准溶液计算检出限。在上述线性范围所举例子中，最低的非 0 浓度点为 5mg/L，若该浓度下测得目标物的 S/N=60，则直接计算当 S/N=3 时对应的浓度为 0.25mg/L，因而将 0.25mg/L 定为方法检出限对应的溶液浓度水平，这样做是不正确的。正确的做法应该按以下步骤进行：①采用空白基质加标的方式，配制带有基质且目标物浓度为 5mg/L 的溶液，上机测定目标物的信噪比，如测得 S/N=40，则可算出当 S/N=3 时对应的目标物浓度为 0.38mg/L，此时可将方法检出限对应的溶液浓度初定为 0.38mg/L。②采用空白基质加标的方式，另外重新配制一份带有空白基质且目标物浓度为 0.38mg/L 的溶液，上机测定目标物的信噪比，考察其是否能满足 S/N≥3 的要求，若此时实测 S/N<3，则不能将 0.38mg/L 作为检出限浓度，还需重新配制浓度更高的基质加标溶液，直至满足实测的 S/N≥3 的要求，如当目标物浓度提高至 0.6mg/L 时，实测 S/N=3，因此将 0.6mg/L 定为仪器检出限。将仪器检出限代入结果计算公式进行计算，可得到方法检出限。

此外，在开发方法时，还有两点需要注意：①当所开发的方法可能会用于检测多种不同材质的样品时，应尽可能针对样品的不同材质种类分别选取有代表性的空白样品进行空白基质加标，独立确认不同材质检出限。②检出限并非越低越好，既要考虑到能满足法规或产品标准对检测目标物的限量要求，也应考虑到尽可能满足大多数实验室仪器灵敏度的要求。

5.2.4.4 定量限

GC 和 GC-MS 法的定量限同样也采用信噪比法来确定。一般情况下，当待测目标物的 S/N=10 时，目标物在样液中的浓度可作为仪器定量限，此时目标物在原始样品中的浓度可作为方法定量限。

通常，在确定某个方法的定量限时，也需要避免某些不正确的做法，如直接用低浓度的标准溶液计算定量限。同样在上述线性范围所举例子中，不能直接计算当 S/N=10 时对应的浓度为 0.83mg/L，而将 0.83mg/L 定为仪器定量限，应参考 5.2.4.3 进行，具体步骤为：①采用空白基质加标的方式，配制带有基质且目标物浓度为 5mg/L 的溶液，上机测定目标物的信噪比，如测得 S/N=40，则可算出当 S/N=10 时对应的目标物浓度为 1.25mg/L，此时可将仪器定量限对应的溶液浓度初定为 1.25mg/L。②采用空白基质加标的方式，另外重新配制一份带有空白基质且目标物浓度为 1.25mg/L 的溶液，上机测定目标物的信噪比，考察其是否能满足 S/N≥10 的要求，若此时实测 S/N<10，则不能将 1.25mg/L 作为定量限浓度，还需重新配制浓度更高的基质加标溶液，直至满足实测的 S/N≥10 的要求，如当目标物浓度提高至 1.5 mg/L 时，实测 S/N=10，因此将 1.5mg/L 定为仪器定量限。将仪器定量限代入

结果计算公式进行计算，可得到方法定量限。

此外，在开发方法时，除了需要注意 5.2.4.3 提到的类似两点外，对于定量限，还需要进行精密度和正确度的试验确认，以确保在定量限水平下的检测结果的可靠性。若按照前述方法定出的定量限无法满足精密度和正确度的相关要求，通常还需要进一步提高定量限的值。现在也有一些方法开发者将标准工作曲线的最低非 0 浓度作为仪器定量限浓度。

5.2.4.5 正确度

（1）采用有证标准物质或标准样品确认方法的正确度

当可获得有证标准物质或标准样品时，可优先采用有证标准物质或标准样品确认方法的正确度,如购买已获 CNAS 认可的标准物质/标准样品生产者生产的标准物质或标准样品。当无法获得标准物质或标准样品时，也可寻找该项目是否曾经组织过相应的能力验证，并从能力验证提供者处购买样品作为确认样品，如玩具涂料中的邻苯二甲酸酯类增塑剂的样品，当无法获取标准样品时，可采用曾经组织过能力验证的测试样作为确认样品，此时可将测试结果的平均值与能力验证提供者对该样品给出的目标物浓度范围进行比较。

（2）采用标准添加样品确认方法的正确度

当无法获得有证标准物质或标准样品时，可通过加标方式在空白样品基质中加入已知量的待测目标物，并进行测定，计算加标回收率来确认方法的正确度。如用溶剂提取法进行前处理时，可在样品破碎后，加入一定量的已知浓度的标准溶液，与样品混合均匀后，再进行后续试验。一般来说，当待测样品为纺织品、纸巾等多孔性纤维类材质时，由于该类材质对液体物质具有较强的吸附能力，因此进行样品溶液加标时，可认为加入的目标物能够在一定程度上模拟实际样品的提取；但若待测目标物为塑料、橡胶等材质样品中的微量或痕量物质时，由于这些材质本身的致密性，进行样品加标时实际上很难使待测目标物进入样品的内部，因此难以严格表征样品前处理过程中的溶剂提取效率或顶空过程中的逸出效率。严格来说，即便最后得到好的回收率也并不能完全保证方法的正确度，但差的回收率则肯定能表明方法的正确度差。

5.2.4.6 精密度

精密度表示利用方法对样品进行检测时的可重现性。精密度可分为实验室内精密度（重复性精密度）和实验室间精密度（再现性精密度）。

在进行方法确认时，精密度确认试验通常可以与正确度确认试验合并进行。

（1）采用有证标准物质或标准样品确认方法的精密度

当可获得有证标准物质或标准样品时，可优先采用有证标准物质或标准样品确认方法的精密度，因为有证标准物质或标准样品一定具有较好的均匀性。类似地，也可采用曾经组织过能力验证的测试样作为确认样品，因为能力验证的测试样通常都事先经过了能力验证组织单位的稳定性和均匀性试验，也在能力验证活动中得到了多个参加实验室的进一步确认。对于每一种基质的样品，在可获得的前提下，应尽量至少采用 3 个不同浓度的样品进行确认，并包含方法测定范围的最低浓度（定量限）、关注浓度（限量要求）和最高浓度；对于每一浓度，需要至少进行 6 次平行独立试验，计算平均值及 6 次平行独立试验的相对标准偏差。

（2）采用阳性样品确认方法的精密度

当无法获得有证标准物质或标准样品时，可采用已知含有待测目标物的实际阳性样品确认方法的精密度。需要注意的是，采用此法时，需获得足够数量的、均匀的阳性样品，否则难以获得有效的确认结果。

（3）采用标准添加样品确认方法的精密度

当无法获得有证标准物质或标准样品且无法获得足够量的阳性样品时，可通过加标方式在若干份空白样品基质中加入已知量的目标待测物，并进行测定，计算平均值和相对标准偏差来确认方法的精密度。具体回收试验方法可参考 5.2.4.5 进行。若待测目标物为非挥发性物质时，另一个实用的加标方法是：可以配稍大体积的目标物溶液（溶剂可以为丙酮、乙醚等挥发性溶剂），将破碎后的样品颗粒完全浸没在溶液中，并充分混匀，然后将混合液倒入一个面积较大的洁净玻璃容器内，让溶剂充分挥发后，得到固体加标样品。但此法也仍有可能存在目标物加入不均匀的情况，需由试验人员自行确认其均匀性。实验室内和实验室间变异系数可参考表 1-8 进行评价。

5.2.4.7　稳健度

一个稳健的分析方法应该不受某些特定的条件参数（包括环境等因素）的变化而变化，即对于温度、湿度、气压等环境因素的变化，以及对于加入试剂量、反应时间等其他因素呈现不敏感性。稳健度试验是考察环境或其他条件变量对分析方法影响的一项检验程序，进行稳健度试验的目的在于识别这些必须仔细控制的试验条件，并在试验方法文本中予以明确的书面说明。通常，在 GC 或 GC-MS 法中，一般的检测实验室都能将仪器设备所处环境控制在适当的温湿度范围内，因此温湿度、气压等条件对分析仪器设备的影响相对较小。容易引起方法稳健度差异的主要来源是样品前处理条件，如样品颗粒破碎的粒径大小、进行溶剂超声提取时的提取时间、旋转蒸发浓缩时的水浴温度等，这些容易忽略的参数往往与方法的稳健度有较大关系。如样品颗粒破碎的粒径大小对提取效率的影响，当用固体塑料样品直接顶空分析其中的挥发性目标物时，若样品颗粒破碎的粒径过大，则目标物容易被束缚在塑料样品内部不容易释放；若样品颗粒破碎的粒径过小，则目标物可能在样品破碎的过程中就因挥发而有较大损失。因此不同的人员、不同的实验室在进行样品破碎操作时，可能会产生较大的试验结果差异，此时方法开发者应对样品破碎的程度进行稳健度试验。

5.2.4.8 基质效应

所谓基质，是指待测样品中除了待测目标物以外的其他一切组分。一般来说，这些组分的存在会对待测样品的定性或定量测试结果产生一定程度的影响，从而产生基质效应。在 GC 和 GC-MS 分析中，不能简单地认为基质效应仅仅是其他杂质峰对目标物的色谱峰产生干扰，实际上基质效应的表现还有其他多种方式，如基质的存在经常会导致目标物在仪器上的响应值降低（少数时候响应值会有所升高）。

基质效应对定性和定量结果都会产生影响。在定性分析方面，若基质效应过强，可能会导致本该被检出的目标物响应值大幅下降而出现"假阴性"结果，或因基质增强效应及杂质峰干扰而产生"假阳性"结果。在定量分析方面，通常由于标准溶液中只含目标物和溶剂，而纯溶剂的基质效应非常弱，但待测样品溶液中除了目标物和溶剂外，还有部分来自样品中的基质，若样品溶液的基质效应过强，就会造成检测结果偏低或偏高。

在 GC 和 GC-MS 法中，判断样品溶液的基质效应是否显著可以采用标准加入法，即在一定体积的纯溶剂（与标准溶液所用纯溶剂相同）中加入一定量的待测目标物，另外在同样体积的样品溶液中加入同样量的待测目标物，比较两种溶液中目标物的响应值在加标前后的变化，如果两种溶液中目标物的响应值变化无显著性差异，就可以认为样品溶液中的基质效应不显著。

为了提高定性和定量检测的可靠性，如果样品溶液存在比较显著的基质效应时，应该采取适当措施，尽量消除或减小基质效应对检测结果的影响。常用的消除或减小基质效应的方法有：

① 对样品溶液进行充分净化，减少样品溶液中的基质含量。

② 用配制标准工作溶液的溶剂对样品溶液进行适当的稀释，可以减小基质效应的影响，但也会降低方法的灵敏度。

③ 进行样品溶液的顶空分析时，若样品溶液和标准工作溶液都用水作溶剂，则可以在溶液中加入 NaCl、Na_2SO_4 等盐至形成较高浓度的盐溶液，甚至加至饱和，使目标物能够更加充分地从溶液中逸出。

④ 对于固体样品直接进行顶空分析时，采用冷冻粉碎技术来制备固体样品；采用适量溶剂（与配制标准工作溶液所用溶剂相同）浸润样品，也可以减小不同溶剂对结果的影响。

⑤ 采用程序升温气化（PTV）模式进样，减小进样口处的基质效应。

⑥ 采用标准加入法或基质匹配标准溶液法进行定量。

5.3 标准方法的验证

根据定义可知，方法验证是指实验室通过核查，提供客观有效证据证明实验室满足检测方法规定的要求，具有按照检测方法对样品进行检测的技术能力。

通常在下列情况下，需要对标准方法进行验证，具体做法参见第 1 章的 1.3.1.2。

需要验证的程度将取决于所考虑方法的现状、需求与预期应用，以及不同实验室、仪器、操作者和方法环境的变化。新实施的标准通常需要更为严格的验证，而之前已经在实验室经过验证、仅由于某些条件或参数发生改变而需要重新验证时，在方法验证过程中可根据实际情况选择必要的参数进行验证。但无论如何，一定程度的验证始终是适当且必要的。

5.3.1 检测资源的验证

实验室对拟引入使用的检测标准方法进行验证时，可按照"人、机、料、法、环"评估实验室的检测资源是否满足检测标准要求，仅当上述评估结果均满足检测标准要求后，方可开展试验验证。

具体做法参见第 1 章和第 6 章的 6.3.1。

5.3.2 验证参数的选择

对于一个已经发布的标准检测方法，起草过程通常会经历方法开发、实验室内和实验室间方法确认、公开征求意见、专家评审等阶段，经过了多重把关，一般都具有较好的科学性和可靠性。因此对于使用 GC 和 GC-MS 类标准分析方法进行检测的实验室，在进行方法验证时，无须重复进行方法开发过程中所做方法确认的全部内容，而主要是验证本实验室是否能在主要方面满足标准方法的使用要求。

一般来说，对于 GC 和 GC-MS 标准方法，需要进行方法验证的参数包括：线性范围、检出限、定量限、正确度、精密度。虽然需要进行方法验证的方法特性参数与方法确认稍有不同，但是在方法验证过程中获得各方法特性参数的方法与方法确认基本类似，因此，在对具体的方法特性参数进行验证时，可参考 5.2.4 相应的内容。

5.3.3　方法特性参数的验证程序

5.3.3.1　线性范围

对方法的线性范围进行确认时，建议首先完全按照标准方法中给出的标准工作曲线，验证回归曲线的线性。由于目前标准方法大多数都未给出对线性相关系数的要求，因此可以认为当用外标法标准曲线定量时，相关系数大于或等于 0.99 则为合格，对于内标法标准曲线，相关系数应大于或等于 0.995。若实验室检测的实际样品中待测目标物的浓度非常低，不适宜采用标准方法中的线性范围时，实验室也可根据实际情况对线性范围进行调整，通过配制更低浓度的标准工作溶液，绘制适用于更低浓度目标物的标准曲线。此时，新绘制的标准工作曲线的线性相关系数仍需满足大于或等于 0.99（或 0.995）的要求。

5.3.3.2　检出限

当标准测试方法中规定了方法检出限时，需要对实验室是否能达到标准所给出的检出限进行验证。实验室得到的实际方法检出限，不应高于标准方法给出的检出限，否则即为不满足标准要求。

GC 和 GC-MS 法的检出限通常采用信噪比法来确定，一般情况下，当待测目标物的 S/N=3 时，目标物在样液中的浓度可作为仪器检出限，此时目标物在原始样品中的浓度可作为方法检出限。

类似地，在验证某个标准方法的检出限时，应避免直接将无基质低浓度标准溶液的 S/N=3 时的浓度作为检出限的错误做法，应该采用空白基质进行低浓度加标的方式，在空白基质中定量加入方法中给出的检出限浓度下的标准物质，实际验证该浓度下的 S/N 是否满足≥3 的要求，若不满足，则实验室需要找出原因，并进行改善，直至能够满足标准方法规定的检出限。实验室方法检出限无法满足标准要求的可能原因包括（但不限于）：GC 或 GC-MS 仪器老化导致灵敏度无法满足工作需求；标准方法上给出的 GC 或 GC-MS 仪器参考条件不合适但实验室未针对自己所用仪器的实际情况进行优化；标准前处理过程存在瑕疵，导致检测目标物未能从样品中充分提取出来或目标物在样品前处理过程中损失较多等。

当标准方法中未给出方法检出限时，可自行进行验证试验，给出实验室的方法检出限。通常情况下，方法检出限不应高于法规限量要求的 1/10~1/5。

5.3.3.3　定量限

当标准测试方法中规定了方法定量限时，需要验证实验室是否能达到标准所给出的定量限。实验室得到的实际定量限，不应高于标准方法给出的定量限，否则即为不满足标准要求。

　　同样，在验证某个标准方法的定量限时，可参考 5.2.4.4 进行。若验证获得的定量限不满足要求，则实验室需要找出原因，并进行改善，直至能够满足标准方法规定的定量限。可能的原因与 5.3.3.2 中检出限达不到标准要求的原因相类似，需要仔细查找并予以改善。

　　当标准方法中未给出方法定量限时，可自行进行验证试验，给出实验室的方法定量限。通常情况下，方法定量限不应高于法规限量要求的 1/3~1/2。

5.3.3.4　正确度

　　（1）采用有证标准物质或标准样品验证方法的正确度

　　用于正确度验证的样品的选择同 5.2.4.5。

　　当标准方法中规定了正确度的要求时，应对照标准方法的要求，评价实验室是否满足标准方法要求。当标准方法中未给出正确度的要求时，若目标物含量为微量级，在重复分析有证标准物质的情况下，对试验测定的经回收率校正的平均质量分数与参考值之间的偏差的建议范围见表 5-1。

表 5-1　定量方法的最低正确度

浓度水平（p）	建议范围
$p < 1\mu g/kg$	−50%~+20%
$1\mu g/kg \leqslant p < 10\mu g/kg$	−40%~+10%
$10\mu g/kg \leqslant p < 100\mu g/kg$	−30%~+10%
$100\mu g/kg \leqslant p < 1000\mu g/kg$（$1mg/kg$）	−20%~+10%
$1mg/kg \leqslant p < 10mg/kg$	−20%~+10%
$10mg/kg \leqslant p < 100mg/kg$	−20%~+10%
$100mg/kg \leqslant p < 1000mg/kg$（$1g/kg$）	−10%~+7%
$1g/kg \leqslant p < 10g/kg$	−5%~+5%
$10g/kg \leqslant p < 100g/kg$	−3%~+3%
$100g/kg \leqslant p < 1000g/kg$	−2%~+2%

　　（2）采用标准添加样品验证方法的正确度

　　采用标准添加样品验证方法的正确度的具体试验方法和样品选择原则同 5.2.4.5。当标准方法中规定了回收率的要求时，需要满足标准方法对回收率的要求。若标准中未规定对回收率的要求，通常可接受的回收率要求见第 1 章的表 1-9。

5.3.3.5　精密度

　　精密度表示利用方法对样品进行检测时的可重现性。对标准方法精密度的验证通常仅进行实验室内精密度的验证，具体验证方法同 5.2.4.6。

在方法验证时，精密度验证试验通常也可以与正确度验证试验合并进行。

当标准方法中规定了对实验室内精密度的要求时，需要满足标准方法的要求。当标准方法中未规定对实验室内精密度的要求时，通常可接受的精密度要求见第 1 章的表 1-8。

5.4 应用实例

5.4.1 气相色谱法测定皮革中五氯苯酚的方法确认

5.4.1.1 目的

实验室参考 GB/T 18414.2—2006《纺织品 含氯苯酚的测定 第 2 部分：气相色谱法》和文献《气相色谱法测定皮革与纺织品中五氯苯酚》[理化检验-化学分册，2005，41（3）：203-205]所述方法，建立实验室内部方法，采用 GC-ECD 法分析皮革样品中五氯苯酚（PCP）含量。现对实验室内部方法进行确认。

5.4.1.2 方法原理及步骤提要

将样品剪碎至 5mm×5mm 以下，称取 1g 样品，加入内标（四氯愈创木酚，TCG）溶液，在硫酸酸化的条件下进行水蒸气蒸馏。馏出液用乙酸酐进行乙酰化，经正己烷萃取后定容，上 GC-ECD 进行测定，内标法定量。

5.4.1.3 试剂与仪器条件参数

（1）试剂

① 四氯愈创木酚（TCG），CAS 号：2539-17-5。

② 五氯苯酚（PCP），CAS 号：87-86-5。

③ 正己烷，分析纯。

④ 碳酸钾，分析纯。

⑤ 硫酸，分析纯。

⑥ 乙酸酐，分析纯。

⑦ 标准储备液：准确称量一定量的 TCG、PCP，以正己烷为溶剂，分别配制成 100mg/L 的标准储备液。

⑧ 标准工作液：将上述 100mg/L 的标准储备液进行逐级稀释，配制成系列标准工作液，其中 PCP 浓度分别为 0、0.1μg/L、0.2μg/L、0.5μg/L、1μg/L、2μg/L、5μg/L、10μg/L，内标 TCG 浓度均为 1μg/L。

（2）仪器条件参数

采用 Agilent 6890N 气相色谱仪，仪器条件参数见表 5-2。

表 5-2　气相色谱仪参数设置

色谱柱	PE Elite 5MS（0.25μm，0.32mm×30m）
流量	5.0mL/min
载气	N_2
柱温程序	初始温度为 150℃，以 5℃/min 升至 210℃，再以 20℃/min 升至 310℃，保持 3min
进样口温度	250℃
检测器温度	350℃
进样量	1μL
分流模式	无分流

TCG 和 PCP 的气相色谱图见图 5-1。

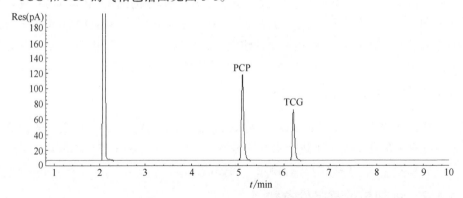

图 5-1　TCG 和 PCP 的气相色谱图

5.4.1.4　方法特性参数确认

（1）稳健度

选择一个阴性牛皮样品，鉴于衍生化反应对室温条件下的温度变化并不敏感，因此确定需要进行稳健度评价的变量有：样品破碎粒径大小、称样量、乙酰化试剂（乙酸酐）用量、乙酰化反应时间共 4 项。设 A 表示样品破碎粒径为 1mm×1mm~2mm×2mm，a 表示样品破碎粒径为 4mm×4mm~5mm×5mm；B 表示称样量为 0.8g，b 表示称样量为 1.2g；C 表示乙酸酐加入量为 1.5mL，c 表示乙酸酐加入量为 1.8mL；D 表示乙酰化反应时间为 12min，d 表示乙酰化反应时间为 8min。按表 5-2 的仪器条件进行测试，添加 2 倍定量限（10μg/kg）进行试验，结果见表 5-3。

表 5-3　稳健度的评估

4 因素值 （2 水平）	试验次数							
	1	2	3	4	5	6	7	8
A 或 a	A	A	A	A	a	a	a	a
B 或 b	B	B	b	b	B	B	b	b
C 或 c	C	c	C	c	C	c	C	c
D 或 d	D	D	d	d	d	d	D	D
测定值 /（μg/kg）	s 9.79	t 10.23	u 9.67	v 9.89	w 10.31	x 10.12	y 9.84	z 9.95

选择 s 至 z 中的 4 个测定值为一组，用其平均值减去剩余 4 个测定值的另一组平均值：

$$1/4（s+t+u+v）-1/4（w+x+y+z）=A-a=d_1=-0.16$$
$$1/4（s+t+w+x）-1/4（u+v+y+z）=B-b=d_2=1.1$$
$$1/4（s+u+w+y）-1/4（t+v+x+z）=C-c=d_3=-0.145$$
$$1/4（s+t+y+z）-1/4（u+v+w+x）=D-d=d_4=-0.18$$

在方法规定条件下，对该加标样品重复测定 5 次，计算重复测定的标准偏差 $s=0.411$。d 均小于 $2s$，则这些因素的影响是不显著的，表明在上述考虑的因素水平条件下，方法具有较好的稳健度。

（2）线性范围

配制质量浓度为 0.1μg/L、0.2μg/L、0.5μg/L、1μg/L、2μg/L、5μg/L、10μg/L 的系列标准工作溶液，按处理样品同样的步骤进行乙酰化、萃取、干燥，在选定的色谱条件下测定，线性回归采用等量加权方式，计算相关系数和线性方程，结果见表 5-4。结果表明，PCP 在 0.1 ~ 10μg/L 线性范围内的相关系数均为 0.9998，PCP 和 TCG 的峰面积比与对应的 PCP 浓度呈现非常好的线性关系。

表 5-4　线性范围确定

PCP 浓度	PCP 峰面积	TCG 浓度	TCG 峰面积	PCP 与 TCG 浓度比	PCP 与 TCG 峰面积比
0.1μg/L	615		4851	0.1	0.13
0.2μg/L	1276		4762	0.2	0.27
0.5μg/L	2962		4812	0.5	0.62
1μg/L	5838	1μg/L	4792	1	1.22
2μg/L	12450		4832	2	2.58
5μg/L	29745		4726	5	6.29
10μg/L	60154		4895	10	12.29
相关系数	0.9998				
线性方程	$y=0.6156x+0.0362$				

（3）检出限和定量限

按照检测方法用空白样品制备含有样品基质的全过程空白溶液，并向其中加入接近低浓度的目标物（0.05μg/L PCP），分别计算其 S/N=3 和 S/N=10 时所对应的溶液浓度，即为各自的仪器检出限和仪器定量限。

测得 PCP 浓度为 0.05μg/L 时信噪比为 16.2，可以计算出 PCP 的仪器检出限为 0.01μg/L，而仪器定量限为 0.03μg/L。由于检测方法规定在测试样品时称取 1g 样品，最后用正己烷定容至 50mL 上机测试，相当于将样品稀释了 50 倍，因此方法检出限初定为 0.5μg/kg，方法定量限初定为 1.5μg/kg。再取一确定不含五氯苯酚的空白皮革样品，分别按 0.5μg/kg 和 1.5μg/kg 进行加标后，按本方法进行样品前处理，上机检测，结果为两加标样品溶液中五氯苯酚的实际 S/N 分别为 3.5 和 10.2，因此可以认为本方法的检出限和定量限分别为 0.5μg/kg 和 1.5μg/kg，满足方法所要求的 5μg/kg 定量限。

（4）精密度与正确度

为了评价方法的准确性，取实际皮革样品，并在空白样品中进行加标回收试验，每个浓度水平进行 6 次重复实验，计算回收率和 RSD，分析结果见表 5-5。

表 5-5　加标回收率和精密度

添加水平 /（mg/L）	实测值/（mg/L）						平均值 /（mg/L）	RSD /%	平均回收率 /%
	1	2	3	4	5	6			
0.5	0.452	0.450	0.452	0.439	0.444	0.458	0.449	1.5	89.8
5.0	4.51	4.62	4.47	4.47	4.47	4.49	4.51	1.3	90.1
50.0	47.3	48.9	53.1	46.6	49.1	47.8	48.8	4.7	97.6

（5）选择性

考虑到三氯苯酚和四氯苯酚也是皮革制品中常用的防腐剂，有可能对五氯苯酚的检测产生干扰，因此采用空白皮革样品，加入少量三氯苯酚和四氯苯酚，按照方法进行样品前处理后，样液上机测定。结果未发现三氯苯酚和四氯苯酚的色谱峰对五氯苯酚和内标物的色谱峰产生干扰，方法的选择性良好。

5.4.1.5　结论

稳健度、线性范围、检出限和定量限、精密度和正确度、选择性的方法特性确认，表明新开发的皮革五氯苯酚（PCP）检测方法符合方法学要求，可在本实验室实施。

5.4.2　气相色谱–质谱法测定塑料中邻苯二甲酸酯的方法验证

5.4.2.1　目的

验证实验室是否具备按照美国 CPSC 方法，采用 GC-MS 法分析塑料样品中 8 种邻苯二甲酸酯类物质的能力。

5.4.2.2 方法摘要

验证方法按照美国 CPSC-CH-C1001-09.4 Standard Operating Procedure for Determination of Phthalates 方法：将样品剪成碎片，或经过低温研磨成粉状或粒状，用四氢呋喃完全溶解后加乙腈沉淀聚合物，过滤后用 GC-MS 测试，内标法定量。

5.4.2.3 试剂与仪器条件参数

（1）试剂

邻苯二甲酸二异丁酯（DIBP）、邻苯二甲酸二丁酯（DBP）、邻苯二甲酸二戊酯（DPENP）、邻苯二甲酸二己酯（DHEXP）、邻苯二甲酸丁苄酯（BBP）、邻苯二甲酸二（2-乙基己基）酯（DEHP）、邻苯二甲酸二环己酯（DCHP）、邻苯二甲酸二异壬酯（DINP）这 8 种标准品，以及内标物苯甲酸苄酯（BB），均购自 Dr.E 公司。

（2）仪器条件参数

采用 Agilent 7890A-6975B 气相色谱-质谱仪进行分析，仪器条件经实验室优化后，参数见表 5-6。8 种邻苯二甲酸酯的保留时间和特征离子见表 5-7。

表5-6 仪器参数设置

色谱柱	DB-5MS 石英毛细管柱：30m（柱长）×0.25mm（内径）×0.25μm（膜厚）
流量	1.0mL/min
载气	氦气，纯度≥99.999%
柱温程序	$50℃ \xrightarrow[(1min)]{30℃/min} 280℃ \xrightarrow[(0min)]{15℃/min} 310℃$ (4min)
进样口温度	290℃
色谱-质谱接口温度	290℃
进样量	1 μL
分流模式	无分流，0.5min 内加压 35psi（1psi=6.89476×10³Pa）
电离能量	70eV
电离方式	EI
离子源温度	230℃
测定方式	选择离子监测（SIM）定量，参见表 5-7

表5-7 8种邻苯二甲酸酯的保留时间和特征离子

序号	名称	保留时间/min	选择离子 m/z	相对丰度（相对于 149m/z）
1	DIBP	4.91	149，167，205，<u>223</u>	<u>223</u>：9.6
2	DBP	5.25	149，167，205，<u>223</u>	<u>223</u>：4
3	DPENP	5.88	149，219，<u>237</u>	<u>237</u>：6.1
4	DHEXP	6.53	149，233，<u>251</u>	<u>251</u>：4.5

序号	名称	保留时间/min	选择离子 m/z	相对丰度（相对于 149m/z）
5	BBP	6.66	91.1, 149, <u>206</u>	<u>206</u>：27
6	DEHP	7.18	149, 167, <u>279</u>	<u>279</u>：32
7	DCHP	7.33	149, 167, <u>249</u>	<u>249</u>：4.5
8	DINP	7.8~8.9	149, 167, <u>293</u>	<u>293</u>：26

注：选择离子中的数字带下划线的为定量离子。

5.4.2.4 方法特性参数确认

（1）线性范围

在本方法确定的试验条件下，选择从定量检出限的浓度到 10mg/L 的标准工作液试验，得到标准系列工作液的测定结果见表 5-8。可以看出，邻苯二甲酸酯在两个数量级的范围内都有很好的线性，相关系数 r 为 0.999 以上。

表 5-8　标准系列工作液的测定结果

测试物质	DIBP	DBP	DPENP	DHEXP	BBP	DEHP	DCHP	DINP
1mg/L 的峰面积	327375	364835	249920	336233	147034	211087	284238	33251
2mg/L 的峰面积	683239	766653	526669	699833	309744	450197	586738	60168
4mg/L 的峰面积	1260062	1399533	956082	1265966	558734	797772	1054660	105346
10mg/L 的峰面积	3126338	3497149	2425125	3213573	1457664	2066285	2687021	238316
20mg/L 的峰面积	6204855	6854259	4922094	6514707	2801508	4256527	5654140	484826
线性方程	$y=308417$ $x+38086$	$y=340708$ $x+55248$	$y=245265$ $x+1016.3$	$y=324455$ $x+5094$	$y=139869$ $x+19907$	$y=212420$ $x-15532$	$y=281776$ $x-31784$	$y=23594$ $x+9782.7$
相关系数 r	0.9999	0.9999	0.9998	0.9998	0.9995	0.9995	0.9991	0.9995

（2）检出限和定量限

按照检测方法用空白样品制备含有样品基质的全过程空白溶液，并向其中加入接近于低浓度的目标物，分别计算其 S/N=3 和 S/N=10 时所对应的溶液浓度，即为各自的仪器检出限和仪器定量限，结果见表 5-9，可知 8 种增塑剂的仪器检出限为 0.09~0.30mg/L，而仪器定量限为 0.26~0.99mg/L。按照方法全过程，由于称取样品后的最终稀释倍数为 300 倍，因此将方法检出限分别定为 50mg/kg（DIBP、DBP、DPENP、DHEXP、BBP、DEHP、DCHP）和 100mg/kg（DINP）；方法定量限分别定为 150mg/kg（DIBP、DBP、DPENP、DHEXP、BBP、DEHP、DCHP）和 300mg/kg（DINP）。

表5-9　检出限和定量限测定结果

测试物质	DIBP	DBP	DPENP	DHEXP	BBP	DEHP	DCHP	DINP
仪器检出限/（mg/L）（3倍S/N对应的浓度）	0.09	0.09	0.08	0.09	0.13	0.12	0.12	0.30
仪器定量限/（mg/L）（10倍S/N对应的浓度）	0.30	0.30	0.26	0.30	0.43	0.40	0.40	0.99
方法检出限/（mg/kg）（计算值）	27（取为50）	27（取为50）	24（取为50）	27（取为50）	39（取为50）	36（取为50）	36（取为50）	90（取为100）
方法定量限/（mg/kg）（计算值）	90（取为150）	90（取为150）	78（取为150）	90（取为150）	129（取为150）	120（取为150）	120（取为150）	297（取为300）

用空白样品溶液作为基质，实际配制含 DIBP、DBP、DPENP、DHEXP、BBP、DEHP、DCHP 浓度分别为 0.2mg/L，以及含 DINP 浓度为 0.3mg/L 的溶液，上机进行实测，结果其各个目标物信噪比均大于 3，因此上述检出限得到实际验证。

用空白样品溶液作为基质，实际配制含 DIBP、DBP、DPENP、DHEXP、BBP、DEHP、DCHP 浓度分别为 0.5mg/L，以及含 DINP 浓度为 1mg/L 的溶液，上机进行实测，结果其各个目标物的回收率均在 80%~110% 之间，因此上述定量限得到实际验证。

（3）正确度

选取两款含邻苯类增塑剂的阳性样品，并且根据其邻苯二甲酸酯的浓度水平，额外添加含有 8 种邻苯二甲酸酯 1000mg/kg 和 5000mg/kg 浓度水平，按方法进行加标回收的测定，测定结果见表5-10。结果表明，加标回收率在 86.9%~108.0% 之间，符合相关标准要求。

表5-10　加标回收测定结果

样品	增塑剂	加标前浓度/（mg/kg）	加标浓度/（mg/kg）	加标后浓度/（mg/kg）	回收率/%
白色PVC塑料	DIBP	0	5000	4869	97.4
	DBP	2445	5000	7845	108.0
	DPENP	0	5000	4687	93.7
	DHEXP	0	5000	4532	90.6
	BBP	0	5000	4769	95.4
	DEHP	0	5000	4658	93.2
	DCHP	0	5000	4598	92.0
	DINP	0	5000	4769	95.4

样品	增塑剂	加标前浓度 /（mg/kg）	加标浓度 /（mg/kg）	加标后浓度 /（mg/kg）	回收率 /%
肉色 PVC 塑料	DIBP	0	1000	896	89.6
	DBP	0	1000	869	86.9
	DPENP	0	1000	876	87.6
	DHEXP	0	1000	947	94.7
	BBP	0	1000	954	95.4
	DEHP	1628	1000	2654	102.6
	DCHP	0	1000	894	89.4
	DINP	0	1000	946	94.6

（4）精密度

为了验证方法的精密度,对已知含邻苯二甲酸酯的某 PVC 塑料样品重复 6 次进行测试,测试结果见表 5-11,可以看出,各个浓度下 2 种增塑剂的 RSD 均未超过10%,符合方法要求。

表 5-11 精密度试验结果

样品	增塑剂	测量值/（mg/kg）						平均值 /（mg/kg）	RSD /%
		1	2	3	4	5	6		
褐色 PVC 塑料（真实样品）	DEHP	46564	48674	45275	47684	43674	49643	46919	4.71
	DINP	6154	5956	6324	6474	5777	5864	6092	4.49
绿色 PVC 颗粒（加标样品 1#）	DEHP	1189	1354	1270	1298	1341	1269	1287	4.63
	DINP	1077	1135	1246	1155	1178	1290	1180	6.53
绿色 PVC 颗粒（加标样品 2#）	DEHP	564	531	515	528	545	560	541	3.56
	DINP	549	529	567	533	578	552	551	3.43

5.4.2.5 结论

由线性范围、检出限和定量限、正确度、精密度的方法特性验证,加标回收率在 86.9%~108.0%之间,样品重复测试 RSD 均小于 10%,测定结果均在指标范围内,并能够符合实际检测要求。本实验室具备按照 CPSC-CH-C1001-09.4 用 GC-MS 法检测塑料材料中 8 种邻苯二甲酸酯类增塑剂（DIBP、DBP、DPENP、DHEXP、BBP、DEHP、DCHP、DINP）含量的能力。

参 考 文 献

［1］ 傅若农. 色谱分析概论［M］. 2 版. 北京：化学工业出版社，2005.

［2］ 许国旺. 现代实用气相色谱法［M］. 北京：化学工业出版社，2004.

［3］ 李攻科，胡玉玲，阮贵华，等. 样品前处理仪器与装置［M］. 北京：化学工业出版社，2007.

［4］ 盛龙胜，苏焕华，郭丹滨. 色谱质谱联用技术［M］. 北京：化学工业出版社，2006.

［5］ 孙静. 气相色谱-质谱联用技术研究进展及前处理方法综述[J]. 当代化工研究，2017（09）：4-5.

第 **6** 章

液相色谱法及液相色谱-质谱联用法

6.1 概述

6.1.1 方法简史和最新进展

液相色谱（liquid chromatography，LC）法是用液体作为流动相的色谱法，是色谱分析方法的一个分支。最早的经典液相色谱是 20 世纪初俄国植物学家茨维特（M.S.Tswett）提出的，随后发展成为高效液相色谱（high performance liquid chromatography，HPLC），采用了新型高压输液泵、高灵敏度检测器和高效微粒固定相，大大提高了分析速度、分离效能、检测灵敏度和操作自动化等方面的性能。近年来，随着小颗粒填料、耐高压性能输液泵和色谱柱（耐压可超过 15000psi）及快速检测手段等全新技术的发展，衍生出了超高效液相色谱（ultra performance liquid chromatography，UPLC）等。

液相色谱根据流动相和固定相的相对极性的不同，可以分为正相液相色谱和反相液相色谱，即采用极性固定相和相对非极性流动相的称为正相液相色谱，采用相对非极性固定相和极性流动相的称为反相液相色谱。

液相色谱只是一种分离技术，还需要连接检测器实现对目标化合物的信号采集和检测分析。目前，常见的应用于液相色谱法的检测器主要有紫外检测器（ultraviolet absorption detector，UVD）、二极管阵列检测器（diode array detector，DAD）、荧光检测器（fluorescence detector，FLD）、示差折光检测器（refractive index detector，RID）等，不同种类的检测器有其特有的性能，可根据目标化合物的特性进行选用。在检验检测领域，现行的液相色谱检测方法标准基本都是采用反相液相色谱，且大部分使用DAD，少数方法使用了FLD，因此本章液相色谱法讨论也主要基于反相 HPLC-DAD 法。

液相色谱-质谱联用法（liquid chromatography-mass spectrometry），简称液质法（LC-MS），是将液相色谱（LC）与质谱（MS）结合应用的方法。液质联用的研究始于 20 世纪 70 年代，逐步突破 LC 和 MS 联用之间的各种不匹配问题，直至采用了大气压离子化（atmospheric pressure ionization，API）技术，才发展成为可常规应用的重要分离分析方法。API 技术主要包括电喷雾离子化（electrospray ionization，ESI）和大气压化学离子化（atmospheric pressure chemical ionization，APCI），其中 ESI 源应用最广泛。从本质上来看，质谱可以看作是液相色谱的一个典型检测器，由于质谱具有灵敏、专属、能提供分子量和结构信息等特点，现已成为强有力的分析系统。

常见的质谱种类主要包括四极杆（quadrupole）质谱、离子阱（ion trap）质谱、飞行时间（time of flight，TOF）质谱、轨道离子阱（orbitrap）质谱等。TOF 和 orbitrap 质谱的分辨率高，可以实现精确质量测定，对未知化合物的筛查有明显优势，但价格昂贵，维护成本高，定量准确性尚需进一步改善，目前常规实验室配备率不高，尚未广泛应用；四极杆和离子阱质谱分辨率低，在未知物的结构解析上尚显不足，但四极杆质谱定量准确、稳定，已成为化学分析领域最常用的质谱，尤其是三重四极杆串联质谱，它同时具有多反应监测（multiple reaction monitoring，MRM）和子离子、母离子、中性碎片丢失扫描等功能，可以实现目标化合物和特定化合物范围的快速定性定量检测和筛查，在常规化学实验室和标准化工作中得到了广泛应用，现行的液相色谱-质谱联用检测方法标准普遍是采用三重四极杆串联质谱、ESI源及MRM扫描模式，本章也主要讨论高效液相色谱三重四极杆串联质谱法（HPLC-MS/MS法）。

6.1.2 方法的特点

6.1.2.1 适用范围广、分离效能高

液相色谱法和液相色谱-质谱联用法适用于分析高沸点有机物、高分子和热稳定性差的化合物，可对80%的有机化合物进行分离和分析，适用范围广，可实现高通量分析，尤其液质法可同时检测数百种化合物。相比气相色谱法，液相色谱柱微粒固定相填料类别多且具有高柱效，流动相种类多，可通过选择色谱柱和优化流动相达到最佳分离效果，但液相色谱柱比气相色谱柱短，在分离化合物数量上逊于气相色谱柱；液相色谱一般在常温下分析，不需要高柱温，分析时间相对较短。

6.1.2.2 选择性好、检测灵敏度高

液相色谱法中使用的检测器大多数都具有较好的选择性和较高的灵敏度，如紫外检测器可通过设置特定检测波长选择性采集目标化合物，可结合色谱峰保留时间和目标化合物特征紫外光谱图进行定性分析，最小检出量可达 10^{-9}g；荧光检测器可通过设置激发波长和发射波长选择性检测目标化合物，结合保留时间进行定性分析，最小检出量可达 10^{-12}g；液相色谱-质谱联用法以质谱作为检测器，采用 MRM 检测时，参考欧盟指令2002/657/EC，每个目标化合物一般设置两对特征离子对，选择性更强，灵敏度更高。如GB/T 23296.16—2009《食品接触材料 高分子材料 食品模拟物中 2，2-二（4-羟基苯基）丙烷（双酚 A）的测定 高效液相色谱法》采用液相色谱-荧光检测器测定，方法测定限为 0.03mg/L 或 0.3mg/kg；GB 31604.10—2016《食品安全国家标准 食品接触材料及制品 2，2-二（4-羟基苯基）丙烷（双酚 A）迁移量的测定》采用液相色谱-质谱联用法测定，方法检出限为 0.001mg/L 或 0.01mg/kg。

6.1.2.3 仪器测定条件不具备通用性、一般需按实际优化

液相色谱法和液相色谱-质谱联用法的仪器测定条件包括流动相、流速、洗脱梯

度、进样量、柱温等色谱条件，以及检测波长或质谱的各种压力、温度和目标物特征离子对等。仪器测定条件是影响检测方法性能的关键因素，检测方法标准中列出的仪器条件一般只作为参考，实验室需根据实际情况进行优化。即使是相同的目标化合物的测定，也可以通过设计组合不同的色谱柱、流动相及洗脱梯度等条件获得不同的检测灵敏度和分离度，根据所检测的样品基质和既定目标的不同进行优化和确定。

6.1.3 方法的应用现状

液相色谱仪价格便宜（一般约为几十万元）、分析成本低，在检验检测实验室的普及度已经非常广了，广泛应用于食品、化妆品、玩具、纺织品、食品接触材料、皮革等各类轻工制品，主要用于检测样品中微量或常量添加剂，如食品中的食用色素、甜味剂、防腐剂等，化妆品中的防腐剂、功效成分等，食品接触塑料制品中的紫外线吸收剂、抗氧化剂等，纺织品中的紫外线整理剂等。据不完全统计，应用液相色谱法的现行国家、行业标准方法约 600 多项，典型标准有 GB 5009.28—2016《食品安全国家标准 食品中苯甲酸、山梨酸和糖精钠的测定》、GB/T 33309—2016《化妆品中维生素 B6（吡哆素、盐酸吡哆素、吡哆素脂肪酸酯及吡哆醛 5-磷酸酯）的测定 高效液相色谱法》、SN/T 4664—2016《进出口纺织品苯并三唑类防紫外线整理剂的测定 高效液相色谱法》等。

液相色谱-质谱联用仪（液相色谱-三重四极杆串联质谱仪，HPLC-MS/MS）价格较为昂贵（一般需要 250 万~350 万元），但在灵敏度、准确度、选择性等方面具有显著优势，最早应用于食品安全检测领域，并随着食品安全重视程度的日益提高而不断拓展，目前主要用于农兽药残留、抗生素、非食用物质等痕量有毒有害物质的检测，如 GB/T 20769—2008《水果和蔬菜中 450 种农药及相关化学品残留量的测定 液相色谱-串联质谱法》等。随着科技的发展，HPLC-MS/MS 的性能和成本逐渐满足更多行业的需求，普及范围不断扩大，在化妆品、纺织品等领域的标准化应用也日益增多，如 GB/T 24800.2—2009《化妆品中四十一种糖皮质激素的测定 液相色谱/串联质谱法和薄层层析法》、GB/T 20383—2006《纺织品 致敏性分散染料的测定》等。

6.2 方法的开发及确认

化合物的种类成千上万且不断更新，样品种类也存在很大的基质差异，目前检测方法尚未能覆盖各类样品基质中的危害性或功效性化合物，虽然新标准方法更新颁布速度不断加快，但仍然难以满足持续更新的检测需求，在标准方法缺失时，实验室需要有针对性地开发新的检测方法。检测方法标准制定过程包含了方法的开发和确认。实验室在使用包括新开发的检测方法在内的非标准方法前，应参考CNAS-CL01：2018《检测和校准实验室能力认可准则》等要求进行方法确认，以证明所使用的非标准方法获得的检测结果具有科学性、准确性和有效性。

6.2.1 方法开发关键参数

色谱质谱检测方法主要包括前处理方法和仪器检测方法，通常要求准确、高效、稳定、灵敏度符合预期目标、可操作性强、实用等。根据 GB/T 27404—2008《实验室质量控制规范 食品理化检测》，实验室研制新方法的大致流程见图 6-1，包括明确预期目标、查阅文献资料、设计技术路线、开展试验研究、确定方法条件和方法确认等，同时应制订相应的工作计划，以确保新开发的检测方法的先进性、实用性和按期完成。

对于前处理方法和仪器检测方法，在新方法开发时相应的技术要素和关键参数见表 6-1。在新方法开发中，方法确认实际上可视为方法学性能指标的考察，各项指标见第 1 章表 1-3。

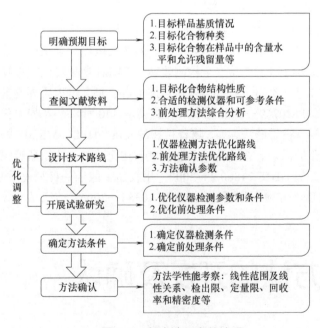

图 6-1 新方法开发的流程

表 6-1   新方法开发的技术要素和关键参数

方法	技术要素	关键参数	
		液相色谱法	液相色谱-质谱联用法
前处理方法	提取效率、准确度（回收率和精密度）、耐用性、方法测定限	提取溶剂、提取方式、净化、浓缩或稀释、样液溶剂体系	
仪器方法	仪器测定限、标准曲线、特异性、精密度、耐用性	色谱柱、流动相及洗脱梯度、柱温、流速、进样量、检测波长	色谱柱、流动相及洗脱梯度、柱温、流速、进样量、离子源、电离模式、特征离子对及其质谱参数、采集模式及其参数

6.2.2 样品前处理

样品前处理包括提取、净化、浓缩/稀释等步骤，是整个色谱、质谱分析测试过程中的重要环节，其目的是将待测化合物从固（液）态试样中定量地转入测试溶液，去除试样基体中干扰分析的杂质，提高分析精度、分离效果、检测灵敏度以及试样与流动相的兼容性，改善定性、定量分析的重复性。

色谱质谱分析没有通用的样品前处理方法，但 HPLC 法和 HPLC-MS/MS 法的前处理基本相同，也就是说只要 HPLC 法前处理获得样液溶剂体系与质谱使用要求匹配，该样液也适用于 HPLC-MS/MS 法检测。但应当注意到的是，液相色谱常用的磷酸盐等不挥发性酸盐，不能用于液相色谱串联质谱，否则容易在质谱的锥孔和四极杆中沉积，污染质谱并影响灵敏度。为了设计出合适的前处理方案，必须做好查阅资料等准备工作，了解目标物的化学结构和物理化学性质、目标物在试样中的含量范围和存在形态、样品基体组成和性质、检测方法预期目标等。

6.2.2.1 提取

提取方法开发的关键是优化提取溶剂和提取方式，提高提取效率。一般优先采用有证标准物质或标准样品或已知数值的阳性样品进行试验优化，但这些样品通常难以获得。当无法获得这些样品时，可采用空白样品加标回收进行试验优化。但是，空白样品加标无法反映样品基质与待测物结合的实际情况，导致有可能获得不正确的试验结论，为了尽可能消减这种偏差，一般建议将空白样品与加入的标准溶液（标准溶液的加入体积应尽可能少）充分混匀，并放置一段时间（如放置4h以上或过夜），让样品基质与待测物充分结合，模拟实际样品的情况。

提取溶剂的选择遵循"相似相溶"原则，即对目标物的溶解度尽可能大，但同时要兼顾样品基体类型，即对基体干扰物的溶解度小，以减少杂质组分被共提取出来干扰测定。在实际工作中，最常用的提取溶剂有乙腈、甲醇、乙酸乙酯、二氯甲烷、己烷、丙酮、石油醚、氯仿等，或它们的混合溶剂。不同溶剂有不同的性质，应结合样品性状来选择，如乙腈具有通用性强、对脂肪的溶解度小、使蛋白变性沉淀效果好、与反相 LC 兼容性好等特点，应用范围非常广；疏水性溶剂适宜提取脂溶性化合物，如用环己烷提取水中的六六六和滴滴涕，用二氯甲烷提取水中的有机磷等；氯仿和二氯甲烷一般适宜用作干性材料的提取溶剂，如 GB/T 22048—2015《玩具及儿童用品中特定邻苯二甲酸酯增塑剂的测定》以二氯甲烷为提取溶剂。

提取方式的选择一般以高效、简便为原则。因此，超声提取和涡旋提取是目前色谱质谱分析试验中最常用的提取方式。但是，超声提取的时间、温度、功率和次数，以及涡旋提取的速率、时间和次数，都可能会对提取率产生影响，需要通过优化试验进行确定。

6.2.2.2　净化

净化去除干扰因素后可以提高方法的正确度和精密度，减少干扰因素对仪器和色谱柱的污染，但净化的同时也可能造成目标化合物的损失，尤其是多组分性质差异大的目标物，更要综合考虑，选择合适的净化条件。常用的净化方式有液液分配（LLE）净化、固相萃取（SPE）净化、QuEChERS 净化以及其他净化方式（衍生化法、磺化法等），试验中需要根据提取溶液中目标物和干扰物的性质和含量情况等选择一种或多种净化方式。

液液分配（LLE）净化利用目标物与干扰物在两种不相溶的溶剂中的溶解度差异而达到分离的目的，是一种传统的分离净化方法。在检测方法开发中，LLE 净化的关键是根据目标物和干扰物的性质差异选择合适的溶剂。GB/T 21311—2007《动物源性食品中硝基呋喃类药物代谢物残留量检测方法　高效液相色谱/串联质谱法》就是利用目标物易溶于酸性水溶液而不溶于正己烷、脂溶性杂质不溶于酸性水溶液而易溶于正己烷的差异性，采用正己烷进行液液分配去除脂肪，同时为了避免目标物的损失，采用了乙腈饱和的正己烷。

固相萃取（SPE）净化通过固体吸附剂将分析目标物富集和净化，目标物在吸附剂与溶剂中进行分配，而与干扰物分离。SPE 净化适用范围广，目前各种结构类型的商品化 SPE 柱有很多，常用的有 C18 柱、NH_2 柱、HLB 柱、阳离子交换柱（如 SCX、WCX 等）、阴离子交换柱（如 SAX、WAX 等），在国家标准检测方法中应用较多。如 GB/T 22388—2008《原料乳与乳制品中三聚氰胺检测方法》根据三聚氰胺结构中的—NH_2 特性，针对性选用阳离子交换柱吸附净化；GB 23200.14—2016《食品安全国家标准　果蔬汁和果酒中 512 种农药及相关化学品残留量的测定　液相色谱-质谱法》待测物种类多，需要综合兼顾，而农药化合物通常具有较强的极性，故采用了适用于极性化合物的正相固相萃取柱——Waters Sep-Pak Vac 氨基固相萃取柱净化。在检测方法开发中，针对目标物和干扰物的性质差异，选择合适的 SPE 柱进行优化试验，按照各种 SPE 柱的使用说明进行活化、平衡，并对上样、淋洗和洗脱条件（包括溶剂种类、用量等）进行优化，分段接收流出液并进行检测，考察 SPE 柱对目标物的吸附能力和对干扰物的去除能力，优选出最佳的 SPE 柱和使用条件。

QuEChERS 意为快速（quick）、简便（easy）、廉价（cheap）、有效（effective）、耐用（rugged）和安全（safe）。QuEChERS 法是美国农业部农业研究服务中心的 Anastassiades M 等于 2003 年开发的一种预处理方法，用于实现高质量的农药多残留物分析。目前，该法已在世界各国得到广泛应用，已有一些商品化的 QuEChERS 净化产品，如 Agilent QuEChERS 分散固相萃取试剂盒［适用 AOAC 2007.01 方法或欧盟 EN 15662 方法，主要成分为 N-丙基乙二胺（PSA）和硫酸镁］等产品。食品安全国家标准也逐步引入 QuEChERS 净化，如 GB 23200.112—2018《食品安全国家标准 植物源性食品中 9 种氨基甲酸酯类农药及其代谢物残留量的测定 液相色谱-柱后衍生法》，对油料、坚果和植物油样品采用无水硫酸镁、PSA 和 C_{18} 混合填料进行 QuEChERS 净化等。在检测方法开发中，以净化后目标物的回收率和干扰物的去除效果为考察指标，可以先采用单因素试验对拟选用的吸附剂种类和用量进行比较，然后再择优组合进行试验确定；也可以采用正交试验或响应面等优化方式择优确定 QuEChERS 净化中各吸附剂的种类和用量。

衍生化法利用衍生化试剂与目标物发生衍生化反应，实现两个目的，一是将不能直接检测或检测灵敏度比较低的目标物生成易于检测的化合物，二是使衍生化的目标物易于与其他干扰物分离。

磺化法利用脂肪和蜡质能与浓硫酸进行磺化反应的原理，有效去除基质中脂肪和蜡质，前提是待测定的化合物不与硫酸反应，常用于烷烃（如石蜡）和有机氯农药（如六六六）等的检测。

6.2.2.3 浓缩/稀释

（1）浓缩

浓缩的目的有两个：一是富集目标物以提高检测灵敏度，二是置换溶剂以提高与待测仪器条件的兼容性。目前最常用的方法有旋转蒸发法和氮吹法，前者浓缩速度快，适合溶剂量大的处理，后者浓缩效率高，适合溶剂量小的处理。两种浓缩方法的水浴温度、浓缩速度和剩余体积等都可能会影响目标物的损失率。

对于性质稳定的化合物，可以不用进行浓缩步骤的优化，采用常规的浓缩条件即可，如 40℃水浴、浓缩至干等；对于新化合物（尤其是易挥发的化合物，如挥发性二甲基亚硝胺和亚硝基甲乙胺等），浓缩条件的优化则很重要，浓缩条件参数选择不当，将严重影响试验方法的回收率，一般需对温度、浓缩速度和剩余体积进行考察。在实际工作中，常用同一浓度的标准溶液分别进行单因素试验，通过比较获得最佳浓缩条件。

（2）稀释

当仪器对目标化合物的灵敏度过高，而样品基质中目标化合物的含量水平比较高，需要通过稀释来防止目标化合物在检测仪器上的过载。稀释应选用样品定容溶液为介质，并按实际需要来稀释适当的倍数，确保样品溶液中目标物的浓度在仪器工作线性范围内。

6.2.3　仪器检测参数条件

在新方法开发试验之前，应查阅资料获取各目标物的分子量、化学结构、功能基团（包括有无电离基团、电离常数等）、物理化学性质等化学知识，根据已有学者的研究和工作经验判断目标化合物的极性和溶解性，选择合适的溶剂配制标准溶液，确定选择采用液相色谱法或液相色谱-质谱联用法，并粗略估计目标物在常用 C_{18} 色谱柱上的保留性能，初步设计试验方案。

对于已有的研究文献，可直接试用文献中的部分仪器条件，观察目标物的出峰情况，再做下一步的细化。这有利于更快选择到合适的色谱柱、流动相、紫外吸收波长、荧光激发/发射波长或质谱特征离子对等仪器条件，节省方法开发时间，提高工作效率。对于未能检索到参考文献的新化合物的检测，可参考以下步骤进行方法开发。

（1）色谱柱的选择

色谱柱的种类很多，在选择时应充分认识色谱填料基质（硅胶颗粒、杂化颗粒、聚合物颗粒）因其化学性质不同而会提供不同的保留与选择效果。如 C_{18} 色谱柱比 C_8 色谱柱的保留强，HILIC 色谱柱或氨基色谱柱对极性大的化合物有较强的保留，多环芳烃专用色谱柱对含苯环化合物有较好的分离，离子交换色谱柱需要使用离子浓度更强的缓冲盐作为流动相，因而较少在液相色谱-质谱联用仪上使用等。在试验时，应首先根据目标化合物的结构特性来选择合适的色谱柱。目前使用最多的是 C_{18} 色谱柱，如果无法确定化合物的极性，可先尝试使用 C_{18} 色谱柱通过初步试验考察目标化合物的极性情况。

对于液相色谱法，如果由于化合物的极性太大导致在 C_{18} 色谱柱上没有保留，则可选择在水相流动相中加入离子对试剂（如烷基硫酸钠、四丁基溴化铵等），或者更换 HILIC 色谱柱或氨基色谱柱等。对于液相色谱-质谱联用法，则不宜采用添加离子对试剂的方法，一般采用更换色谱柱的方法。

色谱峰形拖尾主要是化合物分子与 C_{18} 色谱柱的硅醇基发生二次作用造成的，则宜更换经封端等处理的 C_{18} 色谱柱，或者采用缓冲盐体系流动相（液相色谱可以采用磷酸盐、乙酸铵等无机/有机盐，液相色谱串联质谱则一般采用甲酸铵、乙酸铵等），达到改善峰形的目的。

（2）流动相的选择

反相液相色谱流动相体系中最常用的有机相是甲醇和乙腈，其中甲醇洗脱能力较弱，属于质子化溶剂，可以提供氢键，紫外吸收（约210nm）比乙腈大；而乙腈洗脱能力较强，属于非质子化溶剂，黏度较低（柱背景压力更低），最大紫外吸收波长约在190nm。水相流动相的选择比较多，如纯水、缓冲盐溶液、酸溶液或氨水溶液等，在试验时可以根据具体情况进行初步选择。

酸性和碱性化合物在未电离状态下极性相对较小，在反相液相色谱中保留最强；中性化合物的保留不受 pH 值影响。当目标物含有可电离官能团时（可电离官能团在不同 pH 值下可处于不同程度的电离状态，如伯/仲/叔氨基、羧酸基、酚酸基等），pH 值将强烈影响目标物的反相保留效果。如果是因为分离体系的 pH 值不合适，使目标物呈离子状态而快速流出，则应在水相流动相中加入酸或碱（液相色谱可以添加硫酸、磷酸、氢氧化钠等无机酸/碱和甲酸、乙酸、氨水等有机酸/碱，液相色谱串联质谱只能添加甲酸、乙酸、氨水等有机酸/碱），调整分离体系的酸度，使目标物呈分子状态而延长保留时间。一般来讲，对于酸性化合物，流动相体系的 pH 值应低于其 pK_a 值 2 个单位；对于碱性化合物，流动相体系的 pH 值应高于其 pK_a 值 2 个单位；但是，无论什么情况下，均不能超过色谱柱规定的耐受 pH 值范围，否则会影响色谱柱的分离效果和使用寿命，此时宜另选更合适的色谱柱。在开发方法时，应避免在化合物分子的 pK_a 值附近筛选 pH 值条件，否则，pH 值的微小变化都会导致保留和选择性的剧烈变化。保留曲线的"平台区"是分析方法稳健性较强的区域，如图 6-2 所示。

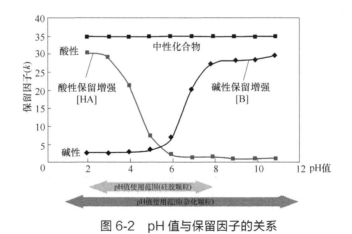

图 6-2　pH 值与保留因子的关系

对于液相色谱-质谱联用法，由于离子源的电离效率的影响，流动相的流速设置应比液相色谱法（一般为 1.0mL/min）的低，使用直径为 4.6mm 的色谱柱时流速一般设为 0.5mL/min 左右，使用直径为 1.8mm 的色谱柱时流速一般设为 0.2~0.3mL/min。MS/MS 的 MRM 采集模式是基于不同通道执行的，即具有相同保留时间的不同化合物色谱峰可以通过各化合物的特征离子获得各化合物的分离，因此可以不用过多考虑液相部分色谱峰的分离问题（同分异构体或化合物之间相互抑制等情况例外），可以较好地节省优化梯度洗脱的时间。

（3）洗脱程序的选择

当目标化合物单一时，可以优先考虑等度洗脱；当目标化合物数量多时，一般采用梯度洗脱，可通过预估目标化合物的极性，初步设计一个较大梯度的洗脱程序（即以较大比例水相为初始比例，逐步增加有机相比例，最后以纯有机相洗脱 5min 以上），尽可能获得各目标化合物相应的色谱峰，然后再根据试验情况进一步优化洗脱程序。

如果色谱峰出峰时间太快或太慢或分离度不好时，首先可考虑调整洗脱梯度，适当减少或增加初始流动相中的有机相比例，设计更缓的梯度斜率可以提高分离度和改变保留与选择性，但是降低梯度斜率将同时会降低灵敏度，在改变梯度斜率时要注意平衡峰高与分离度的关系，通过试验慢慢摸索调整，直至获得满意的色谱分离度和灵敏度。

（4）色谱柱柱温的选择

一般情况下，色谱柱柱温的影响较小，可以选择常用温度 30℃或 35℃，无需特别优化。但是，温度会影响其中每一个化学过程，如增加温度会降低流动相的黏度，如果流动速度恒定将导致系统背压降低，高温将改变固定相和流动相之间的分配速率，然而由于提高了被测物的分散性，会加快优化线性速度。对温度变化敏感的化合物，温度的微小变化都会导致选择性发生独特变化。因此，必要时可以调整柱温来改善分离度。

（5）检测器参数的设置

对于液相色谱法，需要确定检测波长。如果检测器为 UVD 或 DAD，则需确定紫外吸收波长，可以用紫外分光光度计扫描标准溶液获得最大紫外吸收波长的数据，或者用 DAD 采集标准溶液的三维谱图获得最大吸收波长的信息。如果检测器为 FLD，则需确定激发波长和发射波长，可以先用荧光分光光度计扫描标准溶液获得相关信息，或者在液相色谱-荧光检测器上采集标准溶液的相关信息。对于多组分目标物，各目标物的最大波长可能不一样，可以在仪器上设置不同的采集通道，使各目标物获得最大的响应值。

对于液相色谱-质谱联用法，需要优化质谱参数。因为不同品牌质谱的仪器参数不一致，所以需要在拟用质谱上对目标化合物进行优化，以期获得准确的特征离子对和相应的最佳质谱参数。首先，根据化合物的结构选择合适的电离模式进行一级质谱全扫描，找到母离子，并调整有关质谱参数，使母离子的响应达到最强。在确定电离模式时，如果化合物结构（如含有—NH$_2$）明显容易产生［M+H］$^+$，则选择 ESI$^+$电离模式；如果化合物结构（如含有—COOH、—OH）明显容易产生［M-H］$^-$，则选择 ESI$^-$电离模式；如果根据化合物结构无法确定（如有些化合物同时含有—NH$_2$和—OH 等），则可以分别在 ESI$^+$和 ESI$^-$电离模式下进行一级全扫描，比较两种模式下母离子的响应情况，选择母离子响应高且稳定的电离模式。其次，对母离子进行二级质谱扫描，获得相应的特征碎片离子，优化有关质谱参数。根据欧盟指令 2002/657/EC，选择 2 个响应高、质荷比较大的碎片离子作为定性和定量离子，优化质谱的碰撞能等参数，使所选的 2 个碎片离子的响应达到最高。将优化好的质谱参数输入仪器软件，建立质谱 MRM 方法。

（6）检测方法性能的考察和完善

初步建立前处理方法和仪器方法后，就形成了一个完整的检测方法，接下来需要考察方法的性能参数，这相当于方法的确认（可参考 6.2.4 进行）。当确认方法的性能参数能够满足要求，表明初步建立的检测方法可行。但是，检测方法还要有实用性，能满足实际样品的检测需求，因此应结合实际样品溶液进行整体完善、排除样品溶液中其他组分的干扰、减小基质效应等。

如果预期的样品溶液中有杂质组分与目标化合物共流出，对于液相色谱法则可能无法获得目标化合物准确的色谱峰面积，对于液相色谱-质谱联用法则可能由于竞争电离而产生基质效应，都会影响定性定量检测结果的准确性。最常用的解决办法有 3 个：一是尽可能净化样品溶液；二是调整洗脱梯度，使目标化合物与该杂质组分分离；三是在方法检出限满足要求的前提下，高倍稀释样品溶液。

对于液相色谱-质谱联用法，还可以考虑采用以下方法消减基质效应：在流动相中添加少量的有机酸/碱，利用液相色谱电解质效应促进待测物离子化；提高雾化温度，加速液滴蒸发；采用较低的进样量，降低基质在流动相中的浓度；采用内标法校准；采用基质匹配标准曲线校准。

6.2.4　非标准方法的确认

非标准方法在一般情况下需要对方法的全部特性参数进行确认，方法的特性参数包括方法的选择性、线性范围、基质效应、检出限与定量限、正确度、精密度、稳健度和不确定度。如果实验室采用的非标准方法其中一部分来源于已经确认过的标准方法，则在此类非标准方法的确认过程中，可以酌情简化。实验室可参考 GB/T 35655—2017《化学分析方法验证确认和内部质量控制实施指南　色谱分析》以及本书第 1 章和附录 3 "方法特性参数的典型评定方法及注意事项"进行确认。以下对各个特性参数如何确认分别加以介绍。

6.2.4.1　选择性

实验室可以设计联合使用下述方法，检查目标物色谱峰区域是否有干扰信号或干扰峰等。①分析一定数量的代表性样品空白、试剂空白、标准溶液空白；②在代表性样品空白中添加一定浓度的有可能干扰目标物定性和/或定量的物质；③在代表性样品空白中添加一定浓度的目标物。

实施方法如下：取一定数量的代表性样品空白（如 20 份膏霜类化妆品、20 份水剂化妆品等）按照方法进行前处理，同时做 2 个或 2 个以上试剂空白（即除了不添加样品外，其余步骤同样品前处理），得到样品空白溶液和试剂空白溶液；配制标准溶液的溶剂即为标准溶液空白。将上述样液和一定浓度的标准溶液 1（一般为标准曲线的中间浓度）按照设定的仪器条件同序列进行检测，检查目标物色谱峰区域是否有干扰峰。当发现没有干扰峰时，可以分别在这些样品空白溶液中添加微量（一般最好小于 50μL）的高浓度标准溶液，使其浓度接近于标准溶液 1 的浓度，然后按相同条件进行检测，检查和比较目标物的出峰情况（保留时间和峰面积等）是否正常。

上述检查均没有发现目标物干扰峰或干扰信号时，表明方法具有良好的选择性。否则，说明方法存在干扰，需要重新优化色谱分离条件或去除样品溶液中的干扰组分。

一般情况下，液相色谱-质谱联用法的 MRM 模式（采集 2 对特征离子对）已经具有较好的选择性，但是同分异构体往往具有相同的母离子和子离子，因此需要良好的色谱分离才能区分；而对于其他共流出的杂质组分，可能会在共流出时与待测组分产生离子化竞争，造成待测组分信号增强或降低，但对选择性的干扰较小。液相色谱法因仪器的选择性较低，而样品组分的复杂性和不确定性常常会导致在色谱图上呈现出很多杂峰，容易造成干扰，所以要特别注意。

6.2.4.2　线性范围

按要求独立配制至少 6 个浓度水平（包括空白），尽可能涵盖两个以上数量级，包括最低浓度水平（定量限）、关注浓度水平和最高浓度水平，浓度水平均匀分布，如 GB/T 37544—2019 中根据化妆品中 6 种待测酚类抗菌剂的禁限用要求，设置了由低到高的浓度范围，除空白外包含了 8 个浓度水平：0.10μg/mL、0.20μg/mL、0.50μg/mL、1.00μg/mL、2.50μg/mL、5.00μg/mL、10.0μg/mL、50.0μg/mL；每个浓度水平以随机顺序（由低至高浓度水平）重复测量 2 次以上。

对于液相色谱法，以化合物色谱峰面积平均值为纵坐标，以相应目标物的质量浓度为横坐标，绘制标准曲线，计算相关系数，相关系数应满足相应要求。对于液相色谱-质谱联用法，采用外标法时是以化合物定量离子对色谱峰面积平均值为纵坐标，以相应目标物的质量浓度为横坐标，绘制标准曲线；采用内标法时是以化合物定量离子对色谱峰面积平均值除以内标物定量离子对色谱峰面积平均值为纵坐标，以相应的目标物质量浓度除以内标物质量浓度为横坐标，绘制标准曲线。对于定量方法的相关系数应分别满足相应的要求，一般液相法可以达到 0.999 以上，液质法可以达到 0.99 以上。

对于基质效应难以排除的情况，可以配制基质校准曲线，如 GB 29687—2013《食品安全国家标准 水产品中阿苯达唑及其代谢物多残留的测定 高效液相色谱法》采用了基质标准溶液。

6.2.4.3 基质效应

基质效应是指样品基质中的一种或多种成分对目标分析物检测结果的影响，主要表现在造成目标分析物响应信号增强或减弱，对定量结果影响很大。液相色谱法和液相色谱-质谱联用法的检测器进样原理不同，液相色谱-质谱联用法更容易产生基质效应。有研究指出，液相色谱-质谱联用法产生基质效应的原因主要为基质中强电离物质的竞争性离子化，或基质中双亲类物质改变了 ESI 的表面张力，使离子难以从液滴中释放出来。

最常见的基质效应考察方法为标准曲线斜率比较法或单点标液响应值比较法（见附录 3）。前者是以基质校准曲线的斜率与纯溶剂标准曲线的斜率进行比较，后者是以相同浓度的基质校准溶液的响应值与纯溶剂标准溶液的响应值进行比较，若不存在显著差异（如偏差小于 10%），则认为基质效应可以忽略，可以直接用纯溶剂标准溶液或标准曲线进行定量；若存在显著差异，则尽可能通过前处理净化或仪器条件优化来消减基质效应，或采用基质校准曲线、内标法等方法进行校正。

例如，某化合物在纯溶剂和不同基质体系的标准曲线情况如图 6-3 所示，其中曲线 A 为纯溶剂标准曲线，曲线 B、C、D 分别为不同样品基质标准曲线。根据计算可知，基质 B 基本不存在基质效应，基质 C 存在基质增强效应，基质 D 存在基质抑制效应。

6.2.4.4 方法检出限和方法定量限

液相色谱法和液相色谱-质谱联用法一般应用于痕量和超痕量目标物的检测，所以有必要确认方法的检出限和定量限，对于不同的样品基质可能需要分别确认。

（1）方法检出限的确认

确认检出限的方法可参考第 1 章 1.4.2，其中信噪比法是色谱法中常用的方法，但需要避免某些不正确的做法，如直接用低浓度的纯溶剂标准溶液计算出仪器检出限作为方法检出限。试验具体操作可按以下步骤进行：①根据预试验获得的仪器检出限，结合方法的前处理稀释倍数或浓缩倍数，必要时（如回收率较低时）折算回

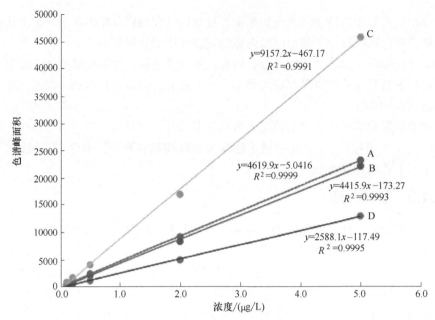

图 6-3　某化合物在纯溶剂（A）和不同基质（B、C、D）体系的标准曲线

收率，通过计算获得方法检出限预估值，计算公式分别为：方法检出限预估值=（仪器检出限×稀释倍数）/方法回收率、方法检出限预估值=仪器检出限/（浓缩倍数×方法回收率）。例如，仪器检出限为 1mg/L，方法前处理浓缩 2 倍，方法回收率为 70%，那么根据计算公式算得方法检出限的预估值为 0.71mg/kg。②采用样品空白添加试验，在样品空白中添加方法检出限预估值浓度水平的溶液，建议同时再多做 1~2 个添加水平（约比预估值高 1/3~1/2），然后按照方法前处理进行试验获得样液，上机测定目标物的信噪比，考察各浓度水平是否能满足 S/N≥3 的要求。如果预估值可以达到 S/N=3，则可选择预估值作为方法检出限，否则不能将预估值作为方法检出限；如果预估值达不到 S/N=3，而比预估值高 1/3 或 1/2 的浓度值可以达到 S/N=3，则选择该相应值作为方法检出限。例如，方法检出限的预估值为 0.71mg/kg，以此浓度水平以及略高浓度水平（1.0mg/kg）进行样品空白添加试验，如果添加水平为 0.71mg/kg 时获得的目标物满足 S/N≥3，则可将 0.71mg/kg 定为方法检出限；如果 0.71mg/kg 获得的目标物不能满足 S/N=3，而 1.0mg/kg 获得的目标物满足 S/N≥3，则可将 1.0mg/kg 定为方法检出限；如果 1.0mg/kg 获得的目标物还不能满足 S/N≥3，则需进一步提高浓度进行试验。

　　方法检出限因受样品基质种类的影响而不同，如肌肉和肝脏的基质复杂情况差异很大，其方法检出限也有可能不同。在食品安全检测领域，要注意禁用药物残留的检出限和有 MRL（最大残留限量）药物残留的检出限的确认区别：有 MRL 时，方法的检出限除了实际样品中达到 S/N≥3 外，还需要确保方法定量限≤1/2MRL；对于禁用药物残留，检出限是作为合格判定依据的，因此对其要求较高，假阴性率应≤5%，如果以信噪比来衡量，建议 S/N≥10，也可参考欧盟 2002/657/EC 以判断限（CCα）表示，此时的假阴性率≤1%，LOD（检出限）＜CCα＜MRPL（最低要求执行限量）。

（2）方法定量限的确认

在液相色谱法和液相色谱-质谱联用法中，一般以大于等于 3 倍检出限或 10 倍信噪比作为定量限。因此，基于上述检出限的验证，可以以 3 倍以上检出限推算定量限；也可以按照检出限的确证方法，将添加浓度改为定量限浓度，以 10 倍以上信噪比进行确定。在食品安全检测领域，如兽药残留检测，定量限加上样品在关注浓度水平（如最大残留限量）的标准偏差的 3 倍应小于关注浓度水平，推荐数值为关注浓度水平的 0.5 倍或以下。

6.2.4.5　正确度

使用有证参考物质是评估方法正确度的首选。有证参考物质经过待确认的方法的前处理和检测分析后得到多次测试（推荐 7~10 次）的分析结果，计算此分析结果的平均值与参考物质的证书值之间的偏倚，作为正确度的评估。

然而实验室很难找到基体相似、浓度水平相近的有证参考物质，那么实验室可以通过加标回收率来评估正确度，添加浓度一般应包括最低浓度水平（定量限）、关注浓度水平和最高浓度水平（对于禁用物质，一般为 1、2 和 10 倍方法定量限；对于允许使用物质，一般为 0.5、1 和 2 倍允许限量，如有 MRL 的兽药残留，添加水平为 0.5MRL、MRL 和 2MRL），按照待确认的分析方法进行检测，每一水平进行多次平行测试，计算平均回收率，方法回收率的接受范围可参考第 1 章的表 1-9 "方法回收率的偏差范围"（对于超痕量水平：1μg/kg≤p＜10μg/kg 时，可接受的回收率范围为 60%~125%；p＜1μg/kg 时，可接受的回收率范围为 50%~125%）。

代表性样品基质应为标准方法适用范围内的、实验室预期检测的样品，可以是实验室已确认的样品空白，或是含有痕量目标物的样品。在这种情况下，需要注意加标样品中待测物的所得率可能会高于实际样品中待测物的所得率。例如，在饮用水中加入消毒剂计算的回收率较为可靠，而在肉制品中加入兽药所计算的回收率则不能很好地反映真实样品的回收率，主要因为水和肉制品的质构不同，在样品中外添加分析物质和样品本身就含有该分析物质的萃取效率存在差异。

6.2.4.6　精密度

（1）重复性

在液相色谱法和液相色谱-质谱联用法中，除了需确认方法重复性外，还需测定仪器重复性（可以理解为系统适应性）。仪器重复性可通过对标准曲线中标准溶液、加标溶液进样测定 6 次以上，然后计算平均值、标准偏差。

方法重复性可采用实际阳性样品平行测试（自由度至少为 6）的方式考察，也可以采用在方法回收率研究时同时考察，即对每一个添加水平进行平行试验（自由度至少为 6）。要求在较短的时间间隔内由同一个分析员进行分析测定，并计算平均值、标准偏差（s）和相对标准偏差（RSD）。不同含量测试结果的实验室内 RSD 可参考第 1 章表 1-8 进行评价。

（2）再现性

通常使用实验室间再现性或实验室内中间精密度等来表示再现性精密度。对于实验室间再现性，大多标准起草单位均通过协同试验进行确认，如 GB/T 22048—2015《玩具及儿童用品中特定邻苯二甲酸酯增塑剂的测定》分别选择了 122、12、8 间实验室进行精密度协同试验，通常根据协同试验结果，剔除离群值后，计算重复性标准差、重复性变异系数、重复性限、再现性标准差、再现性变异系数、再现性限，具体方法参见第 9 章。对于实验室内中间精密度，实验室可针对实际日常可能出现变化的情况（如同一批次材料不同的测试员，或不同的测试时间，或两台检测仪器间分析），按照自身关注点设计适合的、具有自己特色的中间精密度测试方案。

6.2.4.7　稳健度

稳健度可通过由实验室引入预先设计好的微小的合理变化因素，并分析其影响而得出。方法稳健性试验的第一步，确定需要评价的变量，这些变量可以是：试样量、提取溶剂、温度、试剂浓度、加热时间、pH 值等。每个变量取两个不同的水平，如试剂浓度选取推荐浓度的 ±10%，加热时间选取推荐时间的 ±10%，或者取两种不同类型的提取溶剂等。两个水平应具有方法常规使用的类型和大小的代表性。如表 6-2 所示，列出了可能影响试验稳健度的 7 个因素 A、B、C、D、E、F、G，每个因素 2 个水平，即 A、a、B、b、C、c、D、d、E、e、F、f、G、g，例如，A 表示 1.2g 试样，a 表示 0.8g 试样。然后按照表 6-2 中 8 种组合方式可得 8 个测定值：s、t、u、v、w、x、y、z，即做 8 次测定可求出 7 个因素的影响程度。如若只需 5 个因素，则删去表 6-2 中 F 行和 G 行。

表 6-2　稳健度试验方法

7 因素值（2 水平）	试验次数							
	1	2	3	4	5	6	7	8
A 或 a	A	A	A	A	a	a	a	a
B 或 b	B	B	b	b	B	B	b	b
C 或 c	C	c	C	c	C	c	C	c
D 或 d	D	D	d	d	d	d	D	D
E 或 e	E	e	E	e	e	E	e	E
F 或 f	F	f	f	F	F	f	f	F
G 或 g	G	g	g	G	g	G	G	g
测定值	s	t	u	v	w	x	y	z

将 8 个测定值按因素字母的大写和小写分成两组，计算各个因素的影响。如第一个因素从 A 到 a 变化的影响可由 1/4（$s+t+u+v$）和 1/4（$w+x+y+z$）之间的差值给出。应当指出的是，所有其他因素在上述两组的每一组中两个水平都出现了两次，这样由 B 到 G 所带来的影响都被由 b 到 g 的影响抵消了。以此类推，按照下列步骤可求得试验因素变化而引起影响的大小。

① 选择 s 至 z 中的 4 个测定值为一组，用其平均值减去剩余 4 个测定值的另一组平均值，如：

1/4（$s+t+u+v$）–1/4（$w+x+y+z$）=A–a=d_1

1/4（$s+t+w+x$）–1/4（$u+v+y+z$）=B–b=d_2

1/4（$s+u+w+y$）–1/4（$t+v+x+z$）=C–c=d_3

1/4（$s+t+y+z$）–1/4（$u+v+w+x$）=D–d=d_4

1/4（$s+u+x+z$）–1/4（$t+v+w+y$）=E–e=d_5

1/4（$s+v+w+z$）–1/4（$t+u+x+y$）=F–f=d_6

1/4（$s+v+x+y$）–1/4（$t+u+w+z$）=G–g=d_7

② 通过将差值 d_i 与该分析方法在相同条件下重复测定的标准偏差相比较，可判断因素的影响是否显著。如果差值大于 2 倍标准偏差，则该因素的影响是显著的，对影响显著的因素，在最后描述分析方法时，应当特别注意这些变量，并指出它们必须非常小心地控制，应在方法中作出严格的规定。

③ 用下式计算试验因素引起的标准偏差：

$$s = \sqrt{\frac{2}{7}\sum_{i=1}^{7} d_i}$$

s 是该方法对试验因素的耐变性的综合表达，求得的 s 越小，说明试验因素的变化对方法的影响越小。

6.3　标准方法的验证

方法验证适用的范围一般比方法确认小（见第 1 章表 1-3 和表 1-4），主要是对标准方法进行验证。方法验证侧重于提供客观证据，证明该实验室具有合理运用该标准方法的能力。

6.3.1　检测资源的验证

实验室对引入使用的检测标准方法（包括新制定的标准方法和新修订的标准方

法）进行验证时，技术负责人应组织有关技术主管和人员对检测标准的文本进行分析评价，按照"人、机、料、法、环"评估实验室的检测资源是否满足检测标准要求，并按照实验室质量体系文件要求做好各项记录。

（1）人员

评价执行新方法的检测人员是否具备所需的技能及能力，必要时应进行人员培训，经考核后上岗。包括检测人员具备相应的使用液相色谱仪或液相色谱-串联质谱仪的上岗证，熟悉仪器的检测原理，能够熟练操作相应的仪器设备，并且掌握相应的色谱或质谱谱图的分析技术，对拟验证的标准方法有较好的理解和消化。

（2）设备和标准物质

评价现有设备的种类和适用性，是否需要补充新的仪器设备；评价标准物质是否符合要求。对于液相色谱法和液相色谱-质谱联用法，应主要注意检测器和质谱的种类与标准方法的符合性、偏离等；检查设备的溯源证明、期间核查记录等，确保设备在计量有效期内，期间核查记录完整并符合要求，设备性能（如灵敏度和稳定性等）满足标准方法的要求，尤其注意液相色谱-质谱联用仪，不同品牌、不同型号的仪器的灵敏度和稳定性差异可能比较大（如 AB SCIEX 5500 液相色谱-质谱联用仪对于双酚 A 的检测，其灵敏度可达 0.5μg/L，而其他型号较旧的液相色谱-质谱联用仪可能就难以达到）。对于标准物质，应检查证书，确认化合物名称、纯度、有效期和保存条件等符合要求，对于已配好的标准储备液，则要检查确认配制记录、溯源记录和保存条件等。

（3）材料

评价样品制备（包括预处理、存放等各环节）是否满足新方法要求；评价试剂、耗材等是否符合要求。有些标准方法，尤其检测样品是比较容易变质的食品，其文本中一般会具体规定样品的制备和存放条件，如 GB 29704—2013《食品安全国家标准 动物性食品中环丙氨嗪及代谢物三聚氰胺多残留的测定 超高效液相色谱-串联质谱法》具体规定了样品的制备和保存要求，其中要求试料在–20℃以下保存，实验室应按照标准的要求进行符合性评价；对于试剂，主要评价其种类和纯度是否符合要求。

（4）检测方法

评价方法规定的各项特性指标能否实现，操作规范、不确定度、原始记录、报告格式及其内容是否适应新方法要求，否则要重新制订操作规范/作业指导书和设置表格。

（5）环境

评价检测环境是否满足新方法要求，必要时进行验证。在本章，主要确认放置液相色谱仪或液相色谱-质谱联用仪的实验室环境（包括温湿度等）符合相应设备的要求，以确保仪器在使用过程中的性能。一般来讲，液相色谱仪和液相色谱-质谱联用仪的实验室环境通常要求恒温在 25℃左右，以保证仪器（尤其是质谱）的性能稳定。

当上述评估结果均为满足检测标准要求后，方可开展试验验证，按照新方法要求进行完整模拟检测，出具完整结果报告，所有记录和报告均应按要求存档。否则，表明验证不通过，要仔细查找原因，并根据不符合项进行补充和改进，直至技术负责人确认所有检测资源满足检测标准要求后，方能开展验证试验。

6.3.2　验证参数的选择

标准方法在制定过程中大部分特性参数均已经过确认，实验室验证的目的主要是证明实验室有能力按标准方法开展检验活动，因此验证试验可以包括所有参数，也可以重点验证方法检出限和定量限、线性范围、测量范围、正确度、精密度（见第 1 章表 1-3）。

6.3.3　方法特性参数的验证程序

方法特性参数的验证程序和非标准方法的确认程序基本一样，因此可以参考6.2.4 中对应的内容进行试验验证。

6.3.3.1　方法检出限和定量限

通常情况下，液相色谱和液相色谱-质谱联用的标准方法中规定了方法检出限和/或方法定量限。如 GB 29688—2013《食品安全国家标准 牛奶中氯霉素残留量的测定 液相色谱-串联质谱法》给出方法检出限为 0.01μg/kg、定量限为 0.1μg/kg，在这种情况下，实验室按照标准方法称取牛奶试样 10g，分别添加标准提供的方法检出限和方法定量限水平（0.01μg/kg 和 0.1μg/kg），按照标准方法进行前处理和仪器检测，根据氯霉素定量离子对色谱峰与噪声的比值情况来判断是否符合该标准方法的要求。因为氯霉素是禁用药物，规定为不得检出，此时方法检出限就是报告限，所以应定期监测方法检出限和定量限，制订严格的质量控制程序，以保证满足标准方法的要求。

有时，标准方法可能没有提供方法检出限和/或方法定量限，实验室可以参考第 1章所述的原则确定是否开展相关验证，如需开展验证，可参考本章 6.2.4.4 进行试验。

在方法验证时，如果发现方法检出限和定量限达不到标准方法要求，应检查实验室采用的仪器性能，考察检测人员是否掌握了方法的关键环节等。

6.3.3.2　线性范围

液相色谱和液相色谱-质谱联用定量分析的标准方法一般提供了线性范围，例如，SN/T 4664—2016《进出口纺织品苯并三唑类防紫外线整理剂的测定　高效液相色谱法》给出 6 种苯并三唑标准溶液的浓度范围为 0.2~40mg/L，GB/T 37544—2019《化妆品中邻伞花烃-5-醇等 6 种酚类抗菌剂的测定　高效液相色谱法》则具体给出了 8 个浓度水平。在验证试验中只需按照标准方法配制一系列标准溶液，按照标准方法的仪器条件进行检测和绘制标准曲线，计算相关系数，判断相关系数的符合性，要求相关系数不低于 0.99。

有些标准方法没有提供明确的线性范围，例如，SN/T 3235—2012《出口动物源食品中多类禁用药物残留量检测方法　液相色谱-质谱/质谱法》，只提到"根据需要用空白基质溶液稀释标准中间溶液成适合浓度的混合标准工作溶液"，因此在方法验证时，应根据仪器响应情况设置浓度水平，进行线性范围的考察，以确保样液中待测物定量时不超过仪器线性响应范围。

6.3.3.3　正确度

国家标准方法通常会以回收率来表示方法正确度的要求，如 GB 29688—2013要求"在 0.02~0.10μg/kg 添加浓度水平上的回收率为 50%~120%"，对于这种情况，实验室按照标准方法的要求，分别添加 2 个浓度水平（0.02μg/kg 和 0.10μg/kg）进行试验，如果回收率满足（推荐优于）标准方法的要求，则说明符合标准验证要求；否则，应查找原因和解决存在的问题。

当标准方法没有注明正确度的要求和做法时，实验室可参考本章 6.2.4.5 中对非标准方法正确度的确认试验进行验证。

6.3.3.4　精密度

标准方法通常以两种方式表达其精密度。第一种是以附录的形式分享当时进行方法确认的整个精密度的评估资料数据（包括测试材料的种类、验证的目标物及其浓度水平、重复性和再现性评估数据等）供参考；第二种是直接在方法的正文中注明"重复条件下获得的两次独立测试结果的绝对差值不得超过算术平均值的 10%"。对于第二种写法的标准方法，实验室只需按指引验证是否达到该标准方法的精密度；对于第一种及其他写法的标准方法，建议采用本章 6.2.4.6 中介绍的非标准方法中间精密度确认试验进行精密度的评估。

6.4　应用实例

本节针对液相色谱法和液相色谱-质谱联用法的特点，分别列举了标准方法验证和非标准方法确认的应用实例，汇总阐述有关详细操作，为实验室人员提供具体参考。

6.4.1 水产品中阿苯达唑等农兽药残留检测的方法验证

6.4.1.1 目的

验证实验室是否具备准确执行 GB 29687—2013《食品安全国家标准 水产品中阿苯达唑及其代谢物多残留的测定 高效液相色谱法》的技术能力。

6.4.1.2 方法摘要

参照 GB 29687—2013 方法，试样中残留的阿苯达唑及代谢物，用乙酸乙酯提取，正己烷除脂，乙酸乙酯反萃取，高效液相色谱-荧光检测器测定，外标法定量。

6.4.1.3 试剂与仪器条件参数

（1）试剂

试剂参照 GB 29687—2013。

（2）仪器条件参数

高效液相色谱-荧光检测器（HPLC-FLD）：Agilent 1200，标准规定的仪器工作条件见表6-3。

表6-3 仪器工作条件

项目	工作条件			
色谱柱	C_{18}（150mm×4.6mm，粒径5μm）			
检测波长	激发波长290nm，发射波长320nm			
柱温	30℃			
流速	1.0mL/min			
进样量	30μL			
梯度洗脱	时间/min	乙腈/%	甲醇/%	0.05mol/L 乙酸铵/%
	0.00	10	8	82
	30.0	40	17	43
	32.0	50	20	30
	40.0	50	20	30
	40.1	10	8	82
	45.0	10	8	82

6.4.1.4 方法特性参数验证及数据记录

（1）检出限和定量限

取阴性鱼肉试样，称取 12 份（编号 S1~S12），每份各 2.0g，在 S1~S6 中加入

10μL 混合标准溶液，在 S7~S12 中加入 25μL 混合标准溶液，按照标准检测方法进行前处理，将获得的样液按照程序测试，3 倍信噪比对应的浓度即为检出限，10 倍信噪比对应的浓度即为定量限。由表 6-4 可见，方法检出限、方法定量限均符合标准要求。

表6-4 方法检出限和方法定量限测定结果

项目	阿苯达唑		阿苯达唑亚砜		阿苯达唑砜		2-氨基阿苯达唑砜	
	测定结果	标准要求	测定结果	标准要求	测定结果	标准要求	测定结果	标准要求
方法检出限/（μg/kg）（3 倍信噪比对应的浓度）	1	10	1	5	0.5	0.5	1	2.5
方法定量限/（μg/kg）（10 倍信噪比对应的浓度）	2	25	2	10	1	1	2	5

（2）线性范围

在本方法确定的试验条件下，配制系列标准工作液（2-氨基阿苯达唑砜 0、0.01μg/mL、0.025μg/mL、0.1μg/mL 和 0.2μg/mL，阿苯达唑亚砜 0、0.02μg/mL、0.05μg/mL、0.2μg/mL 和 0.4μg/mL，阿苯达唑砜 0、0.002μg/mL、0.005μg/mL、0.02μg/mL 和 0.04μg/mL，阿苯达唑 0、0.05μg/mL、0.125μg/mL、0.5μg/mL 和 1μg/mL）进行试验，得到标准系列工作液的测定结果见表 6-5。可以看出，4 种待测物在线性范围内都有很好的线性，相关系数 r 为 0.9998 以上，满足 GB/T 35655—2017《化学分析方法验证确认和内部质量控制实施指南 色谱分析》的要求（不小于 0.997）。

表6-5 标准系列工作液的测定结果

2-氨基阿苯达唑砜	浓度/（mg/L）	0	0.01	0.025	0.1	0.2	相关系数 r
	峰面积	0	19.5	53	198	400	0.9999
阿苯达唑亚砜	浓度/（mg/L）	0	0.02	0.05	0.2	0.4	相关系数 r
	峰面积	0	63.2	161.2	637	1290	1.0000
阿苯达唑砜	浓度/（mg/L）	0	0.002	0.005	0.02	0.04	相关系数 r
	峰面积	0	4.3	10.4	41.9	85.3	0.9999
阿苯达唑	浓度/（mg/L）	0	0.05	0.125	0.5	1	相关系数 r
	峰面积	0	170	445	1708	3508	0.9998

（3）正确度

GB 29687—2013 中规定，2-氨基阿苯达唑砜在 5~100μg/kg、阿苯达唑亚砜在 10~200μg/kg、阿苯达唑砜在 1~20μg/kg 以及阿苯达唑在 25~500μg/kg 添加浓度水平上的回收率为 70%~110%。

选取阴性鱼肉样品，按照 GB 29687—2013 检测方法以及加标浓度要求，进行前处理前的加标浓度见表 6-6。

表 6-6 样品的加标浓度   单位：μg/kg

样品	待测物	报告限	加标浓度 1	加标浓度 2	加标浓度 3
鱼	2-氨基阿苯达唑砜	5	5	10	50
	阿苯达唑亚砜	10	10	20	100
	阿苯达唑砜	1	1	2	10
	阿苯达唑	25	25	50	250

称取 22 份阴性鱼肉试样，其中 1 份为原样，另 21 份平均分为 3 组，每组 7 份，每组对应加入表 6-6 中 3 个浓度水平的待测物，进行加标回收测试（n=7），回收率见表 6-7。可以看出，加标回收率在 86.0%~102.2% 之间，符合 GB 29687—2013 的回收率要求。

表 6-7 加标回收率测定结果（n=7）   单位：μg/kg

样品	待测物	加标 1平均浓度	回收率/%	加标 2平均浓度	回收率/%	加标 3平均浓度	回收率/%
鱼	2-氨基阿苯达唑砜	4.62	92.4	10.22	102.2	46.15	92.3
	阿苯达唑亚砜	8.79	87.9	18.58	92.9	91.2	91.2
	阿苯达唑砜	0.86	86.0	1.77	88.5	9.04	90.4
	阿苯达唑	21.85	87.4	45.60	91.2	234.0	93.6

（4）精密度

GB 29687—2013 对精密度的要求为：批内相对标准偏差≤15%，批间相对标准偏差≤15%。其中，批内相对标准偏差可以理解为重复性试验的精密度，批间相对标准偏差可以理解为再现性试验的精密度，分别按照相应的要求进行试验。

为了评价方法的批内相对标准偏差，将上述正确度获得的测试结果计算相对标准偏差（RSD），结果见表 6-8，可以看出，RSD 在 1.0%~6.9% 之间，都小于 15%，符合 GB 29687—2013 的要求。

表 6-8 批内相对标准偏差试验结果（n=7）   单位：μg/kg

样品	待测物	加标 1平均值	RSD/%	加标 2平均值	RSD/%	加标 3平均值	RSD/%
鱼	2-氨基阿苯达唑砜	4.62	5.1	10.22	3.2	46.15	1.3
	阿苯达唑亚砜	8.79	3.8	18.58	1.3	91.2	1.4
	阿苯达唑砜	0.86	6.9	1.77	6.4	9.04	1.0
	阿苯达唑	21.85	3.7	45.60	1.4	234.0	2.4

为了评价方法的批间相对标准偏差，由不同实验人员按照上述正确度试验的 3 个加标浓度和试验方法（n=7）进行前处理操作，并在另一台液相色谱仪上检测，将测试结果计算相对标准偏差（RSD），结果见表 6-9，可以看出，RSD 在 3.8%~9.0% 之间，都小于 15%，符合 GB 29687—2013 的要求。

表 6-9　批间相对标准偏差试验结果　　　　　　　单位：µg/kg

样品	待测物	加标 1 平均值	RSD /%	加标 2 平均值	RSD /%	加标 3 平均值	RSD /%
鱼	2-氨基阿苯达唑砜	4.47	6.8	9.97	5.3	45.67	4.2
	阿苯达唑亚砜	8.53	5.5	18.73	4.0	90.0	4.4
	阿苯达唑砜	0.83	8.7	1.69	9.0	8.93	3.8
	阿苯达唑	21.33	5.1	45.17	4.1	230.0	4.7

6.4.1.5　方法验证结论

由线性范围验证试验可知该方法所采用的标准曲线在规定浓度范围内相关系数满足要求；由检出限和定量限试验可知该方法满足标准要求；由精密度和加标回收试验的结果可知，本试验方法精密度较高，加标回收率在正常范围内，本实验室具备执行 GB 29687—2013 的能力。

6.4.2　皮革和毛皮中致敏性和致癌染料检测的方法确认

6.4.2.1　目的

实验室参考 GB/T 30398—2013《皮革和毛皮　化学试验　致敏性分散染料的测定》和 GB/T 30399—2013《皮革和毛皮　化学试验　致癌染料的测定》，研究开发了同时检测皮革和毛皮中 20 种致敏性分散染料和 11 种致癌染料的新方法，现对方法进行确认。为避免篇幅过长，本案例将以检测其中的分散红 17 为例进行说明。

6.4.2.2　方法摘要

参考 GB/T 30398—2013 和 GB/T 30399—2013，称取 1.0g 剪碎混匀的试样于带旋盖（有聚四氟乙烯垫片）的 50mL 玻璃提取器中，加入 10.0mL 甲醇，旋紧盖子，于 70℃超声提取 40min，冷却至室温后，用滤膜过滤，用液相色谱串联质谱法（LC-MS/MS）进行定性、定量检测。

6.4.2.3　试剂与仪器条件参数

（1）试剂
① 甲醇：色谱纯。
② 乙腈：色谱纯。
③ 甲酸：色谱纯。

④ 单组分标准储备液（200mg/L）：用甲醇配制有效浓度为 200mg/L 的 31 种致敏性分散染料和致癌染料的单组分染料标准储备溶液。

⑤ 混合标准溶液（2mg/L）：从单组分标准储备液中各移取 1mL 置于同一容量瓶中，用甲醇定容至 100mL。

（2）仪器条件参数

采用 Waters Xevo™ TQ MS 型号的超高效液相色谱串联质谱仪（UPLC-MS/MS），具体仪器参数见表 6-10。

表 6-10　仪器参数

色谱条件	色谱柱	BEH C$_{18}$，1.7μm，2.1mm×100mm
	流动相	A：0.05%甲酸（体积分数）水溶液；B：乙腈
	洗脱梯度程序	0~1min，80%A；1~5min，80%~30%A；5~9min，30%~10%A；9~12min，10%A；12~12.1min，10%~80%A；12.1~15min，80%A
	柱温	40℃
	流速	0.2mL/min
	进样量	2μL
质谱参数	离子化模式	电喷雾电离（ESI）正负离子切换模式；分散红 17 离子化模式为 ESI$^+$模式
	质谱扫描方式	多反应监测（MRM）模式；待测物参数如下表：

待测物	监测离子对	锥孔电压/V	碰撞能/eV
分散红 17	345.1/163.9（定量）	35	32
	345.1/177.0	35	25

质谱参数	分辨率	单位分辨率
	去溶剂气温度	400℃
	去溶剂气流量	800L/h
	锥孔气流量	50L/h

6.4.2.4　方法特性参数确认

（1）选择性

选择有代表性的阴性皮革和毛皮试样（各 5~10 个），按照建立的方法进行前处理，同时做试剂空白，将试剂空白样液和所有样品的样液按照优化好的仪器条件进行检测，观察待测物分散红 17 的提取离子质谱图，发现分散红 17 色谱峰的保留时间两侧没有杂质峰干扰；然后在所有样品溶液中添加一定量的标准溶液（一般添加 10~20μL 高浓度的标准溶液，使样液中含有待测物的浓度约处于待测物线性范围的中间水平，如使本例中分散红 17 的浓度为 0.2mg/L），再按照优化好的仪器条件进行检测，观察待测物分散红 17 的提取离子质谱图，发现分散红 17 色谱峰的保留时间与标准溶液一致，且色谱峰两侧没有杂质峰干扰。

（2）稳健度

选择一个阴性毛皮试样，确定需要评价的 5 个变量，分别为：称样量、甲醇加入量、超声波功率、超声温度、超声时间。设：A 表示称样量 0.8g，a 表示称样量 1.2g；B 表示甲醇加入量 8mL，b 表示甲醇加入量 12mL；C 表示超声波功率 400 W，c 表示超声波功率 440W；D 表示超声温度 65℃，d 表示超声波功率 75℃；E 表示超声时间 35min，e 表示超声时间 45min。用表 6-10 的仪器条件进行测试，添加 2 倍定量限进行试验（表 6-11）。

表 6-11　稳健度的评估

5 因素值 （2 水平）	试验次数							
	1	2	3	4	5	6	7	8
A 或 a	A	A	A	A	a	a	a	a
B 或 b	B	B	b	b	B	B	b	b
C 或 c	C	c	C	c	C	c	C	c
D 或 d	D	D	d	d	d	d	D	D
E 或 e	E	e	E	e	e	E	e	E
测定值 （分散红 17）	s 2.81	t 2.83	u 2.90	v 2.91	w 2.77	x 2.75	y 2.82	z 2.88

选择 s 至 z 中的 4 个测定值为一组，用其平均值减去剩余 4 个测定值的另一组平均值，如：

$1/4(s+t+u+v)-1/4(w+x+y+z) = A-a = d_1 = 0.0575$

$1/4(s+t+w+x)-1/4(u+v+y+z) = B-b = d_2 = -0.0875$

$1/4(s+u+w+y)-1/4(t+v+x+z) = C-c = d_3 = -0.0175$

$1/4(s+t+y+z)-1/4(u+v+w+x) = D-d = d_4 = 0.0025$

$1/4(s+u+x+z)-1/4(t+v+w+y) = E-e = d_5 = 0.0025$

根据公式计算 5 个变量因素引起的标准偏差 s=0.259。

d 均小于 $2s$，则这些因素的影响是不显著的，表明方法具有较好的稳健度。

（3）线性范围

在本方法确定的试验条件下，将配制好的系列标准工作溶液（0、0.05mg/L、0.1mg/L、0.2mg/L、1.0mg/L、2.0mg/L）进行检测，以待测物定量离子对峰面积为纵坐标，以质量浓度为横坐标，绘制标准曲线，计算相关系数。得到待测物的标准曲线和相关系数，分散红 17 的标准曲线为 y=3275.7x+58217，相关系数为 0.9993，满足 GB/T 35655—2017《化学分析方法验证确认和内部质量控制实施指南　色谱分析》的要求（不小于 0.997）。

（4）基质效应

选择一个阴性毛皮试样，按照建立的方法进行前处理，用获得的样液配制系列基质标准工作溶液（0、0.05mg/L、0.1mg/L、0.2mg/L、1.0mg/L、2.0mg/L），按照方法优化好的仪器条件检测，以待测物定量离子对峰面积为纵坐标，以质量浓度为横坐标，绘制基质校准曲线，得到待测物分散红 17 的基质校准曲线为 $y = 3201.2x + 56684$。根据基质效应（ME）的计算公式和判断原则，将基质校准曲线的斜率 3201.2 除以纯溶剂标准曲线的斜率 3275.7，得到 ME=0.98，表明方法基本没有基质效应。

（5）方法检出限和定量限

选择一个阴性毛皮试样，称取 12 份，每份 1.0g，分别加入 0.02mL 标准储备液，静置 30min，用加入 10mL 甲醇，摇匀，按照方法进行前处理，检测待测物峰面积，求出标准偏差，根据公式（6-1）求出方法检出限 C_L，再以 ≥3 倍 C_L 得到方法定量限。

$$C_L = \frac{ks}{a} \times \frac{V}{1000m} \tag{6-1}$$

式中　C_L——方法检出限，mg/kg；

　　　k——常数，本次取 3；

　　　s——峰面积的标准偏差；

　　　a——标准曲线斜率；

　　　V——方法稀释样品体积，为 10mL；

　　　m——称样量，为 1.00g。

经计算分散红 17 的方法检出限为 0.42mg/kg，方法定量限为 1.60mg/kg，方法检出限低于标准方法检出限（0.5mg/kg）；其他 30 种待测物的方法检出限在 0.10 ~ 0.50mg/kg 之间，而 GB/T 30398—2013 和 GB/T 30399—2013 的方法检出限为 0.5mg/kg，表明新开发的方法能够符合要求。

（6）精密度和正确度

选择一个阴性毛皮试样，称取 6 份，每份 1.0g，进行 3 个浓度水平（1 倍方法定量限、2 倍方法定量限和 10 倍方法定量限）的添加试验，静置 30min，加入 10.0mL 甲醇，摇匀，按照建立的方法进行前处理和测定，求出加标回收率及相对标准偏差（表 6-12）。可见，回收率和相对标准偏差都能满足方法学要求。

表 6-12　精密度和正确度的考察

基体	待测物	添加浓度 / (mg/kg)	测定值/ (mg/kg)						平均值 / (mg/kg)	回收率 /%	SD	RSD /%
			1	2	3	4	5	6				
毛皮	分散红 17	1.60	1.44	1.38	1.37	1.32	1.42	1.47	1.40	87.5	0.05	3.72
		3.20	2.91	3.00	2.82	2.81	2.74	2.80	2.85	89.1	0.09	3.24
		16.0	14.8	15.7	15.0	14.1	14.3	14.4	14.7	91.9	0.59	3.99

6.4.2.5　方法确认结论

选择性、稳健度、线性范围、检出限和定量限、精密度和正确度的方法特性确认，表明新开发的皮革和毛皮中致敏性分散染料和致癌染料的同时检测方法符合方法学要求，可在本实验室实施。

参 考 文 献

［1］ 云自厚，欧阳津，张晓彤. 液相色谱检测方法［M］. 2版. 北京：化学工业出版社，2005.

［2］ 于世林. 高效液相色谱方法及应用［M］. 2版. 北京：化学工业出版社，2005.

［3］ 盛龙生，苏焕华，郭丹滨. 色谱质谱联用技术［M］. 北京：化学工业出版社，2006.

［4］ 实验室质量控制规范 食品理化检测：GB/T 27404—2008［S］.

［5］ 合格评定 化学分析方法确认和验证指南：GB/T 27417—2017［S］.

［6］ 化学分析方法验证确认和内部质量控制要求：GB/T 32465—2015［S］.

［7］ 化学分析方法验证确认和内部质量控制实施指南 色谱分析：GB/T 35655—2017［S］.

［8］ 检测和校准实验室能力认可准则：CNAS-CL01—2018［S］.

［9］ 化学分析中不确定度的评估指南：CNAS-GL006—2018［S］.

［10］ 陈桂淋，唐盛青，武广元. 单一实验室分析化学方法确认程序［J］. 中国检验检测，2018（2）40-44，62.

［11］ 侯雪，郑卫东，胡莉，等. 浅析化学检测实验室的方法确认和方法验证［J］. 实验室研究与探索，2016，35（2）：255-258，294.

［12］ 张明霞，杨耀武，霍江莲. 化学分析方法确认和验证及其特性参数[J]. 中国认证认可，2015，236（12）：25-30.

［13］ 食品化妆品专业标准化技术委员会. 食品化妆品专业化学分析方法验证程序［S］.

［14］ 王振坤，李昇，金宝炎，等. 磷铁中锰分析方法的改进及稳健性评价［J］. 冶金分析，2012，32（增：化学分册）：329-332.

第 **7** 章

X 射线荧光光谱法及筛选分析法

7.1 概述

7.1.1 方法简史和最新进展

与 X 射线荧光光谱法相关的科学发现和研究是从 19 世纪开始的。1895 年德国物理学家伦琴（Rontgen W C）发现了 X 射线，1896 年法国物理学家乔治（Georges S）发现了 X 射线荧光。1927 年用 X 射线光谱发现了化学元素 Hf，证实可以用 X 射线光谱进行元素分析。20 世纪 40 年代末，弗利德曼（Friedman H）和伯克斯（Birks L S）应用盖克（Geiger H）计数器研制出波长色散 X 射线荧光光谱仪。自此，X 射线荧光（XRF）光谱分析进入蓬勃发展的阶段。

20 世纪 50 年代，X 射线荧光光谱分析技术只是在西方的一些大学和研究所中进行理论研究和试验，至 60 年代中期才开始在西方国家的工业部门推广这项技术。20 世纪 80 年代初期，商品化的 X 射线荧光光谱仪主要有波长色散 X 射线荧光（WDXRF）光谱仪、能量色散 X 射线荧光（EDXRF）光谱仪。此时波长色散 X 射线荧光光谱仪的送样系统和参数的设置已高度自动化，用户根据待分析试样的组成购买理论 α 系数表，用于校正基体中元素间的吸收增强效应，将测得的强度转为浓度，并获得与化学分析结果相当的准确度。因此，在 1983 年 Kikkert 就认为 XRF 分析是一种成熟的分析方法。微电子学、计算机科学、核科学和材料学的迅猛发展，为 XRF 分析的发展奠定了坚实的物质基础，同时又成为 XRF 分析学科的发展动力，其中微束 X 射线荧光（MXRF）分析、同步辐射 X 射线荧光（SRXRF）光谱分析、全反射 X 射线荧光（TXRF）光谱分析、用于现场分析和原位分析的可携式和手持式光谱仪应运而生，呈现出蓬勃发展的态势。

我国 XRF 分析技术的建立始于 20 世纪 50 年代末。20 世纪 70 年代我国科学院、一机部、冶金部、地质部都曾组织力量研制过国产 X 射线荧光光谱仪，并设立了丹东射线集团等专业组织。由于半导体探测器的出现，20 世纪 70 年代开始出现能量色散 X 射线荧光光谱仪。进入 20 世纪 90 年代以来，我国出现了一些民营的研制、生产射线仪器的小企业，各个研究所和大学也在 X 光谱分析的各个领域进行深入的研究，如 X 射线吸收端精细结构分析、全反射 X 光谱分析、X 射线聚焦元件的研制，以及 PIXE、同步辐射等，都取得了一定的成绩。国家也有科技创新基金等各种基金扶植新仪器的研发。现已在地质、建材、冶金、石油化工、无机非金属材料、有机材料等工业领域，以及环境分析、司法取证、文物分析、生物样品和活体分析等领域获得广泛的应用，在电子电气产品的有害物质检测中的应用也日益增加。

7.1.2　方法的特点

　　X 射线是由高能量粒子轰击原子所产生的电磁辐射。当一束高能粒子与原子相互作用时，如果其能量大于或等于原子某一轨道电子的结合能，则可将该轨道电子逐出，形成空穴。原子发生电离时，电子的能量分布失去平衡，在极短时间内外层电子向空穴跃迁，使原子恢复到正常状态。在这一跃迁过程中，两电子壳层的能量差将以特征 X 射线逸出原子，即产生 X 射线荧光。X 射线荧光光谱分析则是依托此原理形成的分析技术。

　　X 射线荧光光谱分析技术具有如下特点：

　　① 可直接对块状、液体、粉末样品进行分析，和其他常见化学分析方法相比，省去了样品前处理环节，进而减少分析时间。

　　② 可对小区域或微区试样进行分析，为大型、含不同基体部件样品的不拆卸或少拆卸分析提供可能。

　　③ 可分析镀层和薄膜的组成和厚度，如用基本参数法可分析多达十层膜的组成和厚度。

　　④ 作为非破坏分析方法，在遇到可用分析样品少或样品珍贵不能破坏的情况时，具备明显优势。

　　⑤ 在降低分析成本方面也具备明显优势。如对一台电视机进行欧盟 RoHS 合规性判断时，采用 XRF 筛选分析，可以有效减少湿化学精确分析，同时也可减少需要客户提供的样品量，减少试剂成本，达到多快好省的目的。

　　⑥ 具有自动化、智能化、小型化和专业化等特点，可以用于大批量的分析检测。

　　尽管优点明显，但此技术目前还存在某些局限性和待解决的问题。如以 Sherman 方程为基础发展起来的基本参数法或理论影响系数法，若要获得准确的分析结果，要求标样与未知样的物理化学形态相似，这在很多实际情况下是难以做到的。因此目前此项技术在常规第三方分析检测中，常用于各类样品元素的筛选分析。

7.1.3　方法的应用现状

　　如前所述，已经发展出十多项和 X 射线相关的分析技术。但在科研或商品化检测应用方面，还是以波长色散 X 射线荧光光谱分析技术和能量色散 X 射线荧光光谱分析技术为主。波长色散 X 射线荧光光谱分析的应用目前拓展到了冶金地质、环境科学、食品、化妆品、药学、化学工程等领域。能量色散 X 射线荧光光谱分析则在石油化工、建筑材料、金属和无机非金属材料、陶瓷、文物鉴定和薄膜材料等诸多领域发挥着很大的作用。在国内外接近 150 项 XRF 检测标准中，超过 95%的检测标准采用 WDXRF 和 EDXRF 进行测试，仅有极少量检测标准使用到了全反射 X 射线荧光（TXRF）光谱分析和电子探针 X 射线微区分析（EPMA）。在涉及 WDXRF 和 EDXRF 的方法中，约 60% 分布在油品、金属、矿石板块，其余涉及环境测试、肥料和日用消费品测试。便携式 EDXRF 具有在现场或在线分析中能实时获取多种数据的特点，目前还难用其他分析方法予以替代。

由于色散原理的差异，WDXRF 与 EDXRF 的特点也有所不同。WDXRF 的 X 射线经过晶体进行分光之后，再对样品进行照射，通过同步检测器从而获得了不同波长的荧光强度值，减少了其他谱线的干扰，精密度和正确度较好，但价格昂贵，如为单通道配置，其多元素分析时检测速度较慢；而相对来说，EDXRF 价格不高，可以快速测定多个元素，检测限与精密度在某些情况下虽不如 WDXRF，但能满足很多常规的筛选检测需求。同时，与 WDXRF 相比，EDXRF 对测试样品的表面平坦程度及形状没有那么敏感，且功率低较，适用于某些相对不稳定的样品（如可能发生辐射分解的有机物、可能发生褪色的工艺品）的检测，也适用于易挥发的元素（如 Hg、Tl）的检测。

目前 WDXRF 应用更多的见于矿物分析，而轻工日用消费品测试的标准，绝大部分采用 EDXRF 测试，且以含量筛选为主。如 IEC 62321-3-1：2013《电子电气产品中特定物质分析　第 3-1 部分　铅、镉、汞、总铬和总溴的含量 XRF 筛选法》、GB/T 33352—2016《电子电气产品中限用物质筛选应用通则　X　射线荧光光谱法》、GB/T 28020—2011《饰品　有害元素的测定　X　射线荧光光谱法》、SN/T 4484—2016《进出口纺织品　服装附件　表面镍释放量快速筛选方法　能谱法》、SN/T 4360—2015《纺织品　重金属（铅、镉、汞、镍）筛选方法　能量色散 X 荧光光谱法》、SN/T 1732.22—2018《烟花爆竹用烟火药剂　第 22 部分：铅、铬、镉、汞和砷的定性检测　能量色散型 X 射线荧光光谱法》和 SN/T 3377—2012《色漆中铅含量的测定　能量色散 X 射线荧光光谱半定量筛选法》等。

结合现有的在上述电子电气等产品中的应用情况，本章将主要介绍 EDXRF 相关方法的开发、非标准方法的确认和标准方法的验证。

7.2　方法的开发及确认

一项完整的方法开发，从拟定计划开始，历经资料查核、样品准备方式和仪器参数的初步确认、设定初步的试验方案、准备试验资源、初步试验、根据初步试验调整和完善方法、形成具体样品操作细则和步骤、输出相应的方法开发资料（如测试方法作业指导书、方法确认报告）等。

7.2.1　方法开发计划

方法开发前需先了解开发的目的、时间要求，根据需求查阅可供参考的标准和文献，再针对性地制订方法开发计划。此计划一般包括需开发方法的描述和具体列出的预计方法开发计划（包括工作事项、责任人和完成期限等）。

7.2.2　方法开发关键参数

一般来说，方法开发的目的决定了方法类型的选择和方法需要达到的性能要求，这可能是大部分日用消费品采用 EDXRF 且仅作为筛选方法的原因。日用消费品分析检测中，一个产品可能会涉及几个到几千个部件，湿化学测试可以很好地满足测试准确度更高的要求，但带来了测试周期长、测试设备设施投入成本高等问题。此时 XRF 的无损检测和测试速度快等特点显得尤为突出。但 XRF 的应用也有局限性。这是因为日用消费品涉及的样品材质非常复杂，大小和形状差异也比较大［如一台电视机中，聚合物、金属、玻璃、纸品、电子元件（含陶瓷、玻璃、聚合物、金属等多种材质的非均质体）都存在，各种部件形状各异，小的部件只有几毫克，而大的部件则上百克］，而由于 XRF 光谱法只是一种相对分析技术，其结果准确度取决于校准质量（即标准样、基体校准模式和试验校正方式），也容易受到基体效应（吸收或增强）和光谱干扰的影响，对于测试样品基质和标准样品基质的匹配性、样品大小和样品表面平坦程度有一定要求。因此要在日用品材质类别多、同类主材质含有各种配比添加成分的情况下，获取准确结果是非常困难的；而作为筛选方法（也就是半定量的方式），再结合湿化学测试的手段，可以较好地平衡风险管控和测试成本降低的需求。

EDXRF 在选型时需考虑测试目标物、待测试样品的尺寸情况，以确认设备合适的靶材、准直器大小、检测器、基体校准模式和试验校正方式。如 IEC 62321-3-1：2013 中所述，并不是每一种 XRF 光谱仪都适合所有尺寸和形状的样品，应该谨慎地选择为不同任务而设计的 XRF 光谱仪。目前成熟的 EDXRF 供应商会根据测试的项目为 RoHS、卤素、合金分析、涂层分析或土壤含量分析等，推荐其众多产品系列中带有合适靶材、准直器大小、检测器、基体校准模式和试验校正方式的某一产品，来满足测试需求。

在具体某一 EDXRF 上实施方法开发时，还需选择和确定样品的准备程序和仪器工作条件参数（如管电流电压、适用谱线、测定时间等），以满足方法的要求。例如，选择合适的滤光片来提高分析灵敏度和准确度，在已知基体干扰的情况下选用适当的谱线来减小基体效应、提升正确度，通过延长测定时间来获取更好的正确度和精密度等。

下面着重介绍采用 EDXRF 时样品准备方式、仪器工作参数条件、方法整体的优化、具体样品操作的一些原则和需关注的事项。

7.2.3 样品准备方式

虽然 XRF 分析可以不用进行烦琐的样品前处理，但样品的准备仍是整个 XRF 分析的重要环节，某些样品的准备甚至是 XRF 分析耗时最长的环节。样品的准备程序包括取样、制样和将样品提供给分析仪器等步骤，其目的是获取有代表性的、均匀的试样并将平整度较好的面提供给仪器分析，以提升精密度和正确度。但如果这个过程中有添加其他助剂，则会对方法的检出限、测量范围产生影响。

7.2.3.1 取样

取样方式可分为非破坏性取样方式和破坏性取样方式。非破坏性取样方式是指样品的待测部分可以直接放入 EDXRF 的测试窗口进行测试并获取结果。破坏性取样方式则指从材料的大面积部分取出待测部分，待测部分直接放入测试窗口进行测试并获取结果；或者破坏并粉碎样品后，将样品压片制成待测样，放入测试窗口进行测试并获取结果。

是否可以采用非破坏性取样方式取决于样品的均匀性、表面的平整程度、形状是否规则、样品的厚度以及大小（或者堆叠后的试样面积）是否大于观测光斑区域等。

从 XRF 分析的角度来看，均匀性是指在测试时，被仪器照射到的材料的整个体积内测试材料组成的物理均匀性，一般通过以下三种类别中的一个或多个进行判断。

（1）待测面积很大的样品

可以通过肉眼检查和借助于附加信息的方式对这类样品的均匀性进行判定。例如，所有呈现一致的颜色、形态和外部特征的物体很可能是均匀的。典型的例子可能是大块的、伸展的塑料物体，如塑料外壳、厚的带状物体、金属合金、大块的玻璃等。任何被测试样品的附加信息都可以用来判断它的均匀性。例如，许多塑料甚至金属外壳的表面被涂抹一层油漆，塑料外壳的外表面可能涂有金属镀层。在这种情况下，测试塑料试样可以采用非破坏性取样方式进行，只需要测试未涂油漆的部分，或者测试没有被金属镀层覆盖的断面即可。但油漆、金属镀层由于太薄，则有时需要采用破坏性取样方式进行测试，避免底层材料所带来的干扰。金属零件可能会被镀上另外一种金属，比如钢上镀锌、钢上镀镉、钢和铝上镀铬等。当对基体材料进行测试时，需要采用破坏性取样方式去除镀层，再进行测试。

（2）待测面积较小的样品

参考（1）判断为均匀的小面积样品，如塑料封装、PCB 基板或者是聚合物/环氧树脂的独立区域，有可能实现在原位进行分析而不需要进行分离（样品面积大于仪器的光斑面积即可）。在仪器测试时，假如放置位置略有偏差导致光斑照射位点偏移，光斑区域照射到了临近区域的其他材料，则会导致实际测量时的样品代表性出现问题，进而影响测试的正确度。

（3）样品覆盖有涂层

有些设备本身具备识别涂层等基材材质和厚度并进行结果校准的功能，则样品涂层面可以视为均匀，可采用非破坏性取样方式进行测试，结果准确性也不会被基材影响。但如果设备并不具备这一功能（大多数设备处于这一情况），则需要刮取涂层来进行分析。

测试样品的均匀性对测试结果的正确度和精密度有着直接的影响，厚度则是另外一个影响因素。样品厚度要达到或者大于检测设备在一定条件下需要的临界厚度，才可采用非破坏性取样方式，否则将可能影响测试结果的准确度。临界厚度与仪器的几何设计、激发波长、分析线波长和待分析物的基体密度均有关系。在电子电气产品的测试中，如 GB/T 26125—2011 和 SJ/T 11692—2017 均对样品厚度做了要求。一般要求塑胶样品厚度大于 5mm，钛合金、镁合金和铝合金厚度大于 5mm，其他合金厚度大于 1mm，液体样品厚度大于 15mm。单一测试样厚度不足时，可以通过多个体堆叠的方式来解决。试样面积是否大于观测光斑面积也对结果的正确度有影响，如果样品太小，收集尽量多的样品使其集中在射线光束中心，并尽量达到光斑最小面积。

试样均匀、待测面积大于观测光斑面积、厚度大于需要厚度，且任一边长不超出仪器样品室边长、具备光滑平整测试面的样品，可以直接采用非破坏性取样方式。如果出现待测面积不足或者厚度不足，都可以通过多个体堆叠的方式来满足要求，所以此时非破坏性取样方式仍然是可行的。其他情况则需要采用破坏性取样方式。

即使是非破坏性取样，也可能需要从整个产品上旋出测试部件，常见的如螺丝、螺母等，此时常用的工具为扳手和螺丝刀。目前市面上根据产品类别的不同，有不同的工具套装，如自行车、手表、数码产品、汽车等均有专用的工具包，可以更好地提升工作效率。

7.2.3.2　待测样品制备

某些情况下，由于不满足直接测定的条件，需要对样品进行一定的加工和处理，即制样。样品制备要解决的问题是满足仪器测试条件，包括减小或消除试样组成的不均匀性、粒度效应和矿物效应的影响，使被测样品转变为能表征样品的整体组分，并使测定精密度和正确度达到要求。同时，对于重元素分析，还应保证样品具有足够的厚度。

X 射线荧光光谱分析是一种比较分析方法，任何试样制备方法都必须保证制样的代表性，并在一定的校准范围内，保证所制备出的样品具有相似的物理性质（包括质量吸收系数、密度、粒度、颗粒的均匀性等）。

以下将对样品制备中的一般性原则、样品的制备方式加以说明。

（1）样品制备中的一般性原则

根据 EDXRF 的原理和特点，样品制备时需遵循以下几点原则：

① 保证待测样品的代表性、均匀性和一致性。首先应保证取出样品的代表性，再进行样品制备。确保样品制备的均匀性，并使标准物质和待测样品的组成、粒度、制样条件等尽可能保持一致。

② 选择适宜的样品粒度，选用合适的制样方法。样品的物理状态（如颗粒度、粉末致密度）会对测试结果有影响。根据需要，将样品粉碎至符合分析要求的粒度。对于固体样品，EDXRF 筛分分析通常可通过稳健性考察来了解适合测试的粒度范围。

③ 应尽可能避免或减小污染。制样过程引入的污染是 EDXRF 分析误差的主要来源之一。这些污染可能都需要有相应的程序来进行控制，确保能被消除、预防或者及时发现。样品制备过程中比较重要的污染来源主要包括以下四类：

第一类为来自剪切、粉碎、研磨装置构成材料的污染。如设备、装置中的材料老化、破损，在制样时脱落造成的污染。

第二类是由前一个样品在剪切、粉碎、研磨后残留引入的污染。如钻床处理完熔点低的金属，钻头容易黏附样品，如无有效处理措施，则容易对下一个样品造成污染。

第三类是在清洗工具的过程引入的污染。如清洗剂本身含有氯，则可能在卤素筛查测试中引入污染。

第四类是待测样品与其他样品接触造成的污染等。

④ 需特殊关注的样品类别。X 射线照射时，如果样品成分产生挥发，会使仪器内部被污染。这不仅会影响测定，还会使仪器的性能下降。

Cl、P、S 含量高的粉末样品、橡胶样品等，经长时间测定后，因样品发热会造成飞散现象。

部分金属样品抛光后应立即进行测量，防止金属表面氧化或污染。对于这类样品，应严格控制加工后与开始测量之间的时间间隔。

还有些特殊情况，如分析锌合金中的铝时，不论样品是放在真空或空气中，或是否受 X 射线照射，铝的 X 射线荧光强度均随时间延长而增加。测试中应注意这一影响。

（2）样品的制备方式

样品重量少则几毫克，多则几十千克或更多，对于需采用破坏性取样方式的，必须进行样品制备。样品制备的方式包括以下几种：

① 手工或者机械剪切。手工或者机械剪切适合于从大块样品中取出直接用于测试的小块样品。主要针对固体样品，包括各种金属、玻璃、陶瓷、塑料、皮革等。如从电视外壳上取出一小部分塑料、从汽车门板上取出一部分金属板、从家居门板上取出低密度纤维板、从电器的皮包装上取出皮革外皮、从电源线中拆卸出电线外皮和铜线等。

针对不同的样品，需根据不同的分析要求采用合适的样品加工及制备方法，如切割、打磨或抛光、表面清洁等，通常使用的工具有切割机、砂轮、钻机以及各种不同类别的剪刀、钳子、刀片、锉刀等。

② 粗磨、细磨以及聚合物和有机材料的超细研磨。少量样品通常需研磨，以消除或改善样品的不均匀性对分析结果的精密度和正确度的影响。如样品材质不均匀但测试目标物又不属于豁免范畴的样品。此时就会使用到粗磨、细磨或者聚合物和有机材料的超细研磨。

粗磨适合于将样品的直径减小至大约 1mm；细磨适合于制备直径小于 1mm 的样品。

聚合物和有机材料的超细研磨可得到直径为 500μm 或更小的样品，但不适合金属、玻璃或者类似的硬质和锋利材料。

如果有必要，可以用液氮来冷却样品。对于有机样品，推荐使用低温研磨。研磨后通过过筛来控制获取的子样品的粒径范围。电动研磨时间控制在 2~5min，已可使绝大部分样品的颗粒度达到 76μm 以下，若在研磨的样品中加入少量助磨剂，有些样品的颗粒度也可达到 10μm。应该指出，在许多情况下因存在团聚现象，延长研磨时间并不能使样品颗粒度减小，反而可能增加污染。

此方式常用的设备为鳄氏破碎机、球磨机、高速旋转粉碎机等。

③ 其他制样方法。日用消费品测试筛选可能用到的制样方法还有熔融法、压片法和溶剂溶解法。由于操作复杂且有可能引入更多污染，这些方法在实际操作中使用较少。

熔融法是指将样品与熔剂、脱模剂、氧化剂等一起放在坩埚中，于 1000~1250℃下熔融，快速冷却后，制成玻璃熔片。制成的玻璃熔片比起粉末样品更不易潮解，可长期保存。制片的目的是消除矿物效应和粒度效应。

压片法是指将预加工后的粉末压制成片后用于测量。样品太硬且不够均匀时，需减小样品粒度至可接受的尺度并仔细混匀后压制。压制时可视情况添加或不添加黏结剂。其作用是为了得到相对稳定、均匀和重复性好的试样。

目前针对金属及合金样品、无机非金属材料和生物样品，也有采用先酸消解，再对消解溶液采用 XRF 测试的方式，这属于溶剂溶解法的范畴。与固体制样方法相比，由于这种方法的待测溶液样品是均匀的，不存在矿物效应和粒度效应，也不必考虑样品表面光洁度对测量的影响，基体效应因稀释而减小或可予以忽略，且校正仪器用的标准溶液容易配制，特别适用于过程分析。但由于需要对样品进行消解，消解后的样品可直接采用 ICP-OES 等光谱仪器进行湿化学测试，而 ICP-OES 测试速度很快，结果更为准确，因此这种 XRF 测试方式没有优势。

7.2.3.3 样品放置的注意事项

如果测量是在具有台式分析腔的仪器中进行，被测样品的部件应该能够被放入 XRF 光谱仪的样品室，整个样品的放置应该使目标部位处于测试光斑区中心部位。

根据试验校正方式的不同，待测样品的面积、厚度、颗粒度和致密程度的要求不同，需尽量保持待测样品和有证标准物质一致。实际上，测试时样品并不都是平整、光滑和足够大小的，全部进行压片处理运作效率太低，因此进行方法开发及确认时，一般需考察样品放置的情况对结果的影响，以减小对测试结果的影响。

如果使用便携的手持式 EDXRF 光谱仪进行测试，应注意确保测量窗口覆盖被测试部分，又不引入临近区域。

液体样品可直接放在液体样杯中予以测定，需配套供应商推荐的支撑膜，支撑膜一次性使用。

7.2.4 仪器工作参数条件

在 EDXRF 仪器方法的开发中，所用靶材、X 射线管的管电压和管电流、适用谱线、准直器大小、滤光片、测定时间、基体校准模式和试验校正方式等都是设立方法时需要进行考察和选择的。

在开发测试方法前，了解方法开发的目的很重要。因此需要先对样品类型、准确度的要求、常见材料固有配方中的干扰情况进行了解，再进行具体的方法参数设定和调试。通常一开始时，会先采用供应商推荐的仪器条件参数、基体校准模式和试验校正方式，建立相关的方法对实际的样品进行测试；再将测试数据和预期用途比较，进一步调整仪器条件参数、基体校准模式和试验校正方式，最后才对实际样品进行测试。通过不断循环调整，找出与预期目的相对匹配的技术方案。

7.2.4.1 靶材的选择

X 光管的阳极材料选择适当，有助于提高分析灵敏度和分析效率。在测定中，高原子序数的 K 系线，应选择高原子序数的阳极靶材，以利用其高强度的轫致辐射，如 W 靶的轫致辐射强度几乎是 Cr 靶的 3 倍；分析低原子序数元素时，应选用轻元素靶材，利用阳极靶材的特征线进行选择性激发，可增强能量比之略低元素的分析灵敏度。表 7-1 为常用的不同靶材 X 光管的适用范围。

表 7-1　常用的不同靶材 X 光管的适用范围

阳极	重元素	轻元素	附注
Rh（Z=45）	良	优	适用于轻、重元素，RhK 系线对 Ag、Cd、Pd 有干扰
Au（Z=79）	优	差	通常用于重元素的痕量分析，但不包括 Au、As、Se
Mo（Z=42）	良	差	用于贵金属分析，MoK 谱线激发 Pt 族元素 L 谱，并且不干扰 Rh-Ag 的 K 系谱线
Cr（Z=24）	差	优	用于轻元素常规分析，Cr 谱线干扰 Cr 和 Mn 的测定，对激发 Ti 和 Ca 很有效
双阳极侧窗靶 Sc/Mo、Cr/Au、Sc/W	优	优	处于研究阶段，现仪器商品化应用不多

作为一般性原则，高原子序数元素分析采用重元素靶材，低原子序数元素分析采用轻元素靶材。

除要选择好阳极材料外，还要考虑激发效率、阳极材料中杂质谱线的影响。在许多情况下，只能用一支 X 射线管分析试样中的全部元素。因此，作为通用型仪器，一般选用铑作为阳极材料。

7.2.4.2　X 射线管的管电压和管电流的选择

EDXRF 光谱仪所用管电压通常比待测元素的激发电位高 3000~5000V，同时管电流一般均较小。一般仪器供应商根据测试的项目，会提供推荐的管电压和管电流，推荐值依据元素而定。由于 X 射线管的管电压和管电流的乘积不能超过光谱仪的总功率，因此一般来说轻元素选择低电压、高电流，而重元素选择高电压、低电流。

若测定多个元素，其管电压和管电流的选择也不能变化太多，通常最多设定两到三种，分别满足轻、重元素的测定即可。这样有助于提高工作效率和保证仪器的稳定性。

7.2.4.3　滤光片的选择

在 EDXRF 光谱仪中，可利用在吸收限两侧质量吸收系数差别很大这一特点，通过配置滤光片进行能量选择。滤光片的作用是改善激发源的谱线能谱成分。同时在进行多元素分析时，滤光片可用来抑制这些高含量组分的强 X 射线荧光，提高待测元素的测量精度。

通常滤光片置于 X 射线管和样品之间，其作用是为得到单色性更好的辐射，降低待分析元素谱感兴趣区内的由原级谱散射引起的背景。虽然使用 X 射线管激发样品时，选用合适的 X 射线管高压也能使试样中待测元素得到有效的激发，但在许多情况下，选用适当的原级滤光片可获得更好的效果。李秋实等就认为，原级谱通过滤光片后，谱分布将发生较大变化，主要与滤光片的材质和厚度有关；通过优选滤光片，可以提高试样特征谱的峰背比，从而提高待测元素的精度。一般选用的滤光片有 Al、Mo、Ag、Sn、有机化合物等多种材质。在现场 X 射线荧光分析应用中，对 5000~10000eV 的能量谱段，选择 Al 滤光片较为合适；对 10000~25000eV 谱段范围，选择 Ag 滤光片较为合适。在相对比较成熟的商业应用上，一般供应商已经根据测试元素配套出相对应的推荐滤光片。

7.2.4.4 谱线的选择

谱线的选择大体遵循以下原则：

① 通常选择 K_α、K_β、L_α、L_β 和 M_α 等几条主要特征谱线，这些谱线在各自谱线系列中是强线。

② 选择何种谱线视试样和制样方法而异。如元素 Zr 含量较高（>20%），用熔融法制样时，为避免厚度的影响则选用 L_α 线，而不是 K_α 线。这主要是由于 X 射线荧光透射试样的厚度与射线的能量和基体成函数关系。不同能量谱线在不同基体的透射厚度是有很大差异的，与基体对 X 射线荧光的总质量吸收系数、基体的密度均成反比。在定量分析时，应尽可能保证试样厚度大于临界厚度。

③ 在可能的情况下，所选谱线应避免基体中其他元素的谱线干扰。如要同时测定 As 和 Pb，且两种元素含量足够高，则可选 As K_β 线和 Pb L_β 线。但若 As 含量相当低，欲提高检测限，则选择 As 的 K_α 线，Pb 则需选用 Pb L_β 线，虽然 Pb 的 L_α 线与 As 的 K_α 线完全重叠，但可通过谱线干扰校正予以解决。对 Pb 来说，谱线强度并没有损失。若 Pb 含量相当高，而 As 含量相对较低，为避免 Pb 的谱线重叠校正所带来的误差，则应选择 As $K_{\beta1}$ 线。

7.2.4.5 测定时间的选择

确定方法时需要根据统计误差的要求或对检出限的要求确定测定时间，测定时间是根据待测元素的含量大小可变的。

$$\text{LOD} = \frac{3\sqrt{2}}{S}\sqrt{\frac{R_b}{T_b}}$$

式中，S 为灵敏度；R_b 为背景强度；T_b 为测定时间。

可知，检出限和背景强度成正比，和测定时间成反比。因此，延长测试时间可以降低检出限。

7.2.4.6 准直器大小

准直器大小，也即测试光斑的大小是可以选择的，选择时会结合技术的要求和操作的需要。不同品牌 EDXRF 光谱仪厂家的不同型号产品有自身的标准配置，如 10mm 或者 5mm。也可以根据需要配置 3mm 或者 1mm 的准直器。光斑小时需要的试样面积也比较小，也可以避免测试结果包含周围区域的信息，但数据的重复性就容易受到材料不均匀的影响。光斑大时射线能量更为稳定，受材料均匀性的影响小一些，但需要更多的样品。

7.2.4.7　基体校准模式的选择

XRF 光谱法有两种主要的校准方法，一种是基本参数法（FP 法），另一种是经验系数法。基本参数法可以用纯的元素或化合物，或用少数几个给定基体组分的参考物质来进行校准。它主要校正元素间的吸收增强效应，校准物与样品越相似，其结果的正确度就越好。经验系数法利用一组标准样品，根据标准样品所给出的组分参考值和测得的强度，使用线性或者非线性回归的方法求得影响系数，并结合能够对基体和光谱干扰进行校正的校准算法来分析。很多时候它是根据不同的分析对象建立相应的数学模型，对于多种基体材料的分析需要多种校准方法。然而，对于筛选检测来说，对相似的基体材料使用同一经验校准方法是可能的，校准物应涵盖基体中每一种元素的全部含量范围。

各个仪器供应商针对不同型号的设备会有不同的推荐校准方法，对同一机型不同材质样品，也会推荐不同的基体校准方法。市场上有些仪器，已针对特定的应用进行了优化、校准和预先设定，这类仪器可直接调用专用的标准曲线来分析，不需要仪器用户重新建立标准曲线，但每次测试样品前应用标准样品验证应用此标准曲线获得实际测量样品结果的正确度。

7.2.4.8　试验校正方式的选择

试验校正方式包括校正曲线法（外标法）、内标法、标准加入法。

① 校正曲线法是以待测元素浓度和待测元素强度拟合曲线，再用于定量的方法。校正曲线法要求标准样品和测试样品的物理化学形态、分析元素的浓度范围、基体匹配度尽可能一致。

② 内标法是指以待测元素相对强度比和浓度绘制工作曲线的方法。在 XRF 分析中，内标法的相对强度比可根据选择内标的不同而有所不同，可以是：分析线荧光强度与内标线的荧光强度比、分析线荧光强度与靶线的相干散射线的强度比、分析线荧光强度与靶线的康普顿散射线的强度比以及分析线荧光强度与其邻近背景强度比。所以内标法又分为内标元素加入法、散射背景内标法、靶线的康普顿散射线内标法、比例常数法和修正的比例常数法。

内标元素加入法的优点是可以补偿吸收增强效应和仪器漂移，可以减小样品的物理形态（形状、规则性、颗粒性、紧实性、玻璃熔融块表面纹理、液体试样含有气泡或者试样和标品热膨胀不一致等）对分析结果的影响。缺点是对大多数固体、薄膜和小零件试样，加入内标并制备出均匀的加标样品是十分困难的。

散射背景内标法是基于分析线荧光强度和散射辐射强度比，基本与基体无关，对于激发条件、样品的颗粒度、粉末致密度等多种变化因素不灵敏，分析过程中不用加入内标元素或者其他试剂，操作简便并能获得准确的结果。

靶线的康普顿散射线内标法基于靶线的康普顿散射线强度与无限厚样品的质量吸收系数成倒数关系。该方法的优点是可以补偿基体影响和节省背景的测量时间，在基体变动较大的情况下提升准确性。

③ 标准加入法常用于测定一些复杂样品中的单一元素，且其含量低于1%。此方法样品制备操作比较复杂，但一般不需要标样和校正曲线，对于不经常分析或者一时难以获得标准样品的情况比较有用。样品需制成熔融物和液体试样，这样便于标准物质的添加。若用粉末样品，则需仔细混匀。

实验室在用 EDXRF 分析法建立具体某一应用的仪器方法时，应该通过靶材、X 射线管的管电压和管电流、适用谱线、准直器大小、滤光片、测定时间、基体校准模式和试验校正方式的选择和优化，建立最佳的操作条件，以便实际应用中在操作便利性高、仪器灵敏度佳和光谱干扰小之间获取最好的平衡点。

7.2.5 方法的持续优化

在一个完整的 EDXRF 方法的建立过程中，需先初步确认样品取样、制备、待测样品在仪器上的放置要求等；再采用优化后的仪器参数条件用标准品进行方法特性参数的验证，最终制订出常规适用的样品准备、仪器操作和数据出具步骤。方法确认或验证中所采用的标准物质基体类型有限、材质均一性高、干扰情况少，而实际样品基体类型、表面特性等十分复杂。因此，在大多数情况下，还需要针对具体某些类别的样品制订对应的操作要求，尤其是光谱干扰方面，以避免过多的假阳性（误判为不合格）的情况。常见的调整包括管电压、测试时间、基体校准模式和试验校正方式。

采用不同的设备，会导致某些存在光谱干扰或者基体效应的样品结果的正确度和检出限不同。因此，换用不同设备时，针对具体特殊样品的操作步骤进行一定微调是必不可少的。

7.2.6 方法确认

以下将结合 XRF 的特点，对新建立的 EDXRF 分析方法进行确认，包括方法的某些特性参数（如选择性、线性范围、检出限、精密度、正确度和稳健度等）的确认及一些需要注意的地方。同时，由于 XRF 相关的有证标准物质数量有限，能力验证和实验室间比对不多，因此常用方法比对，即将 EDXRF 测试结果和湿化学测试结果比较，来确认方法是否能满足预期目标。或者寻找合适的参考物质或质控样定制供应商，定制出均匀的样品，来进行方法精密度或正确度的确认。

7.2.6.1 选择性

一般情况下，可通过测试一定数量的代表性样品空白，检查在目标分析物出现的区域是否有干扰来确认方法的选择性。但由于 EDXRF 方法存在光谱干扰校正的局限性以及受基体的影响较大，待测目标物受干扰情况在实际测试中并不能完全被排除。

方法开发时，可以通过查核文献资料，采用合适的方法尽量减少光谱干扰。实在避免不了的，可以结合方法预期用途进行评估。例如，干扰导致结果偏大，虽然该方法假阳性率有所增加，但由于筛出阳性的样品需用湿化学测试进行结果确认，EDXRF 方法假阳性并不影响最终结果，仍然可用。

样品基体对 EDXRF 的影响较大，因此进行方法确认时，应尽量按材质区分，制订不同的测试参数和方法。可行的方式是按照方法的预期用途或预期的样品中的主成分，分别制订参数和方法，分别进行选择性的确认。

7.2.6.2 精密度

在可获得有证标准物质的情况下，可参考第 1 章中的方式，重复测量多次待测目标物质，从而获得平均值、标准偏差和相对标准偏差。

但更多的情况下，很难找到满足需要的有证标准物质，因此，此时的精密度的考察，可以选用质控样品或参考物质，用其对应的基体曲线进行定量测试 7 次，计算其平均值、标准偏差和相对标准偏差。

基于方法的预期用途对精密度进行确认。例如，测试方法的预期用途是作为产品质量筛分，有明确的上限或下限，则可只做限量附近浓度水平的精密度确认。如果方法的预期用途是作为定量测试，则最好选择曲线线性范围内的高、中、低三个浓度水平进行精密度确认。

同时，由于 EDXRF 的特殊性，样品的形状和外形会对结果造成影响。因此，所采用的均匀样品，其形状和外形最好与方法预期的测试样品一致。例如，预期测试的样品形状为颗粒状，则方法确认时所选择的一定含量的均匀样品，其外观形状也最好是颗粒状。如果测试方法预期的测试样品外观形状各异，则在做方法精密度确认时，需要将形状的差异带来的影响考虑进去，可尽量多找或定制多个外形的均匀样品，以对整个方法的精密度进行确认。

7.2.6.3 方法检出限和筛选方法的筛分限

由于 XRF 测定方法存在明显的基质效应，必须采用与样品相同基质的样品空白对方法检出限进行评估。具体见第 1 章 1.4.2。

应注意的是，某些元素的样品空白测试结果一直都是 0，对应的标准偏差也是 0。此时，应该采用低浓度水平含量的标准物质或均匀样品代替样品空白来评估其方法检出限。

由于 EDXRF 方法操作快捷，实际运用中常常被作为筛选方法，需要建立对应的筛分限。根据预期目的，筛分限可以是双边各有一个限值，也可以是单边的。

例如，参考 IEC 62321-3-1：2013 的附录 A.3，双边筛分限可以针对每个分析物评估在选择置信水平下的扩展不确定度 U，结合受限物质的最大允许值 L 获得；分别设置低于限值的筛分限（$P=L–U$）和高于限值的筛分限（$F=L+U$）。考虑光谱干扰和基体效应在 XRF 测试中的影响，评估扩展不确定度时应尽可能多地考虑不同的情况。

7.2.6.4 正确度

在可获得有证标准物质的情况下，可参考前面章节中的方法，重复测量多次待测目标物质，获取平均值后除以参考值计算正确度，从而对正确度进行确认。基于方法的预期用途对正确度进行确认。例如，测试方法的预期用途是作为产品质量筛分，有明确的上限或下限，则可只做限量附近浓度水平的正确度确认。

正确度可用回收率 R 表示，$\overline{X}$ 表示重复测量多次待测目标物质获得的平均值，X_{ref} 为 CRM 的参考值。

$$R = \frac{\overline{X}}{X_{\text{ref}}} \times 100\%$$

由于 XRF 相关的有证标准物质数量有限，也可以通过组织或参加实验室间比对来评估方法的正确度。

另外，也可以通过不同方法间的比较，如与 ICP-OES 方法之间的比较来评价方法的正确度。

7.2.6.5 线性范围

基于方法的预期用途对线性范围进行确认。例如，测试方法的预期用途是作为产品质量筛分，有明确的上限或下限，则可不做测试方法的线性范围确认。

如果方法的预期用途是作为半定量或定量测试，则参照第 1 章进行线性范围的确认。选用需要验证的样品基体类型对应的同一基体类型的不同目标物含量的标准品，测定它们在一定仪器条件下的响应值，将目标物含量和响应值拟合成曲线。考察形成的曲线的相关系数是否满足标准的线性要求，或参考 GB/T 27417—2017《合格评定 化学分析方法确认和验证指南》的要求。实际工作中，不一定能完美找到

6 个同基质的 CRM，但至少应包括高、中、低 3 个浓度水平。针对金属类基质的样品或一些特殊基质的样品，一般采用 FP 法（基本参数法）代替标准曲线法，这种情况下不需要验证相关系数。

7.2.6.6 稳健度

除了仪器条件、基体校准模式和试验校正方式外，日常操作中样品的形状、尺寸、厚度和样品在仪器中放置的状态，都可能出现与标准物质不一样的情况，这些差异均可明显影响测试的结果。

可以设计特定试验来进行方法稳健度的研究。例如，预期样品为颗粒样品，其尺寸大小不同对测试结果有一定的影响，其稳健度确认可以参考如下的方式：选择已知含量的均匀样品，分别称取同样重量不同粒径的样品，随机 7 次放入带有 6μm 厚聚酯支撑膜的直径为 25mm 的 PE 样品杯中，用同一方法测试，计算测量平均值、正确度、标准偏差和相对标准偏差。可以了解选择的试验校正方式对样品形状、样品间空隙情况的变化情况，以便选择出合适的模型，以适应实际样品形状多样或出现多样品堆叠测试的情况。

7.3　标准方法的验证

对于标准方法的验证，一般通过以下几个步骤进行：首先，列出方法开发计划；其次，核对现有资源和标准中要求的资源之间的差距，将必需的资源补充完整；再次，根据方法是精准测定方法还是筛选方法、用于定性还是定量的不同，验证不同的技术性能参数；最后，根据技术性能参数的结果获得验证结论并形成《方法开发计划与验证报告》作为验证记录。

7.3.1　检测资源的验证

通常检测资源的验证从"人、机、料、法、环"等方面展开，其目的是了解现有资源是否满足标准要求，并做出及时的反馈和协商，补充必需的资源后再开展方法验证工作。

7.3.1.1　人员

人员方面需满足方法及相应法律法规对人员资质的要求，如专业和从事检测行业时间的要求；人员在 XRF 原理、设备结构和原理、仪器操作、数据分析、方法验证要求方面是否进行了培训并经考核确认其具备相应的技能和能力；人员是否属于授权进行方法开发的人员。

7.3.1.2 仪器、物料、设施和环境

核对现有仪器、设备的规格、性能是否满足标准规定的要求，是否在计量有效期内。

核对实验室是否具备标准规定的标准物质，或者标准没有要求但标准的检测对象可能会遇到的测试基体匹配的标准物质。相应的标准物质的浓度范围是否可以覆盖控制筛选限值或者定量限值。核查标准品证书，确认所有的测试目标物是否均有定值、定值方式是否满足要求。

核查现场的试剂是否具有标准要求的所有品种，各种试剂是否能满足标准的纯度要求。

核查检测环境和设施是否满足标准的要求、仪器设备使用的要求，标准品、试剂和耗材存放的要求及人员操作的安全要求。

当样品制备时需使用液氮冷却或者使用的 XRF 光谱仪需使用液氮冷却时，还需确认所用气体满足技术和质量控制要求，人员经受过相应的安全培训并能进行正确的操作。

检测资源验证表见表 7-2。

表 7-2　检测资源验证表

项目	标准方法要求	实验室现有情况	是否满足标准要求
仪器			
标准物质			
试剂			
设施和环境条件			
其他			

7.3.1.3 检测方法

核查开发的方法是否为最新有效版本。必要时，核查是否需要补充方法使用的细节以确保应用的一致性。

7.3.2　验证参数的选择

日用品领域使用 X 射线荧光光谱仪进行筛选的标准方法，是一种半定量分析方法。一般情况下，实验室需要参照定量分析方法的验证方式，对实验室运用该方法

时的方法检出限、线性范围、精密度和正确度进行验证。

7.3.3 方法特性参数的验证

7.3.3.1 线性范围

线性范围的验证具体可参考 7.2.6.5。

7.3.3.2 方法检出限

方法检出限的验证具体可参考 7.2.6.3。

7.3.3.3 精密度和正确度

精密度和正确度的验证具体可参考 7.2.6.2 和 7.2.6.4。

7.4 应用实例——电子电气产品 RoHS 筛选检测的方法验证

7.4.1 目的

验证实验室是否具备执行 IEC 62321-3-1：2013《电子电气产品中特定物质分析 第 3-1 部分 铅、镉、汞、总铬和总溴的含量 XRF 筛选法》的能力。

7.4.2 方法摘要

样品处理和仪器方法参照 IEC 62321-3-1：2013。将待测样品从送检样品中取出，在保证代表性的情况下，最好是取出块状样品且确保面积足以完全覆盖 X-射线源窗口，放入 XRF 进行分析。如果样品是颗粒状，则取 3g 样品，堆叠于样品杯中，确保覆盖 X-射线源窗口，再将样品杯连同样品一起放入 XRF 进行分析。本标准涉及多种元素的测量，为避免篇幅过长，本案例仅将以塑料材质并只检测其中的铅为例进行说明。

如 IEC 62321-3-1：2013 章节 4 的说明，此标准是一个筛选方法，目的是通过筛选出接近限量的样品，再采用湿化学测试获得更为准确的结果，从而达到减少湿化学测试量的目的。标准中的表 A.2 给出了推荐的安全因子及筛分限，根据本方法的应用需要，本方法验证将采用定量分析的要求针对检出限、线性范围、精密度和正确度与相关要求进行逐一验证，并确认在实验室现有的操作条件下，验证实验室所制订的筛分限是否满足要求。

7.4.3　试剂与仪器条件参数

（1）试剂

① MAT（modern analytical techniques LLC）的 PE 塑料系列标准物质。

② GBW 08405 PP 塑料标准物质。

③ GBW（E）083090 PP 塑料标准物质。

④ GBW（E）083091 PP 塑料标准物质。

⑤ CRM EC 680m LDPE 塑料有证标准物质。

⑥ CRM EC 681m LDPE 塑料有证标准物质。

⑦ GBW（E）081636 ABS 塑料标准物质。

⑧ GBW（E）081638 ABS 塑料标准物质。

（2）仪器条件参数

设备型号：日立 SEA 1000A，带形状校正模式，具体仪器条件参数见表 7-3。该类参数仅供参考，不同的仪器型号的设置可能不同，实验室需自行优化。表 7-3 的设置为某实验室自行优化后的条件参数。

表 7-3　仪器条件参数

测试元素	定量方式	分析线	管电压/kV	管电流/μA	滤波器	准直器/mm	测试时间/s
Pb	标准曲线	L_α	50	自动	Pb 用	5	60

7.4.4　方法特性参数验证

（1）线性范围

分别采用 PE 基体的不同铅含量的标准物质，建立适合塑料分析的铅含量和响应值的标准曲线（表 7-4）。由于该方法为筛选方法，采用同基材最少 3 个点的方式，建立标准曲线。从试验结果可见，线性相关系数 r 为 0.9999，因 IEC 62321-3-1 方法对此没有明确要求，可参考 GB/T 27417—2017《合格评定　化学分析方法确认和验证指南》中对相关系数的通用要求，确认本次验证活动中获得的线性相关系数 r 符合通用要求。

表 7-4 电子电气产品 RoHS 检测项目方法的验证——曲线线性

标准物质的浓度/（mg/kg）	0	408	1213
强度/（×10⁻²cps/uA）	0.1	187.2	539.8
斜率/×10⁻²	0.4440		
截距/×10⁻²	2.487		
相关系数（r）	0.9999		

（2）检出限

虽然这是一个筛选方法，但按 IEC 62321-3-1：2013 标准 8.4 的 d 条款要求，方法检出限应低于 30%报告限，因此需要先进行方法检出限的评估。

取大于 5mm×5mm×2mm 的 PE 塑料样品空白，在重复性条件下，将其放置于 EDX 的照射孔处，然后选取标准曲线法进行测试。因 IEC 62321-3-1：2013 中有规定检出限的评估方法，优先采用标准的评估方法。通过独立测试 10 次，获得 10 次测试结果，可计算结果的平均值、标准偏差，从而可据此算出塑料中铅的方法检出限为 4mg/kg（表 7-5）。

参考 IEC 62321-3-1：2013 标准中表 A.2，实验室内部制订报告限为 700mg/kg，那么方法检出限（4mg/kg），小于报告限的 30%（210mg/kg），满足标准要求。

表 7-5 检出限的测定

基体	元素	测定浓度值/（mg/kg）									
		1	2	3	4	5	6	7	8	9	10
PE 塑料	Pb	12	10	11	12	12	10	13	12	12	9
SD/（mg/kg）		1									
MDL（3×SD）/（mg/kg）		4									

正如 IEC 62321-3-1：2013 标准 8.4 中提及，方法检出限会随测试样品的材料的材质或形状等发生变化。因此制订实验室的报告限时需要充分考虑这些因素。如实验室获得的黄铜合金片的检出限为 41mg/kg，而实验室设置的报告限仅为 100mg/kg，那么该方法合金样品的检出限就不能满足低于 30%报告限的要求。

（3）精密度和正确度

IEC 62321-3-1：2013 方法比较特殊，存在一个由实验室内部制订的筛分限，因此实验室需要明确自身技术要求，对该筛分限设定是否会造成误判进行确认。标准方法对于精密度和正确度就有如下两个要求，本次方法验证需针对这些要求，分别予以验证。

① 标准中对于 Pb 含量大于 100mg/kg 的精密度和正确度提出了要求，对此进行验证。

在 IEC 62321-3-1：2013 标准 10.2，对于 Pb 含量大于 100mg/kg 的精密度和正

确度有明确的要求。因此，选择电子电气产品中常用塑料材质的 CRM 样品，PP 基质的 CRM GBW 08405 和 GBW（E）083090、ABS 基质的 CRM GBW（E）081636 进行测试。每个样品重复测定 7 次，计算测量平均值、平均回收率、标准偏差和相对标准偏差（表 7-6）。试验结果证明，实验室应用该方法进行测试，方法的精密度和正确度优于标准要求，具体的验证结果判定见表 7-7。

表 7-6　IEC 62321-3-1：2013 方法精密度和回收率试验验证结果

序号	基体	元素	CRM目标浓度 / (mg/kg)	测定值/ (mg/kg)							平均值 / (mg/kg)	平均回收率 /%	SD / (mg/kg)	RSD /%
				1	2	3	4	5	6	7				
1	PP 聚丙烯 GBW 08405	Pb	981	1040	974	999	1050	1009	1020	1005	1009	103	26	3
2	ABS GBW（E）081636	Pb	378	434	426	418	444	402	433	386	420	111	20	5
3	PP 聚丙烯 GBW（E）083090	Pb	102	89	99	105	89	101	94	102	97	95	6	7

表 7-7　IEC 62321-3-1：2013 方法精密度和正确度的验证结果判定

序号	基体	元素	项目	验证结果	标准中的要求	是否满足标准要求
1	PE 塑料	Pb	RSD/%	3	<20[①]	满足
			回收率/%	103	80~120[①]	满足
2	ABS 塑料	Pb	RSD/%	5	<20[①]	满足
			回收率/%	111	80~120[①]	满足
3	PP 塑料	Pb	RSD/%	7	<20[①]	满足
			回收率/%	95	80~120[①]	满足

① 见标准 IEC 62321-3-1：2013 的 10.6。

② 实验室内部基于自身需要制订的筛分限，是否满足正确性要求。

IEC 62321-3-1：2013 是一个筛选方法，结合附录 A 的内容，实验室将 Pb 的报告限设置为 700mg/kg。因此，其对应的筛选下限为 700-3σ（标准偏差），其中，3σ 的计算参考 IEC62321-3-1：2013 8.4d。选择电子电气产品中常用塑料材质的 CRM，PE 基质的 EC 680m 和 EC 681m、ABS 基质的 GBW（E）081636 和 GBW（E）081638、PP 基质的 GBW（E）083091 等分别进行 10 次独立测试（表 7-8）。通过计算可获得相关的筛选下限，然后将测试结果与筛选下限进行比较，确认是否存在误判的情况。

表 7-8　电子电气产品 CRM 测试结果

CRM 编号	基体	目标浓度 / (mg/kg)	1	2	3	4	5	6	7	8	9	10
EC 680m	LDPE	11.3	22	22	20	21	19	16	18	18	25	21
EC 681m	LDPE	69.7	92	96	90	89	77	86	82	80	87	86

GBW（E）081636	ABS	378	434	426	418	444	402	433	386	431	378	400
GBW（E）081638	ABS	1122	1163	1257	1204	1135	1195	1145	1199	1136	1137	1150
GBW（E）083091	PP	298	301	290	286	297	299	292	290	276	312	303

注：此处可根据实验室的实际，直接采用检出限评估时的数据以减少方法验证工作量。

试验结果证明，实验室应用筛分限进行筛选测试，没有出现误判，因此满足实验室自身正确性的要求（表 7-9）。

表 7-9 筛分限的正确性的验证

CRM	标准偏差 s	3σ (=3s)①	平均值 /（mg/kg）	筛分限 /（mg/kg）	备注
EC 680m	3	9	20	700-9	10 次测试结果均小于筛分限，没有误判
EC 681m	6	18	86	700-18	10 次测试结果均小于筛分限，没有误判
GBW（E）081636	22	66	415	700-66	10 次测试结果均小于筛分限，没有误判
GBW（E）081638	40	120	1172	700-120	10 次测试结果均大于筛分限，没有误判
GBW（E）083091	10	30	295	700-30	10 次测试结果均小于筛分限，没有误判

① 见 IEC 62321-3-1：2013 附录 A.3.e。

7.4.5 结论

经检出限和筛分限、线性范围、精密度和正确度的方法特性验证，相关的结果均优于或达到标准要求，因此本实验室具备按照 IEC 62321-3-1：2013《电子电气产品中特定物质分析 第 3-1 部分 铅、镉、汞、总铬和总溴的含量 XRF 筛选法》筛选分析电子电气产品均质材料、塑料材质中铅的能力。

参 考 文 献

［1］刁桂年. X 射线荧光光谱分析的新进展［J］. 现代仪器与医疗，2003（3）1-5.

［2］吉昂. X 射线荧光光谱三十年［J］. 岩矿测试，2012，31（3）：383-398.

［3］孙灏，李树美，康士秀，等. 安徽琅琊山铜矿植物和土壤重元素同步辐射 X 射线荧光分析［J］. 光谱实验室，2004，21（2）：224-228.

［4］华巍，黄宇营，何伟，等. 同步辐射高分辨 X 射线荧光光谱仪及其应用进展［J］. 核技术，2004，27（10）：740-743.

［5］康士秀，沈显生，姚焜，等. 同步辐射 X 射线荧光分析在植物微量元素分析中的应用［J］. 自然科学进展，2001，11（10）：273-277.

［6］陈远盘. 全反射 X-射线荧光光谱的原理和应用［J］. 分析化学，1994，22（4）：406-414.

［7］ 周南，文青. 第 12 届全反射 X 射线荧光分析以及相关方法会议（Ⅱ）［J］. 分析试验室，2009，28（3）：123-124.

［8］ 王国栋，谭继廉，付克明，等. 全反射 X 荧光分析技术及其应用［J］. 核电子学与探测技术，2002，22（3）：268-271.

［9］ 王凯，金樱华，李晨，等. 全反射 X 射线荧光光谱法同时测定复混肥料中钒铬锰铁镍铜锌铅［J］. 岩矿测试，2012，31（1）：142-146.

［10］ 李秋实，魏周政，程鹏亮，等. 滤光片对透射式微型 X 光管谱线影响的 MC 数值模拟分析［J］. 核电子学与探测技术，2017，37（1）：47-50.

［11］ 宋苏环，黄衍信，谢涛，等. 波长色散型 X 射线荧光光谱仪与能量色散型 X 射线荧光光谱仪的比较［J］. 现代仪器，1999（6）47-48.

［12］ 杨明太，张连平. WDXRF 光谱仪与 EDXRF 光谱仪之异同［J］. 核电子学与探测技术，2008，28（5）：1008-1011.

［13］ 吉昂. EDXRF 和 WDXRF 的比较：帕纳科第十届用户技术研讨会论文集［C］.

［14］ 合格评定 化学分析方法确认和验证指南：GB/T 27417—2017［S］.

［15］ Determination of certain substances in electrotechnical products-Part 3-1：screening-Lead，mercury，cadmium，total chromium and total bromine using X-ray Fluorescence Spectrometry：IEC 62321-3-1：2013［S］.

第 **8** 章

测量不确定度
的评估

8.1 概述

8.1.1 不确定度的发展

测量不确定度的概念最早出现在 1963 年，由原美国标准局的统计专家埃森哈特（Eisenhart）在研究"仪器校准系统的精密度和准确度估计"时提出。1980 年国际计量局在征求了 32 个国家的计量院及 5 个国际组织的意见后，推荐用测量不确定度评估测量结果，1981 年第 70 届国际计量委员会讨论通过了该建议。

1986 年国际计量委员会要求国际计量局（BIPM）、国际电工委员会（IEC）、国际标准化组织（ISO）、国标法制计量组织（OIML）、国际理论和应用物理联合会（IUPAP）、国际理论和应用化学联合会（IUPAC）以及国际临床化学联合会（IFCC）一同起草了测量不确定度评估的指导文件。经过 7 年的修改与讨论，上述 7 个组织于 1993 年联合发布了《测量不确定度表示指南》（Guide to the Expression of Uncertainty in Measurement，以下简称 GUM）和第 2 版《国际通用计量学基本术语》（International Vocabulary of Basic and General Terms in Metrology，以下简称 VIM）。这两份文件奠定了测量不确定度评估的基础。

GUM 主要介绍物测量不确定度基本理论，尤其适用于物理参数测量的不确定度评估。化学分析因涉及复杂的前处理过程和检测设备，需要通过多检测步骤得出最终结果，虽然 GUM 文件基本原理在该领域仍然适用，但在实际工作中，评估这类测试的不确定度存在较大的技术困难。1995 年欧洲分析化学中心（A Focus for Analytical Chemistry in Europe，以下简称 EURACHEM）结合化学分析测量的实际情况，应用广义测量不确定度理论，与分析化学国际溯源性合作组织（Co-operation on International Traceability in Analytical Chemistry）共同合作，于 2000 年出版了《化学分析中不确定度的评估指南》（EURA-CHEM/CITAC Guide Quantifying Uncertainty in Analytical Measurement），为化学分析测量不确定度评估提供重要参考。

我国于 1998 年正式发布 JJF 1001—1998《通用计量术语及定义》，其中大部分内容与 VIM 相对应。1999 年发布 JJF 1059—1999《测量不确定度评定与表示》，其中概念及不确定度评估流程与 GUM 完全一致。这两份文件奠定了我国不确定度评估的基础，目前这些文件都已经得到了更新。2019 年 3 月 15 日中国合格评定国家认可委员会发布了 CNAS-GL006《化学分析中不确定度的评估指南》，其内容等同采用 EURACHEM 相关文件，是现阶段化学分析测量不确定度评估的指导文件。

8.1.2　化学分析不确定度的特点

化学分析以分析样品中的某种化学成分含量为目的，大多数参数的数值无法依靠感观或工具直接获得，因此通常需要经过复杂的前处理及仪器分析，才能得出最终结果。一般包含样品称量、萃取、标准曲线配制和仪器分析等步骤，每一个步骤都包含不确定度。测试人员需分析哪些步骤会影响测试结果，并了解检测过程中每一分析步骤带来的不确定度，准确理解并计算每一不确定度分量，才能正确评估检测结果的不确定度。

化学分析不确定度的评估涉及的分量有质量、体积、回收率、精密度、运算法则（如最小二乘法）等。测量不确定度的评估实际上就是对测量不确定度的溯源过程。

8.1.3　不确定度的来源

从广义上区分，测量不确定度有两种基本来源：一种是概念上的不确定度，即定义不确定度；另一种是测量过程的不确定度。概念上的不确定度来源于对测量工作和测试样品的描述不准确。一个好的分析检测方法，除本身的测试过程准确之外，还需要将测试的对象及概念描述清楚，否则即使实验室出具了准确的检测报告及不确定度，报告结果却不代表产品的真实数值。本章不对概念不确定度进行讨论。

化学分析测量过程的不确定度来源于多种因素，如环境影响因素、测试人员操作、方法准确度、仪器分辨率、标准物质纯度、标准曲线拟合等。

8.1.4　误差和不确定度

误差和不确定度的定义见本书 1.1.1 中相关内容。

在缺乏有证标准物质（CRM）的情况下，实验室难以计算测试结果的误差，而不确定度评估正好弥补了这个缺点。不确定度评估实际上就是对测试过程中各个分量的误差或最大误差的评估，并将这些经过标准化的误差值合成为最终不确定度。

表 8-1 给出了用百分之一天平和万分之一天平称量 10g 砝码的结果，用来说明误差和不确定度的一些区别。从表中结果可以看出，仅从平均值的误差判断，有时会错误认为百分之一天平称量结果更准确，但实际上这么理解不完全正确。百分之一天平的测量结果的扩展不确定度远大于万分之一天平，即其结果的分散性较大。当然，如果仔细比较发现，百分之一天平的测量值 2 和测量值 3 的误差也远远大于万分之一天平的单次测定误差。

表 8-1 不同天平对 10g 砝码的测试结果 　　　　　　　　　　 单位：g

项目	测量值1	测量值2	测量值3	平均值	误差	扩展不确定度（k=2）
百分之一天平	10.00	10.01	9.99	10.00	0	0.40
万分之一天平	10.0013	10.0046	10.0051	10.0037	0.0037	0.0040

8.1.5　不确定度的应用

对产品检测不确定度的评估将有助于企业判断临近限值的产品所面临的风险。各国的法规常常对产品的某些化学物质设定一个含量限值。例如，食品中的营养元素的含量，通常被要求大于限值，而有毒物质的含量被要求低于规定限值。当测试结果接近限值时，仅通过结果数值大小来判断产品是否合格，而没有考虑不确定度，这是不恰当的。

例如，某企业出口产品，在国内 A 实验室测试结果为 950mg/kg，小于但接近限值 1000mg/kg。但当产品被出口到国外时，B 实验室测试结果可能是 1020mg/kg，此时因结果超过限值，产品被认定为不合格。产生这样的风险是因为没有结合测量不确定度来评估产品的符合性。

在 CNAS-GL015：2018《声明检测或校准结果及与规范符合性的指南》中，对上限符合情况有 4 种解释，参见图 8-1。情况 1：结果高出限值，超过一倍扩展不确定度；情况 2：结果高于限值，但不超过一倍扩展不确定度；情况 3：结果低于限值，但不超过一倍扩展不确定度；情况 4：结果低于限值，超过一倍扩展不确定度。

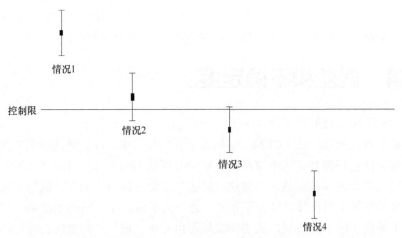

情况1：结果高出限值，超过一倍扩展不确定度　　情况2：结果高于限值，但不超过一倍扩展不确定度　　情况3：结果低于限值，但不超过一倍扩展不确定度　　情况4：结果低于限值，超过一倍扩展不确定度

图 8-1　不确定度和符合性限值

情况 1 解释为不符合，情况 4 通常解释为符合。通常化学分析的扩展不确定度 $k=2$，代表 95% 的置信区间。情况 1 可以解释为测试结果有 95% 的可能性超过限值，在统计上属于大概率事件，可以判断为不符合。情况 2 和情况 3 虽然结果超过/符合限值，但结果的不确定度会导致真值可能符合/超过限值。在情况 2 和情况 3 的情形下，测试机构可以与客户沟通，告知相关的风险；即使需要依据限值出具合格与否的结论，也可以在测试结果中，增加列出该结果不确定度的评估结果。

8.2　标准不确定度的评估方法

8.2.1　化学分析中的主要评估方法

在评估不确定度的时候，往往习惯于分为 A 类和 B 类不确定度两种评估方法。A 类评估由测量序列结果的统计学分布得出，如对规定条件下多个测量结果统计获得不确定度分量的方法；而 B 类评估则是通过不同于 A 类评估的方式，如利用已有的资料获得不确定度分量的方法。如果认为一个参数的不确定度有 A 类和 B 类的区分，这种理解并不恰当。A 类和 B 类不确定度的区别在于评估的方式不同。两种不确定度在本质上没有任何区别。A 类和 B 类标准不确定度在最终合成不确定度的计算中的权重都是一样的，它们都基于概率分布，都用方差或标准差定量表示。

8.2.2　不确定度的 A 类评估

在重复性条件下得出 n 个测试结果 x_k，对期望值的最佳估值可以用平均值 $\bar{x}$ 表示。

$$\bar{x} = \frac{1}{n}\sum_{k=1}^{n} x_k$$

用标准偏差 $s(x_k)$ 表示测试值 x_k 的上下分散性，也可以看作是样本中任一结果的标准差。常用标准偏差来评估一个数据样本的分散性，当测试次数趋于无限大时，样本的标准偏差 $s(x_k)$ 更接近于总体偏差 σ。

$$s(x_k) = \sqrt{\frac{1}{n-1}\sum_{k=1}^{n}(x_k - \bar{x})^2}$$

通常用算术平均值 $\bar{x}$ 为最终的测量结果，用平均值的试验标准差 $s(\bar{x})$ 来表示平均值 $\bar{x}$ 的上下波动范围（ISO GUM 中表述为 experimental standard deviation of mean，

ESDM），也用来表述平均值 $\bar{x}$ 的标准不确定度。为了统一符号，一般用 $u(\bar{x})$ 表示平均值的标准不确定度。

当测试数据足够多，n 趋于无限大，平均值的标准不确定度趋于无限小。这种方式得到的平均值之所以能称为真值，正是因为它的不确定度，即平均值的标准不确定度 $u(\bar{x})$ 无限趋于零。

$$u(\bar{x}) = \frac{s(x_k)}{\sqrt{n}}$$

在方法验证/确认过程中，对同一样品进行多次试验，通过多次验证试验获得的数据，可计算评估出精密度的标准不确定度。

例如，实验室采用 ICP-MS 对同一塑料样品中的铅含量进行 10 次重复性检测，结果见表 8-2。

表 8-2　ICP-MS 测试塑料中 Pb 含量结果

重复测试次数	1	2	3	4	5	6	7	8	9	10
测试结果/（mg/kg）	9.44	9.64	10.79	11.03	11.06	10.94	8.16	9.07	9.76	9.28

由表 8-2 可知，平均值为 9.92mg/kg，标准偏差为 0.99mg/kg。按照 $u(\bar{x})=s(x_k)/\sqrt{n}$，计算平均值引入的不确定度：

$$u(\bar{x})=0.99/\sqrt{10}=0.31（mg/kg）$$

如果，以上每一次测试的结果，都是两个平行样的平均值。那么，此时平均值的不确定度：

$$u(\bar{x}) = \frac{s(x_k)}{\sqrt{n}} = \frac{0.31}{\sqrt{2}} = 0.22（mg/kg）$$

8.2.3　不确定度的 B 类评估

通过已有的给定信息和数据来评估标准不确定度，是根据给定的相关信息，通过假设一个分布函数得到的。给定的信息包括但不限于：

① 对有关技术资料和测量仪器特性的了解和经验；

② 仪器制造商提供的技术文件；

③ 校准、检定证书提供的数据、准确度的等级或级别，包括使用的极限允差；

④ 统计手册或资料给出的参考数据及其不确定度；

⑤ 检测方法的国家标准或相关文件给出的重复性限 r 或再现性限 R。

国家标准检测方法常常包含回收率要求和复现性指标，参考 CNAS-GL006：2019 的 7.6，在时间或资源不足的特殊情况下，实验室可以直接引用标准方法中的回收率和复现性数据计算不确定度，而无须通过做大量的再现性或中间精密度条件下的试验，再按 A 类评估统计的方法计算不确定度。例如，GB/T 22048—2015《玩具及儿童用品中特定邻苯二甲酸酯增塑剂的测定》给出了 6 种邻苯二甲酸酯增塑剂的回收率要求为 85%~115%，蓝色 PVC 中 DEHP 结果的复现性相对标准偏差为 14.9%，可以根据这两个数据对正确度、不确定度及复现性不确定度进行计算评估。具体的评估方法参见 8.5.2.5 有关内容。某些测量的"参考值"通常会在测量仪器的校准/检定报告中体现，同时校准/检定报告中也会给出不确定度的评估值。"参考值"的作用是告诉用户在使用这个数据的时候，如果忽略了标定报告的数值，在测量中将存在多大的系统误差。从使用者的角度来看，"参考值"的不确定度可以被直接采用。以下案例中，将说明如何通过查阅现有资料、证书、技术文件等资料实现不确定度的评估。

化学测试过程中，常通过允差、再现性限等数据来评估不确定度，并使用表 8-3 中三种分布函数来计算标准不确定度。

表 8-3　几种常见概率分布使用情况和标准不确定度的计算

分布函数	分布图形	在下述情况使用	不确定度
矩形分布		证书或其他技术规定给出了界限，但未规定置信水平（如 25mL±0.05mL）。估计值是以最大区间（-a,a）形式给出的，但未给出分布的形状	$u(x) = \dfrac{a}{\sqrt{3}}$
三角分布		所获得的有关 x 的信息不仅限于矩形分布。靠近 x 中间的数值比接近两边界的可能性更大。估计值是以最大区间（-a,a）形式给出的，并具有对称分布	$u(x) = \dfrac{a}{\sqrt{6}}$
正态分布		估计值是对随机变化过程的重复测量给出的。不确定度是以标准偏差 s、相对标准偏差 $s/\bar{x}$ 或方差系数 CV% 给出的，未给出分布。不确定度以 95%（或其他）置信水平，区间为（x-c,x+c）给出，未规定分布	$u(x)=s$ $u(x)=s(s/\bar{x})$ $u(x)=\dfrac{\text{CV}\%x}{100}$ $u(x)=c/2$（95%置信水平） $u(x)=c/3$（99.7%置信水平）

矩形分布的例子：如果限值±a给出时没有给定置信水平，测量值在区间内各处出现的机会均等，或者没有理由认为测量值在中间出现的机会大于区间两侧位

置，通常假定其为矩形分布，标准偏差为 $\dfrac{a}{\sqrt{3}}$。例如，证书给出 10mL A 级容量瓶允差为 ± 0.2mL，则该标准不确定度为 $\dfrac{0.2}{\sqrt{3}} = 0.12$（mL）。

三角分布的例子：如果限值 $\pm a$ 给出时没有给定置信水平，但是有理由认为测量值在中间出现的机会大于区间两侧位置，通常假定其为三角分布，标准偏差为 $\dfrac{a}{\sqrt{6}}$。例如，校准证书给出 10mL A 级容量瓶允差为 ± 0.2mL，但日常内部检查表明，容量"标称值"靠近极限值的可能性极小，则标准不确定度为 $\dfrac{0.2}{\sqrt{6}} = 0.08$（mL）。

正态分布的例子：当不确定度的评估是源于以前的结果和数据时，已经用标准偏差的形式表示了，且给出了带有置信水平的置信区间（用 $\pm a$ 表示，并指明 p），则可假定其为正态分布。

8.3 不确定度评估的一般程序

进行化学分析不确定度的评估，一般采用自下向上（bottom-up）的方法。该方法被认为是测量不确定度的经典方法，被国际组织普遍认同，主要通过以下几个步骤进行测量不确定度的评估：

① 规定被测对象；
② 找出不确定度的主要来源；
③ 量化不确定度的各种来源；
④ 对标准不确定度进行合成。

8.3.1 规定被测对象

被测对象需明确说明，这样有助于标识任何可能需要考虑的不确定度分量，以及对评估过程中某些干扰信息及时排除。同时，还需清晰地写明被测量和被测量所依赖的输入量的关系，如化学测试结果的完整计算公式。

8.3.2 识别不确定度的主要来源

列出不确定度的可能来源，包括识别参数的不确定度的来源及其他来源。列出不确定度中的因果图是评估不确定度的首要的工作。

化学分析中典型的不确定度来源主要有：

① 取样。不同样品间的一致性（或样品的非均匀性）以及取样程序存在的潜在偏差等影响，该部分的影响一般难以评估。

② 测量设备的影响。如分析天平的准确度、控/测温仪器的偏差等。

③ 标准物质的不确定度的影响。包括其纯度或定值不确定度以及稀释步骤引起的不确定度。

④ 试剂纯度。试剂厂家通常只标明纯度不低于某规定值，纯度水平的假设将会引进一个不确定度分量。

⑤ 测量条件。如使用玻璃容器时与校准该容器时的环境温度不同。

⑥ 样品本身。如复杂基体中对被分析物的回收率的影响、测量分析仪器的响应可能受基体成分的影响。

⑦ 计算过程。如所选择的校准模型和标准曲线的影响及修约的影响。

⑧ 操作人员。操作人员读取模拟仪表的示值、对测试方法作出稍微不同的解释或试验操作手法稍微不同时，均会对测量造成影响。

⑨ 随机因素的影响。

8.3.3　量化不确定度分量

分析了不确定度来源后，将各个因素的因果关系理顺，然后根据本章 8.2 对各个不确定度进行单独的量化，本节不再叙述。

8.3.4　合成标准不确定度

一旦不确定度的各种分量被确定，并量化为标准不确定度，评估不确定度的步骤就变得简单了。有些分量的不确定度是扩展不确定度，需要先换算为标准不确定度后，再逐级合成标准不确定度。表 8-4 列出了不同计算公式的合成标准不确定度。

表8-4　合成标准不确定度计算公式

计算公式	合成不确定度	计算公式	合成不确定度
$y=a+b$	$u(y)=\sqrt{u^2(a)+u^2(b)}$	$y=ab$	$u(y)=y\sqrt{\left(\dfrac{u(a)}{a}\right)^2+\left(\dfrac{u(b)}{b}\right)^2}$
$y=a-b$	$u(y)=\sqrt{u^2(a)+u^2(b)}$	$y=a/b$	$u(y)=y\sqrt{\left(\dfrac{u(a)}{a}\right)^2+\left(\dfrac{u(b)}{b}\right)^2}$

8.3.5　不确定度的扩展

扩展不确定度就是在标准不确定度的基础上，考虑测量值的概率分布，并将标准不确定度扩展成一个概率区间，从而确定真实值有多大的概率落在这个区间内。例如，百分之一天平称量的测量值为 10.00g，合成标准不确定度为 0.15g，那么扩展不确定度为（$10.00\pm k\times 0.15$）g。k 是扩展不确定度的包含因子，对于大约 95% 的置信水平，k 值为 2，表示样品的质量真值有 95% 的可能落在（10.00 ± 0.30）g 范围内。

8.3.6　不确定度报告

在一份常规的测试报告中，常见的信息包括测试样品、测试方法、测试结果、结论等，一般不包括测试结果的不确定度。如果对每个试验数据都出具不确定度将会极大增加实验室的成本。以下几种情况不需要计算不确定度：

① 测试结果小于检出限；
② 测试结果小于 1/2 限值；
③ 测试结果大于 2 倍限值。

当测试结果在限值附近的时候，就很有必要通过测量结果及其不确定度来判断产品是否合格，不能仅仅通过结果与限值的简单数字比较来判断是否合格。报告中除了测试结果，还需要报告扩展不确定度以及置信水平，其报告结果的形式可为：（$y\pm U$）（单位），$k=2$，并加以文字描述"本报告给出的扩展不确定度是由合成标准不确定度乘以置信水平为 95% 时对应的包含因子 k 得到的"。

例如，邻苯二甲酸酯的测试结果为（900 ± 60）mg/kg，$k=2$，表示样品中邻苯二甲酸酯的结果有 95% 的可能会分布在 840~960mg/kg 范围内。

8.4　化学测试不确定度评估方法及步骤

化学测试的步骤比较复杂，需要经过样品称量、溶剂萃取、浓缩净化、定容、仪器分析等步骤。最终结果的不确定度取决于各个步骤获得的测试数据的不确定度，只有熟练掌握化学测试中的每一个分量结果的不确定度计算，才能在最终结果不确定度计算中做到游刃有余。

以 GB/T 22048—2015《玩具及儿童用品中特定邻苯二甲酸酯增塑剂的测定》为例，测试过程概述为：称量 1.0g 样品，用 80mL 二氯甲烷进行索氏提取，然后定容至 25mL，用 GC-MS 分析溶液中的浓度。通过以下四个步骤评估这一方法的不确定度。

第一步，了解结果的计算公式。标准中，根据公式 $X_i = \dfrac{cV}{m}$ 计算样品中邻苯二甲酸酯增塑剂的浓度。

第二步，利用因果图，计算并获得公式中各个参数的标准不确定度或合成标准不确定度。

公式中 m 是样品的质量，由天平直接称量得出，用天平示值 1.0000g 进行结果计算，同时也要分析天平的不确定度。

公式中 V 是定容体积，用 25mL 的容量瓶定容的最终结果就是 25mL，实际情况有可能会因为容量的校准及允差，导致真实体积为 25.01mL；也有可能因为实验员的定容操作误差，导致真实体积是 24.90mL。这些因素都将在体积不确定度计算中考虑到。

公式中 c 是通过仪器标准曲线计算出的溶液浓度。标准曲线的配制涉及标准品的不确定度，标准品称量、定容的不确定度和曲线拟合的不确定度。溶液的浓度与方法的精密度和正确度有关系。与精密度有关的不确定度来源于实验员操作过程的随机误差，对同一个试验进行 n 次重复，得到 n 次结果，取平均值进行最终结果计算，n 次结果的标准偏差就是与精密度有关的不确定度。与正确度有关的不确定度来源于测试方法本身存在系统。GB/T 22048—2015 方法测试过程中，在二氯甲烷索氏提取以及浓缩过程中，邻苯二甲酸酯都有可能损失，导致溶液的实际浓度比真实浓度低。

图 8-2 为 GB/T 22048—2015 方法测试过程中不确定度评估因果图，图上的每一个因素都是需要进行不确定度评估的对象。

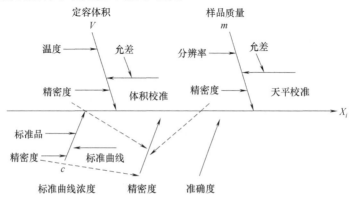

图 8-2　GB/T 22048—2015 方法测试过程中不确定度评估因果图

第三步，通过计算获得最终结果的合成标准不确定度。由于化学测试的计算公式中，各个参数的单位不同，如质量的单位为 g，体积的单位为 mL。所以，计算化学分析结果的合成标准不确定度时，常将标准不确定度转为相对标准不确定度之后，再进行合成。

第四步，获得扩展不确定度，并与结果一起进行表示。

化学试验中，有些不确定度分量在多个测试方法中均有使用，下面将逐一对这些不确定度分量的评估进行详细介绍。

8.4.1　质量测量的标准不确定度

质量在化学分析中必不可少，标准物质需要称重，样品需要称重，有时测试过程中加入的试剂也需要称重，每一次称重都存在一定的误差，从而引入了不确定度。因此，实验员需要区分清楚每个质量在测试过程中的作用，才能准确地评估质量的不确定度分量大小。

质量测量不确定度分量来源有三种：重复性、可读性（天平的最小分辨率）和天平校准的不确定度。

8.4.1.1　重复性

由天平的重复性产生的误差叫作随机误差，温度波动、湿度波动、电子干扰、机械振动、操作人员的不稳定性、天平的不稳定性都会造成同一个样品有不同的称量结果。按 8.2.1 介绍的 A 类评估的方法，对同一样品反复称量，用统计的方法可以得出与重复性相关的标准不确定度分量（表 8-5）。

表 8-5　天平称量中与重复性相关的标准不确定度分量（A 类评估）

万分之一天平测量值/g	与平均值之差/g
10.0013	0.00063
10.0025	0.00183
9.9989	−0.00177
10.0046	0.00393
10.0021	0.00143
9.9948	−0.00587
9.9972	−0.00347
10.0051	0.00443
10.0033	0.00263
9.9969	−0.00377
平均值	10.00067
标准偏差	0.0035
平均值的试验标准偏差	0.0011

8.4.1.2 分辨率

可读性不确定度，也叫分辨率不确定度，来源于电子显示的结果。分辨率的大小决定了分辨率不确定度的大小。实验室常用的万分之一天平，分辨率是 0.0001g，在 0.00005~0.00015g 之间的物体都会被显示为 0.0001g。例如，表 8-5 中第一个称量值 10.0013g，样品的真实重量可能是 10.00125~10.00135g 之间的任何一个数值，且出现的概率均等，属于矩形分布，在这个区间的称量值都会被天平四舍五入为 10.0013g。

与分辨率相关的标准不确定度分量 $u(x_{分辨率})=a/\sqrt{3}$。

如图 8-3 所示，天平的分辨率是 1g，在 2g±0.5g 的区间内的质量都被当成 2g，且概率均等，2a=1g，计算得出标准不确定度分量：

$$u(x_{分辨率})=0.5/\sqrt{3}=0.29（g）$$

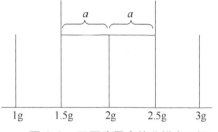

图 8-3　天平称量中的分辨率区间

8.4.1.3 天平校准

天平校准的不确定度源于天平本身的系统偏差。这一分量的评估通常采用 B 类评估方法，一般有两种方式。一种方式是通过查询校准证书获得不确定度。这种方式直接引用检定证书的不确定度，比较简单。但由于校准时针对的是某一具体校准点对应数值（如 1g 或 10g 等），当天平被用于称取不是校准时所采用的质量（如 0.1g）时，从证书上无法直接获得该不确定度。

另一种方式是通过天平的最大允许误差（MPE）评估不确定度。天平出厂前需要按照 JJG 1036—2008《电子天平检定规程》对其进行检定，经过检定后的天平可以获得相应的检定证书，证书上一般有 MPE，可用于不确定度的评估。

检定证书首页给出天平的等级Ⅰ或Ⅱ（本书不讨论Ⅲ、Ⅳ等级的天平），其代表着天平的最大允许误差（MPE）。表 8-6 列出了两种级别天平不同载荷质量的最大允许误差。以Ⅰ级天平为例，在称量 0~5g 样品的时候，最大的误差不会超过±0.5mg。称量质量为 1g 的样品，真实质量分布在 1g±0.5mg 这个区间内，属于矩形分布。知道了最大允差，又清楚该测试结果的概率分布，根据公式计算允差标准不确定度：

$$u(x_{MPE})=a/\sqrt{3}=0.5/\sqrt{3}=0.29（mg）$$

表 8-6　天平等级、最大允差及标准不确定度

最大允许误差	载荷质量		标准不确定度
	Ⅰ级	Ⅱ级	
±0.5mg	0g≤m≤5g	0g≤m≤0.5g	0.29mg
±1.0mg	5g<m≤200g	0.5g<m≤2g	0.58mg
±1.5mg	200g<m	2g<m≤100g	0.87mg

综上所述，已经分析了质量测量不确定度分量的三种来源，因此可以将不确定度分量进行合并，计算出最终的质量合成标准不确定度：

$$u_c(x_{质量}) = \sqrt{u^2(x_{重复性}) + u^2(x_{分辨率}) + u^2(x_{MPE})}$$

每次称量都需要称一次零点、称一次毛重，每一次称重均为独立观测的结果，两者的影响是不相关的，则 $u(x_{MPE})$ 需要计算两次，因此质量合成标准不确定度修订为：

$$u_c(x_{质量}) = \sqrt{u^2(x_{重复性}) + u^2(x_{分辨率}) + 2u^2(x_{MPE})}$$

实验室在方法确认/方法验证过程中会进行重复性试验，其中就已经包括了质量结果的重复性，因此上述公式中的 $u(x_{重复性})$ 也可以合并到方法的重复性不确定度中，不需要单独考虑称量步骤引入的不确定度计算，因此质量合成标准不确定度 $u_c(x_{质量})$ 简化为：

$$u_c(x_{质量}) = \sqrt{u^2(x_{分辨率}) + 2u^2(x_{MPE})}$$

表 8-7 列出了不同规格、不同等级天平的不确定度分量及合成标准不确定度。天平规格决定了分辨率的标准不确定度，而与天平等级无关。天平的级别经检定后，就确定了 MPE，MPE 的标准不确定度也就确定了，唯一变化就是不同载荷下的 MPE。表 8-7 除了给出不确定度信息外，还给实验室选择天平提供了依据。以称 10mg 标样为例，用 Ⅰ 级和 Ⅱ 级的万分之一天平的合成标准不确定度都是 0.409mg；用 Ⅰ 级和 Ⅱ 级的十万分之一天平的合成标准不确定度都是 0.0409mg。这样一比较，就容易判断出 Ⅱ 级十万分之一天平是最好的选择。同样可以得出称量 1g 样品最佳的天平是 Ⅱ 级千分之一天平。

表 8-7　不同规格、不同等级天平的不确定度分量及合成标准不确定度

| 百分之一天平 | Ⅰ级 | Ⅱ级 | 分辨率 | MPE | 合成标准 |
MPE	质量范围	质量范围	不确定度	不确定度	不确定度
±50mg	0~500g	0~50g	2.887mg	28.87mg	40.9mg
±100mg	500~20000g	50~2000g	2.887mg	57.74mg	81.7mg
±150mg	>20000g	2000~10000g	2.887mg	86.60mg	122.5mg
千分之一天平	Ⅰ级	Ⅱ级	分辨率	MPE	合成标准
MPE	质量范围	质量范围	不确定度	不确定度	不确定度
±5mg	0~50g	0~5g	0.2887mg	2.887mg	4.09mg
±10mg	50~2000g	5~200g	0.2887mg	5.774mg	8.17mg
±15mg	>2000g	200~1000g	0.2887mg	8.660mg	12.25mg
万分之一天平	Ⅰ级	Ⅱ级	分辨率	MPE	合成标准
MPE	质量范围	质量范围	不确定度	不确定度	不确定度
±0.5mg	0~5g	0~0.5g	0.02887mg	0.2887mg	0.409mg
±1.0mg	5~200g	0.5~20g	0.02887mg	0.5774mg	0.817mg
±1.5mg	>200g	20~100g	0.02887mg	0.8660mg	1.225mg

| 十万分之一天平 | Ⅰ级 | Ⅱ级 | 分辨率 | MPE | 合成标准 |
MPE	质量范围	质量范围	不确定度	不确定度	不确定度
±0.05mg	0~0.5g	0~0.05g	0.002887mg	0.02887mg	0.0409mg
±0.1mg	0.5~20g	0.05~2g	0.002887mg	0.05774mg	0.0817mg
±0.15mg	>20g	2~10g	0.002887mg	0.0866mg	0.1225mg

8.4.2 体积测量的标准不确定度

体积测量的不确定度来源有三种：重复性、量器校准和温度波动。

8.4.2.1 重复性

量取体积过程的重复性会产生随机误差，伴随着与重复性相关的不确定度。实验员对凹液面位置的判断会引起对同一体积量取的重复性误差。前面已经了解过天平重复性不确定度的计算方法，体积重复性不确定度的计算方法也是一样的。例如，对 100mL 容量瓶重复 10 次量取，得出标准偏差是 0.020mL，那么与重复性相关的不确定度分量：

$$u(x_{重复性})=s(x_k)/\sqrt{n}=0.020/\sqrt{10}=0.0063（mL）$$

在常见化学分析方法的不确定度评估过程中，会在方法确认/方法验证过程中进行重复性试验，这就已经包含了定容的重复性，因此体积重复性相关的不确定度分量，可以合并到方法重复性相关的不确定度分量中。

8.4.2.2 量器校准

量器校准的不确定度来源于量器的系统误差，通过校准可以获得其实际的准确体积和系统误差。量器校准一般根据 JJG 196—2006《常用玻璃量器检定规程》和 JJG 646—2006《移液器检定规程》进行。以实验室常见的两种量器（容量瓶和移液器）为例，量器校准的不确定度分量可以采用校准证书进行评估，也可以采用容量允差进行评估。

（1）采用校准证书进行不确定度分量评估

当对容器校准不确定度要求很高时，如标准溶液生产、标准物质浓度标定，应对实验过程中的容器都进行检定，以获得容器准确体积及其不确定度。此时参与计算的体积不是标称容量，而是其校准后的准确体积。例如，表 8-8 为标称 100mL 容量瓶和 1000μL 移液器的校准证书结果，应使用 100.003mL 或 1000.08μL 这两个数值，其不确定度可以直接引用报告中的扩展不确定度，通过 B 类评估可以得知标准不确定度分别为 0.070/2=0.035（mL）和 0.68/2=0.34（μL）。

表 8-8　容量瓶及移液器校准证书结果

容量瓶标称容量 /mL	实际容量 /mL	标准不确定度 /mL	扩展不确定度 U（$k=2$） /mL
100	100.003	0.035	0.070
移液器标称容量 /μL	实际容量 /μL	标准不确定度 /μL	扩展不确定度 U（$k=2$） /μL
1000	1000.08	0.34	0.68

（2）采用容量允差进行不确定度分量评估

前面介绍的方法需要对每一个量器体积进行校准，实际一般检测实验室往往很难做到，对于未经过校准的容量瓶，由于没有校准证书，无法采用证书上的扩展不确定度，但可以根据供应商提供的容量瓶的等级，查到对应的允差，通过允差来计算不确定度。表 8-9 给出了 JJG 196—2006 中规定的两种级别容量瓶的允差。合格的容量瓶，体积误差不会超过最大允差。以 100mL 容量瓶为例，该容量瓶属于 A 级，同一批次 100mL 容量瓶的标准不确定度可以按照最大允差评估。由于容量瓶的容量允差属于三角分布，在确定容量瓶刻度的时候需要观察凹液面，不管是用人眼还是感应器观察，对凹液面位置的判断大多数会靠近中心点，而偏离中心的概率极小。即：

$$u(V_{校准})=允差/\sqrt{6}=0.10/\sqrt{6}=0.041（mL）$$

表 8-9　容量瓶允差

容量瓶标称容量 /mL	1	2	5	10	25	50	100	200	250	500	1000	2000
容量允差 A 级 /±mL	0.01	0.015	0.02	0.02	0.03	0.05	0.10	0.15	0.15	0.25	0.40	0.60
容量允差 B 级 /±mL	0.02	0.03	0.04	0.04	0.06	0.10	0.20	0.30	0.30	0.50	0.80	1.20

移液器体积允差不确定度评估与容量瓶体积允差不确定度类似。表 8-10 给出了 JJG 646—2006 规定的不同移液器的允差。刻度移液器的允差属于三角分布，其不确定度计算公式为：

$$u(V_{校准})=允差/\sqrt{6}$$

数字移液器的允差属于矩形分布，其不确定度计算公式为：

$$u(V_{校准})=允差/\sqrt{3}$$

表 8-10　移液器允差

标称容量 /±mL	0.01	0.02	0.04	0.05	0.1	0.2	1	5	10
容量允差 /±mL	0.0008	0.0008	0.0012	0.0015	0.002	0.003	0.01	0.03	0.06

8.4.2.3　温度波动

温度波动会引起物体的热胀冷缩。玻璃容量瓶、玻璃移液器、移液枪头、移取液体的体积会随温度波动而变化。但相对于液体膨胀系数来说，容器的体积膨胀系数要小很多，可以忽略，主要考虑由于实验室温度波动对溶剂造成的体积变化。通过实验室日常温度记录，判断实验室温度波动是属于矩形分布还是三角分布。如温度的波动在最小值和最大值之间较均匀分布，则判断为矩形分布；如温度的波动更加集中在某一数值附近，则判断为三角分布。

例如实验室温度记录显示一个月内的温度跨度从 21℃到 28℃，属于矩形分布，温度在（24.5±3.5）℃波动，用 100mL 容量瓶量取水的体积波动就是±（100×3.5×2.1×10^{-4}）=±0.074（mL），计算标准不确定度为：

$$u(x_{温度})=0.074/\sqrt{6}=0.043（mL）$$

8.4.3　标准溶液与标准曲线拟合的标准不确定度

标准物质、标准溶液和标准曲线是化学测试中重要的组成部分。标准物质是由授权机构生产、具有足够均匀的一种或多种化学特性的样品。标准物质是按批次生产的，从中抽样进行分析，满足均匀性特征后再定值、装瓶。标准物质作为测量的基准，标称值非常准确，但其标称值也是经过一系列测量和计算获得的，也有不确定度，因此正确理解标准物质的不确定度对化学测试的不确定度有重要意义。

标准物质在出厂时会附一份证书，证书上给定标准值及不确定度，计算测试结果不确定度时，可直接引用证书不确定度。

化学测试有单点定量和标准曲线定量两种常见定量方法，这两种方法的不确定度评估过程是不一样的。单点定量是指在相同的条件下对标准物质与被测样品进行独立测定，把得到的结果进行比较从而求得被测组分含量的定量方式。单点定量的标准物质只有一个浓度，为了定量准确，这个浓度最好与待测物浓度相近。以气相色谱测试溶液中甲苯含量为例，试样中被测物的含量计算公式为：

$$X = \frac{AC_sV \times 1000}{A_s m}$$

式中　X——试样中被测物的含量，mg/kg；

　　　C_s——标准溶液浓度，mg/mL；

　　　V——样品溶液定容体积，mL；

　　　m——称取样品的质量，g；

　　　A——试样溶液的色谱峰面积；

　　　A_s——标准溶液的色谱峰面积。

8.4.3.1 使用单点定量的不确定度分量评估

例如，用 C_s=10mg/L 的甲苯溶液单点定量，可以由纯度为 99% 的甲苯纯品配制 1000mg/L 储备液，再继续稀释为 100mg/L 中间储备液，再稀释为 10mg/L 的标准工作溶液。最终 10mg/L 标准工作溶液的标准不确定度来源于以下两个方面：

① 配制 1000mg/L 溶液引入的与体积和质量相关的不确定度；

② 与两次稀释操作相关的不确定度（移取上级储备液体积及定容体积）。

因此，需要将以上标准不确定度进行合成，才能得到 10mg/L 标准工作溶液的合成标准不确定度，而不能把证书的标准不确定度直接当成标准工作溶液的不确定度分量。

表 8-11 列出了 10mg/L 甲苯标准工作溶液的合成相对标准不确定度，质量的标准不确定度由允差和分辨率计算得出，体积的标准不确定度由允差和温度波动影响计算得出。最终得到所有分量的标准不确定度，因单位不同，需转化为相对标准不确定度后，再根据公式合成：

$$u_r(标准溶液)=\sqrt{u_r^2(m)+u_r^2(V_1)+u_r^2(V_2)+u_r^2(V_3)+u_r^2(V_4)+u_r^2(V_5)}$$
$$=\sqrt{0.409^2+0.115^2+0.577^2+0.115^2+0.577^2+0.115^2}$$

计算 10mg/L 甲苯标准工作溶液的合成相对标准不确定度为 0.93%。

表 8-11　10mg/L 甲苯标准工作溶液的合成相对标准不确定度

不确定度来源	数值	标准/扩展不确定度	相对标准不确定度
质量不确定度 $u(m)$	10mg	0.0409mg	0.409%
配制 1000mg/L 储备液体积不确定度 $u(V_1)$	10mL	0.0115mL	0.115%
移取 1000mg/L 储备液体积不确定度 $u(V_2)$	1mL	0.00577mL	0.577%
稀释制备 100mg/L 中间储备液体积不确定度 $u(V_3)$	10mL	0.0115mL	0.115%
移取 100mg/L 中间储备液体积不确定度 $u(V_4)$	1mL	0.00577mL	0.577%
稀释制备 10mg/L 标准工作溶液体积不确定度 $u(V_5)$	10mL	0.0115mL	0.115%
合成相对标准不确定度			0.93%
合成标准不确定度			0.093mg/L

8.4.3.2 使用标准曲线定量的不确定度分量评估

将标准物质配制成不同浓度的系列标准工作溶液，在与待测组分相同的条件下进样，以各标准工作溶液响应值对其浓度绘制标准曲线。标准曲线是将不同浓度标准溶液的响应值与浓度进行线性回归，通过最小二乘法拟合得到的。

图 8-4 中横坐标为标准溶液浓度，纵坐标为该浓度下的仪器响应值，浓度和响应值通过最小二乘法拟合得到曲线。实际响应值与拟合值之间的差为该标准曲线的残差，残差是标准曲线不确定度的主要来源。

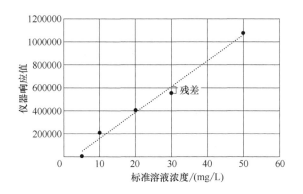

图 8-4 标准曲线

标准曲线的标准不确定度根据以下公式计算：

$$u\left(c_{曲线}\right)=\frac{S}{B}\sqrt{\frac{1}{P}+\frac{1}{n}+\frac{\left(C_0-\overline{c}\right)^2}{S_{xx}}}$$

式中 S——残差标准偏差，$S=\dfrac{\sum\limits_{j=1}^{n}\left[A_j-\left(B_0+B_1C_j\right)\right]^2}{n-2}$，$S_{xx}=\sum\limits_{j=1}^{n}\left(C_j-\overline{c}\right)^2$；

B_1——斜率；

B_0——截距；

P——测试 C_0 的次数；

n——标准溶液的测试次数；

C_0——溶液中被测物的浓度；

$\overline{c}$——n 个标准溶液测试结果的平均值；

A——标准溶液的响应值；

j——获得标准曲线测量次数，下标。

除了标准曲线拟合过程中产生的不确定度，标准曲线上的每一个浓度点都是由标准物质配制稀释得来的，同样会产生不确定度，需要综合考虑这两个不确定度。稀释所引入的标准不确定度，可选用标准曲线中与被测物浓度相近的那个浓度点来进行评估。

$$u\left(C_0\right)=\sqrt{u^2\left(c_{曲线}\right)+u^2\left(c_{稀释}\right)}$$

8.4.4 精密度的标准不确定度

与精密度相关的标准不确定度，在化学分析的不确定度评估中，常常用到以下两种情况。

8.4.4.1 使用协同方法开发和确认研究数据评估

越来越多的测量方法标准中，在方法开发和确认过程中会进行协同试验研究，最终在标准中以重复性限 r 和复现性限（再现性限）R 的形式给出方法的精密度水平。重复性限 r 用于表示在 95%的置信水平，重复性条件下两次独立测量结果之差的绝对值小于或等于极限值。复现性限 R 用于表示在大约 95%的置信水平，复现性条件下两次独立测量结果之差的绝对值小于或等于极限值。重复性和复现性相关的定义，见本书第 1 章。

当确认实验室目前的精密度落在这一范围的时候，可以使用以下公式来评估不确定度 S_R：

$$R=1.96 \times \sqrt{2}\ S_R=2.8S_R$$

$$S_R = \frac{R}{2.8}$$

由于重复性标准差来源于某一实验室短期内同一台设备的数据，而实际上实验室可能存在多台同型号设备，或由不同的人员以同一个测试方法进行测试，因此重复性标准差并不能代表引用这个数据实验室的中间精密度水平，也未能完全涵盖化学分析中全部的不确定度贡献，因此在这种情况下，一般不采用它来进行精密度的不确定度评估。

8.4.4.2 使用实验室内方法开发或验证数据评估

不少标准检测方法，并没有给出复现性限 R，因而需要实验室自行评估与精密度相关的标准不确定度。通过在重复性条件下对同一样品进行重复测试（一般 7~10次），然后根据结果的标准偏差计算获得的标准不确定度，并不是最佳的与精密度相关的标准不确定度的估计值。在实验室日常测试过程中，由于并不能保证同一方法同一样品均在重复性条件下进行，而是更加符合中间精密度的条件，因此采用中间精密度相关数据来评估这一不确定度分量更为合适。例如，在一段时间内，应尽可能由不同的分析人员操作和使用不同的设备对典型样品进行多次分析，获得其结果的标准偏差。或者，利用质量控制样品（QCM）的测量结果，获得与精密度相关的最佳不确定度估计值。

表 8-12 是食品中富马酸二甲酯的实验室测试结果。每个月对三种样品进行加标测试，六个月后得出面包样品的标准偏差为 0.048mg/kg，肉制品为 0.21mg/kg，酱菜为 0.24mg/kg。决定这 18 个数据样本偏差的自由度为 15，与精密度相关的标准不确定度为：

$$u\left(x_{\text{中间精密度}}\right)=\sqrt{\frac{\left(n_1-1\right)s^2\left(k_1\right)+\left(n_2-1\right)s^2\left(k_2\right)+\left(n_3-1\right)s^2\left(k_3\right)}{\left(n_1-1\right)+\left(n_2-1\right)+\left(n_3-1\right)}}$$
$$=0.18\ (\text{mg/kg})$$

表8-12　食品中富马酸二甲酯的实验室测试结果

测试样品	面包/（mg/kg）	肉制品/（mg/kg）	酱菜/（mg/kg）
加标值	5.0	5.0	5.0
1 月	4.39	5.12	4.78
2 月	4.35	5.09	5.26
3 月	4.48	4.88	5.11
4 月	4.44	5.28	4.96
5 月	4.45	5.48	5.33
6 月	4.39	5.01	4.84
SD	0.048	0.21	0.22
标准不确定度			0.18
相对标准不确定度			3.6%

表 8-12 中相对标准不确定度是通过长期数据积累起来的不确定度,代表着这段时间内富马酸二甲酯测试结果的波动,此不确定度可以用于评估以后每个日常测试数据的复现性不确定度。日常测试中,如果每个样品都进行两次平行样测试,则测试数据的相对不确定度为:

$$u_\text{r}\left(x_{\text{中间精密度}}\right)=\text{RSD}/\sqrt{n}=3.6\%/\sqrt{2}=2.55\%$$

8.4.5　偏倚（回收率）的标准不确定度

偏倚反映的是实际测试结果与参考值的差距,在分析检测中最常见的方法是通过测试有证标准物质或通过测试样品加标获得对偏倚的估计。

8.4.5.1　回收率 R

实验室通过对有证标准物质多次重复测量得出的平均回收率只能得到该样品的回收率（有时习惯把它作为方法回收率 $\overline{R_\text{m}}$ ）,实际样品的回收率 R 还需要修正,主要包括基体差异修正因子 R_s 和被测物差异修正因子 R_A。

$$R=\overline{R_\text{m}}\,R_sR_A$$

$\overline{R_\text{m}}$ 是指按照指定测试方法在一个特定实验室中通过对有证标准物质多次测量得出的平均回收率,其不确定度由有证标准物质本身的不确定度和回收率试验测定的不确定度（一般考虑重复性标准差）两部分合成,即回收率试验所得到的标准值的不确定度。

R_s 是一个修正因子，用来修正回收率试验使用的标准物质或加标样品和实际样品的基体之间的差异。通常情况下，由于标准样品基体与实际样品不一定完全相同而产生 R_s，如果基体比较类似或基体效应不显著，该因子可不考虑。

R_A 是另外一个修正因子，用来修正回收率试验中添加的被测物质与实际样品中的被测物质存在状态的差异。例如，纺织品中甲醛的测试回收率试验，所添加的标准物质是游离甲醛，而实际纺织品中的被测物不一定全是游离甲醛。R_A 也可以用来修正被测物浓度水平与实际样品之间的差异。例如，食品中钠的测定，采用面包基体做回收率试验，其浓度水平为 10mg/kg；但实际样品的浓度水平为 50mg/kg，则需要用 R_A 修正回收率，不能只引用加标回收率试验的 $\overline{R_m}$。

在实际情况中，R_s 和 R_A 是非常难准确判断的，即使判断了差异，也非常难定量，因此在不确定度评估过程中，尽量使用与样品基体一致的 CRM，且浓度水平尽可能接近，此时计算回收率不确定度可只考虑 $\overline{R_m}$，简化了不确定度的评估。

8.4.5.2 $\overline{R_m}$ 的计算及其不确定度分量的评估

$\overline{R_m}$ 的不确定度评估取决于所使用的测试方法的适用范围和有效性，与所使用的回收率试验方法有密切的联系。

① 通过有证标准物质获得回收率，并评估其不确定度。

$$\overline{R_m} = \frac{\overline{C_T}}{C_C} \times 100\%$$

式中　$\overline{C_T}$ ——重复分析 CRM 的测试值的平均值；

　　　C_C ——CRM 证书参考值。

$\overline{R_m}$ 的不确定度来源于计算 $\overline{C_T}$ 时重复性带来的不确定度和 CMR 证书上标准值的不确定度。这两种不确定度单位不一致，需要转化为相对标准不确定度后才能合并。

$$\left(\frac{u(\overline{R_m})}{\overline{R_m}}\right)^2 = \left(\frac{s(C_T)}{\sqrt{n}C_T}\right)^2 + \left(\frac{u(C_C)}{C_C}\right)^2$$

式中　$s(C_T)$ ——重复分析 CMR 的测试值的标准差；

　　　n ——测试重复次数；

　　　$u(C_C)$ ——CRM 证书给出的不确定度，一般为扩展不确定度，需要换算为相对标准不确定度后才能进行合成。

② 通过样品添加被测物质获得回收率，并评估其不确定度。

$$\overline{R_m} = \frac{\overline{C_T}}{C_{加标}} \times 100\%$$

式中　$\overline{C_T}$ ——重复分析加标样品的测试值的平均值；

$C_{加标}$——计算的加标值。

$\overline{R_m}$ 的不确定度来源于计算 $\overline{C_T}$ 的不确定度和计算加标值的不确定度。这两种不确定度单位不一致，需要转化为相对标准不确定度后才能合并。加标值的计算由加标的标准溶液确定，其不确定度与标准溶液的质量和体积有关。

$$\left(\frac{u\left(\overline{R_m}\right)}{\overline{R_m}}\right)^2 = \left(\frac{s\left(C_T\right)}{\sqrt{n}C_T}\right)^2 + \left(\frac{u\left(C_{加标}\right)}{C_{加标}}\right)^2$$

③ 除了通过回收率试验对与偏差相关的不确定度分量进行评估外，也可以通过 B 类评估方式评估与偏差相关的不确定度分量。

标准方法中，给出的方法回收率范围是经过多家实验室协同验证的，具有代表性。实验室参考该标准方法进行检测，当确认实验室目前的回收率落在这一范围的时候，可以直接引用标准方法中的回收率范围计算偏差的标准不确定度。

$$u\left(\overline{R_m}\right) = \frac{回收率半宽}{\sqrt{6}}$$

回收率半宽即平均回收率上下波动的范围，根据测试经验，在平均回收率附近的概率比在回收率限值附近的概率要大，属于三角分布，因此选用除以 $\sqrt{6}$ 计算标准不确定度。

例如，方法规定了回收率为 75%~120%，回收率半宽为 22.5%，平均回收率为 97.5%，回收率的不确定度为 22.5%/$\sqrt{6}$ =9.18%。合成标准不确定度的时候，不要误把 9.18% 当成相对标准不确定度，应该计算相对标准不确定为 9.18%/97.5%=9.41%，才能进一步合成。

④ 回收率不确定度的修正。在使用回收率的时候，应当验证回收率与 100% 是否有显著性差异。如果有差异，是否对结果进行修正。

一般用 t 检验确定在一定置信水平（化学测试通常用 95% 置信水平）下的回收率与 100% 是否有显著性差异。

$$t = \frac{\left|1 - \overline{R_m}\right|}{u\left(\overline{R_m}\right)}$$

方法回收率平均值的标准不确定度的自由度为 n，统计量服从自由度为 $n-1$ 的 t 分布。表 8-13 给出了不同自由度下，95% 置信区间的 t 值。查 t 分布临界值表，得到一定置信水平下临界值 $t(n-1)$，如果 t 小于该临界值，则认为与 100% 无显著性差异。

表 8-13　不同自由度 n 下的 t 值（95% 置信区间）

$n-1$	3	4	5	6	7	8	9	10
$t(0.05,\ n-1)$	3.18	2.78	2.57	2.45	2.36	2.31	2.26	2.23

回收率无显著性差异时，不需要对回收率不确定度进行修正。

回收率有显著性差异时，如对结果进行回收率校正，不需要对回收率不确定度进行修正。

回收率有显著性差异时，如不对结果进行修正，需要对回收率不确定度进行修正。修正后的回收率不确定度为：

$$u\left(\overline{R_{m修正}}\right)=\sqrt{\left[\left(1-\overline{R_m}\right)/k\right]^2+u^2\left(\overline{R_m}\right)}$$

式中，k 为包含因子，根据对回收率与 100% 之间的差异确定，一般化学分析方法中 $k=\sqrt{3}$。

8.4.5.3 通过方法比对评估方法偏倚的标准不确定度

方法的偏倚也可以通过与其他参考方法的比较获得，从而评估其标准不确定度。这种方式也比较常用。将测定方法的结果与参考方法的结果进行比较，计算两个方法测定结果的算术平均值和标准偏差，然后计算合并标准偏差。采用 t 检验，检查两个方法的平均值是否存在显著性差异，当没有显著性差异时，测试方法偏倚的标准不确定度即为参考方法的标准不确定度与两个方法差值的标准不确定度的合成标准不确定度。具体可参考 CNAS-GL006：2019《化学分析中不确定度的评估指南》7.7.5。

8.5 应用实例

8.5.1 火焰原子吸收光谱法测定食品中铜含量的不确定度评估

8.5.1.1 概述

本实例以 GB 5009.13—2017《食品安全国家标准 食品中铜的测定》中第二法（火焰原子吸收光谱法）测定黄豆中铜含量的不确定度评估为例，介绍其评估过程和方法。

8.5.1.2 方法摘要

参考 GB 5009.13—2017《食品安全国家标准 食品中铜的测定》第二法火焰原子吸收光谱法，测定黄豆中铜含量。称量 0.5g 样品，加入 10mL 硝酸、0.5mL 高氯酸，在电热炉上加热至完全消解，取出消化管，冷却后定容至 10mL，用火焰原子吸收光谱仪分析。

8.5.1.3 被测量

测试结果计算公式：$X = \dfrac{(\rho - \rho_0)V}{m}$

式中　X——试样中铜的含量，mg/kg；
　　　　ρ——试样溶液中铜的浓度，mg/L；
　　　　ρ_0——空白溶液中铜的浓度，mg/L；
　　　　V——试样消化液的定容体积，mL；
　　　　m——试样称样量，g。

8.5.1.4 不确定度来源的识别

根据测试结果计算公式分析，影响铜检测结果的不确定度分量有：样品质量、消化液定容体积、试样溶液中铜的浓度、空白溶液中铜的浓度、方法的精密度、方法的正确度。图 8-5 分析了食品中铜含量的各种不确定度的来源及因果关系。

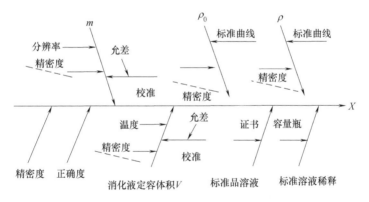

图 8-5　食品中铜含量不确定度因果图

样品质量的不确定度来源于天平允差、分辨率及精密度。

消化液定容体积的不确定度来源于容量瓶允差、温度波动对体积造成的影响以及精密度。GB 5009.13—2017 的湿法消解采用消化管定容，而消化管不是常见定容器皿，允差范围一般需要通过计量获得，因此，最好用容量瓶进行方法确认和不确定度评估。

试样溶液中铜的浓度的不确定度来源于标准曲线，空白溶液中铜的浓度的不确定度来源于标准曲线。如果默认空白溶液铜浓度为 0mg/L，则无需计算此项不确定度。试样溶液中铜的浓度和空白溶液中铜的浓度是由标准曲线分别计算得出的，需要分别考虑两个溶液浓度的不确定度。标准曲线又是由铜标准溶液逐级稀释而成的，因此还需考虑铜标准溶液的不确定度，以及位于标准曲线中间并与样品溶液浓度接近的标准溶液因稀释而产生的不确定度。

以上所有分量的精密度部分可以合并为方法的精密度。

8.5.1.5 不确定度分量的量化

① 样品质量的相对标准不确定度：

$$u_r(m) = \frac{\sqrt{u^2(x_{分辨率}) + 2u^2(x_{MPE})}}{m} = \frac{\sqrt{0.00002887^2 + 2 \times 0.0002887^2}}{0.5000} \times 100\%$$
$$= 0.0819\%$$

② 样品溶液定容体积的相对标准不确定度：

$$u_r(V_{样品体积}) = \frac{\sqrt{\left(允差/\sqrt{6}\right)^2 + \left(V_{温度波动}/\sqrt{3}\right)^2}}{V_{样品体积}}$$

A 级 10.00mL 容量瓶允差是 0.02mL，由允差产生的不确定度为 $0.02/\sqrt{6} = 0.00816$（mL）。

10.00mL 水溶液在 ±4℃的温度波动下产生的体积波动为 ±（$10.00 \times 4 \times 2 \times 10^{-4}$）= ±0.008（mL），标准不确定度为 $0.008/\sqrt{6} = 0.003$（mL）。

将 10mL 容量瓶体积校准不确定度和温度波动引起的体积不确定度合并，计算得出消化液定容体积相对标准不确定度。

$$u_r(V) = \frac{\sqrt{0.00816^2 + 0.003^2}}{10.00} \times 100\% = 0.087\%$$

③ 标准曲线不确定度来源于标准曲线的拟合，其不确定度计算公式特别复杂，计算的时候要仔细。

考虑计算结果扣除空白的情况，需要分别计算两次测试的不确定度。

测定 6 个铜的标准溶液及 1 个空白溶液，拟合的曲线为 $y=0.1485x+0.00036$（表 8-14）。

表 8-14　铜的标准曲线

曲线点	浓度值/（mg/L）	响应值
1	0.0	0.00040
2	0.1	0.01457
3	0.2	0.03049
4	0.4	0.05987
5	0.6	0.08939
6	0.8	0.11982
7	1.0	0.14827

分析曲线中间浓度 0.5mg/L 的标准不确定度为：

$$u\left(c_{曲线}\right)=\frac{S}{B_1}\sqrt{\frac{1}{P}+\frac{1}{n}+\frac{\left(C_0-\overline{c}\right)^2}{S_{xx}}}$$

式中 S——残差标准偏差，$S=\dfrac{\sum\limits_{j=1}^{n}\left[A_j-\left(B_0+B_1C_j\right)\right]^2}{n-2}$；

    B_1——斜率；

    B_0——截距；

    P——测试 C_0 的次数，此例中 0.1mg/L 溶液只测试一次，$P=1$，如果实际样品结果为两次结果平均值，$P=2$；

    n——测试标准溶液的次数，此例中有 5 个标准曲线溶液，每个点分析一次，$n=5\times1=5$；

    C_0——溶液中被测物的浓度，在方法验证时可以用曲线中间点浓度评估不确定度，在日常测试过程中，要用实际的样品溶液浓度；

    $\overline{c}$——n 个标准溶液测试结果的平均值；

    A——标准溶液的响应值；

    j——获得标准曲线测量次数，下标。

其中 $\left[A_j-(B_0+B_1C_j)\right]$ 表示残差，以 0.1mg/L 浓度点为例，$A_j=0.01457$，$B_0+B_1C_j=0.00036+0.1485\times0.1=0.01521$，曲线点 0.1mg/L 残差为 0.01457-0.01521=-0.00064。以此类推，计算得出 $S=0.000528$。

$$
\begin{aligned}
S_{xx}=\sum_{j=1}^{n}\left(C_j-\overline{c}\right)^2&=(0.0-0.4429)^2+(0.1-0.4429)^2+(0.2-0.4429)^2\\
&\quad+(0.4-0.4429)^2+(0.6-0.4429)^2+(0.8-0.4429)^2+(1.0-0.4429)^2\\
&=0.8371
\end{aligned}
$$

$$u(0.5\text{mg/L})=\frac{0.000528}{0.1485}\sqrt{\frac{1}{1}+\frac{1}{7}+\frac{(0.5-0.4429)^2}{0.8371}}=0.0038\,(\text{mg/L})$$

0.5mg/L 溶液的标准曲线的相对标准不确定度为：

$$u_r(c)=\frac{0.0038}{0.5}\times100\%=0.76\%$$

分析空白溶液的不确定度时，不能将铜浓度设为 0mg/L，否则无法计算不确定度。需要先用空白溶液的响应值 0.00040 计算出铜的浓度 0.0013mg/L，然后按照上述标准曲线不确定度评估方式，计算得到 0.0013mg/L 溶液浓度的相对不确定度为 311%。从中可以看出空白溶液中 0.0013mg/L 的不确定度非常大，这是因为其浓度在检出限以下，标准曲线不能准确计算这么低浓度的结果。

④ 1000mg/L 铜标准溶液的不确定度来源于证书。证书给出的扩展不确定度

$U=\pm18\text{mg/L}$，$k=2$。铜标准溶液的相对标准不确定度为：

$$u_{\text{r}}(\text{证书}) = \frac{18/2}{1000} \times 100\% = 0.9\%$$

⑤ 0.6mg/L 铜标准溶液稀释的不确定度来源于稀释过程及容量瓶不确定度。

先移取 1mL 铜标准溶液（1000mg/L）至 100mL 容量瓶中，并定容。再移取 6mL 铜标准中间液（10mg/L）至 100mL 容量瓶中，并定容。稀释过程用到 2 次 100mL 容量瓶及 1mL 和 6mL 移液器，需要考虑容量瓶及移液器的不确定度。100mL 容量瓶定容产生的不确定度需考虑允差及水的体积膨胀，其相对标准不确定度为 0.071%，1mL 和 6mL 移液器的不确定度需考虑允差及水的体积膨胀，其相对标准不确定度分别为 0.577% 和 0.289%，具体计算方法在本章已有详细说明，这里只是简述不确定度的合成。

0.6mg/L 铜标准溶液稀释引入的相对标准不确定度为：

$$u_{\text{r}}(\text{溶液稀释}) = \sqrt{(0.071\%)^2 + (0.071\%)^2 + (0.577\%)^2 + (0.289\%)^2} = 0.65\%$$

⑥ 与中间精密度和回收率相关的不确定度分量评估。在前面章节知道 B 类评估是根据给定的相关信息，通过假设一个概率函数得到的。但是 GB 5009.13—2017 方法中没有给出精密度和正确度的范围，只是要求在重复性条件下获得两次独立的测试结果的绝对差值不得超过算术平均值的 10%。本书第 2 章 2.4.1 按照这个要求进行了方法验证，但是测试数据并不足以用来分析不确定度。因此需要按照 A 类评估方式进行不确定度计算。

对证书结果为（10.2+0.5）mg/kg 的 GBW10013 黄豆样品，在一段时间内进行了 6 次测试，结果分别是 10.4mg/kg、10.2mg/kg、9.8mg/kg、10.0mg/kg、10.5mg/kg、10.3mg/kg，RSD=2.6%。

由于实际报告结果只进行了一次测试，未进行平行样检测，则与精密度相关的标准不确定度为：

$$u\left(x_{\text{中间精密度}}\right) = \text{RSD}/\sqrt{n} = 2.6\%/\sqrt{1} = 2.6\%$$

与偏倚（回收率）相关的相对标准不确定度为：

$$\left(\frac{u\left(\overline{R_{\text{m}}}\right)}{\overline{R_{\text{m}}}}\right)^2 = \left(\frac{s\left(C_{\text{T}}\right)}{\sqrt{n}C_{\text{T}}}\right)^2 + \left(\frac{u\left(C_{\text{C}}\right)}{C_{\text{C}}}\right)^2 = \left(\frac{2.6\%}{\sqrt{6}}\right)^2 + \left(\frac{\frac{0.5}{2}}{10.2}\right)^2 = 0.00071$$

$$u_{\text{r}}(\text{回收率}) = 2.7\%$$

8.5.1.6　铜测试结果的相对合成标准不确定度

铜测试结果的相对合成标准不确定度由上述分量的标准不确定度合成。由于标准品纯度不确定度和溶液稀释不确定度对最终合成标准不确定度贡献比较小，在计算合成标准不确定度时可以忽略。

$$u_r(x) = \sqrt{u_r(m)^2 + u_r(V)^2 + u_r(c)^2 + u_r(中间精密度)^2 + u_r(回收率)^2}$$

$$= \sqrt{(0.0819\%)^2 + (0.087\%)^2 + (0.76\%)^2 + (2.6\%)^2 + (2.7\%)^2} = 3.8\%$$

样品中铜含量的最终结果 $= \dfrac{0.5 \times 10}{0.5} = 10.0$（mg/kg），因此标准不确定度为：

$$u(x) = 10.0 \times 3.8\% = 0.38 (\text{mg/kg})$$

95%置信水平下包含因子 $k=2$，将合成标准不确定度乘以包含因子计算得到测量结果的扩展不确定度：

$$U(p) = k \times u(x) = 2 \times 0.38 = 0.76 (\text{mg/kg})$$

最终报告结果标注为铜含量：（10.0±0.8）mg/kg，$k=2$。

8.5.2 玩具中邻苯二甲酸酯增塑剂含量的测量不确定度评估

8.5.2.1 概述

本实例以实验室按标准方法 GB/T 22048—2008（已作废）测定玩具聚氯乙烯塑料中邻苯二甲酸酯增塑剂含量为例，介绍其不确定度评估过程和方法。该实例同时采用 A 和 B 类评估不确定度分量，并在对偏倚和精密度相关的不确定度分量评估中，直接采用了标准方法中的回收率数据和精密度数据（B 类评估方式）。这种利用标准方法给出的回收率数据和精密度数据的评估方式比较适合于实验室开始使用方法、缺失相关数据时，是一种快速的不确定度评估方法。如果方法已经使用一段时间，并收集了相关的回收率数据，则建议根据自身数据重新评估。

8.5.2.2 方法摘要

参考 GB/T 22048—2008《玩具及儿童用品 聚氯乙烯塑料中邻苯二甲酸酯增塑剂的测定》，测定聚氯乙烯塑料中邻苯二甲酸酯增塑剂含量。

取 1g 样品置于索氏抽提器纸筒中，加入 120mL 二氯甲烷，60~80℃提取 6h，然后将萃取液浓缩并定容至 25mL，用气相色谱-质谱联用仪分析，用总离子流色谱图进行定性，用邻苯二甲酸酯标准溶液曲线进行定量。因篇幅问题，以下仅以 DEHP 这一种物质相关的数据来示例。

8.5.2.3 被测量

将 DEHP 标准物质配制成 5000mg/L 标准储备液，再逐级稀释成 0.5~10mg/L 的系列标准工作溶液，用 GC-MS 分析后，得出校正曲线 $y=ax+b$。将萃取好的样品溶液用 GC-MS 分析，通过校正曲线得出溶液中 DEHP 的浓度（mg/L），由以下公式计算出样品中 DEHP 的含量：

$$X = \frac{cV}{m}$$

式中　X——样品中 DEHP 的含量，mg/kg；

　　　c——由校正曲线计算得到的 DEHP 浓度，mg/L；

　　　V——样品溶液定容体积，mL；

　　　m——测试样品质量，g。

8.5.2.4　不确定度来源的识别

影响样品中 DEHP 结果的不确定度分量有：样品质量、样品溶液定容体积、样品溶液中 DEHP 的含量、方法的精密度、方法的偏倚等。图 8-6 分析了聚氯乙烯塑料中 DEHP 含量的各种不确定度的来源及因果关系。

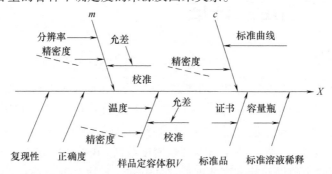

图 8-6　聚氯乙烯塑料中 DEHP 含量不确定度因果图

8.5.2.5　不确定度分量的量化

① 样品质量、样品溶液定容体积、标准曲线、DEHP 标准物质纯度及标准溶液稀释的相对标准不确定度评估方式与 8.5.1 案例类似，详细不确定度数值见表 8-15。

表 8-15　DEHP 结果的不确定度分量

不确定度来源	数值	标准不确定度	相对标准不确定度
样品质量	1.0000g	0.0004g	0.04%
样品溶液定容体积	25mL	0.0572mL	0.229%
标准曲线	2.0mg/L	0.056mg/L	2.8%
DEHP 标准物质纯度	99.5%	0.025%	0.025%
标准溶液稀释	2.0mg/L	0.0064mg/L	0.32%

② 与精密度相关的不确定度分量评估。由质量、体积等重复性引入的不确定

度分量，可以合并为方法整体重复性相关的不确定度。考虑到重复性标准差 s_r 来源于某一实验室短期内同一台设备的数据，而实际上实验室可能存在多台同型号设备，或由不同的人员按一个测试方法进行测试，因此重复性标准差并不能完全涵盖这一不确定度分量全部的不确定度贡献，使用 B 类评估方式来评估这一与精密度相关的不确定度分量时，可以引用此分析方法附录 D 中已有的复现性数据。

在 GB/T 22048—2008 附录 D 中，存在 13 家实验室做的两种不同浓度水平情况下样品的复现性数据，其中蓝色 PVC 中 DEHP 结果的复现性相对标准偏差为 14.9%。

引用这一 14.9% 的数据时，假定了蓝色 PVC 中 DEHP 结果的复现性，与本次测试样结果的复现性之间不存在显著性的差异。

③ 与偏倚相关的不确定度分量评估。由 GB/T 22048—2008 中的 8.3，可以知道此方法的回收率要求为 85%~115%。只要实验室经过方法验证，证明实验室使用这一分析方法时可以满足该正确度要求，就可以将方法中的回收率数据用于与偏倚相关的不确定度评估。

开始使用这一方法时，按照对于这类测试的一般经验，回收率的数据会比较集中在平均值的附近，分布假设为三角分布比矩形分布更为合适。此分析方法回收率在 100%±15% 的范围内波动，那么与正确度相关的相对标准不确定度为：

$$u_r(偏倚) = \frac{15\%}{\sqrt{6}} = 6.1\%$$

8.5.2.6　DEHP 测试结果的相对合成标准不确定度和扩展不确定度

由于采用了协同试验的复现性数据进行不确定度合成，只需要考虑那些未被协同试验包括的其他影响因素。表 8-15 中样品质量、样品溶液定容体积、DEHP 标准物质纯度以及标准溶液稀释这几方面引入的相对标准不确定度分量，均远小于与精密度相关的不确定度分量，因此可以忽略。

最终 DEHP 结果的相对合成标准不确定度为：

$$u_r(x) = \sqrt{u_r(c)^2 + u_r(复现性)^2 + u_r(偏倚)^2}$$

$$= \sqrt{(2.8\%)^2 + (14.9\%)^2 + (6.1\%)^2} = 16\%$$

样品中 DEHP 含量的最终结果 $= \frac{8.0 \times 25}{1.0000} = 200 \, (\text{mg/kg})$，因此标准不确定度为：

$$u(x) = 200 \times 16\% = 32 \, (\text{mg/kg})$$

95% 置信水平下包含因子 $k=2$，将合成标准不确定度乘以包含因子计算得到测量结果的扩展不确定度 $U(p) = k \times u(x) = 2 \times 32 = 64 \, (\text{mg/kg})$。

最终报告结果标注为 DEHP 含量：$(200 \pm 64) \, \text{mg/kg}$，$k=2$。

参 考 文 献

［1］　化学分析中不确定度的评估指南：CNAS-GL006：2019［S］.

［2］　声明检测或校准结果及与规范符合性的指南：CNAS-GL015：2018［S］.

［3］　测量不确定度的要求：CNAS-CL01-G003：2018［S］.

［4］　EURACHEM/CITAC Guide CG4 Quantifying Uncertainty in Analytical Measurement. 3rd ed.

［5］　倪晓丽. 化学分析测量不确定度评定指南［M］. 北京：中国计量出版社，2008.

［6］　莱斯·柯卡普，鲍伯·弗伦克尔. 测量不确定度导论［M］. 曾翔君，骆一萍，申淼，译. 西安：西安
　　　交通大学出版社，2011.

［7］　崔伟群，卞昕，田峰. 测量不确定度包含区间及概率分析［M］. 北京：中国质检出版社，2016.

［8］　梁逸曾，吴海龙，俞汝勤. 分析化学手册 10 化学计量学［M］. 3 版. 北京：化学工业出版社，2016.

［9］　玩具及儿童用品　聚氯乙烯塑料中邻苯二甲酸酯增塑剂的测定：GB/T 22048—2008［S］.

［10］　食品安全国家标准　食品中铜的测定：GB 5009.13—2017［S］.

第 9 章
实验室间方法确认

9.1 概述

9.1.1 定义及特点

方法确认通常可分为实验室内方法确认和实验室间方法确认。按照 GB/T 27417—2017 给出的定义，实验室内方法确认是指在一个实验室内，在合理的时间间隔内，用一种方法在预定条件下对相同或不同样品进行分析试验，以证明特定检测方法满足预期的用途。实验室间方法确认是指在两个或多个实验室之间实施的方法确认，实验室依照预定条件用相同方法对相同样品的测定，以证明特定检测方法满足预期的用途。

由于实验室间方法确认是通过多家有代表性实验室的测试结果提供是否满足应用要求的证据，或是通过大量数据进行统计分析获取相应的确认结果，相对于实验室内方法确认所得数据更具有代表性和说服力。然而，其工作复杂性和实施成本相对较高，运作时间较长，不同实验室的人员、仪器、试剂、环境条件等存在一定的差异，为确保实验室间方法确认结果的可靠性，通常在开展确认工作前需要进行更全面、充分的策划，包括实验室的选择、样品的准备、数据结果的回收和统计处理等。

实验室间方法确认是确认检测方法精密度的必要手段，也是确认检测方法其他重要参数的有效方法。通常，在某实验室内开发建立的一个新的非标准方法或者标准起草单位拟定的用于审定或报批的标准方法，在该实验室内必须经过充分的实验室内方法确认，包括对方法检出限、定量限、选择性、线性范围、精密度、正确度等方法特性指标进行确认。但实验室内方法确认只能确认该实验室在使用该方法时的参数，其结果代表的是该实验室环境条件下的使用情况，仅凭一家实验室数据有时不能完全代表该方法全部特性，导致实验室内方法确认结果仍可能存在一定的风险，必须通过更多的外部实验室试验结果来进一步确认。此外，实验室内方法确认通常仅能获得方法的重复性数据，难以获得实验室间方法的再现性数据，方法的再现性结果需要通过协同试验，在不同实验室，由不同操作员使用不同设备，按相同的测试方法，对同一被测对象在相互独立进行的测试条件下获得。

对于大多数方法性能参数的确认，实验室内方法确认和实验室间方法确认基本相同，但对于方法的精密度确认，两者有很大差异，因此本章将重点介绍通过协同试验来确认实验室间精密度的方法，主要从方案设计、运作程序（含结果数据分析）等方面阐述如何进行化学分析方法精密度的实验室间方法确认，并给出了实验室间方法确认的实例。可为拟发布标准方法的方法确认（在标准化工作程序中通常也称"方法验证"，包括下文提到的独立验证和协同试验验证，其本质是属于方法确认范畴）提供指南，也可为实验室新建非标准方法的实验室间方法确认提供参考。

9.1.2 常见形式和流程

实验室间方法确认的主要形式可分为独立验证和协同试验验证。独立验证一般是相对于方法开发实验室而言的，在同行选择 1~3 家权威或具备相当检测能力的外部实验室对新建测试方法进行确认，其确认内容通常比较全面，主要包括检测方法的检出限、定量限、选择性、线性范围、重复性等参数。协同试验验证则一般需 8~15 家实验室进行方法确认，其确认的内容除了独立验证类似的参数，通常还包括方法再现性精密度。

独立验证的参加实验室数量相对较少，运作比较简单，一般只在个别或少数几家实验室进行，试验成本较低，所需时间较短。相对独立验证来说，协同试验验证涉及的实验室数较多，运作和数据统计处理都比较复杂，通常要有更为严谨的项目方案策划，成本较高和运作周期较长。独立验证和协同试验验证的比较见表 9-1。

表 9-1　独立验证和协同试验验证的比较

项目	独立验证	协同试验验证
主要确认参数	检出限、定量限、选择性、线性范围、重复性等	检出限、定量限、选择性、线性范围、重复性、再现性精密度等
实验室数	1~3 家	8~15 家
样品	要求较低，样品可以由独立验证实验室根据要求自行选择	要求较高，精密度验证通常需要提供均匀稳定的阳性样品或标准样品
成本	低	高
所需时间	通常 1~2 周	通常 1~2 个月

方法确认的典型流程通常是先在方法开发实验室完成实验室内方法确认，再进行独立验证，独立验证基本符合预期要求后才能进行协同试验验证。某些技术风险较低的检测方法也可跳过独立验证步骤，即在完成实验室内方法确认后直接进行协同试验验证。

虽然协同试验验证程序更为复杂，但不同的检测方法，其实验室间方法确认流程基本一致，采用协同试验验证方式对精密度进行实验室间方法确认的一般流程见图 9-1。

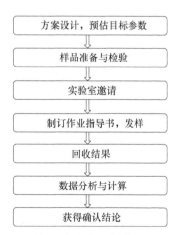

图 9-1　采用协同试验验证方式对精密度进行实验室间方法确认的一般流程

9.2 方案设计

实验室间方法确认需要多家实验室进行协作测试，为了保证测试结果真实可靠以及测试结果统计有效合理，实验室间方法确认需要制订方案来进行，方案应重点考虑协作实验室的选择、样品选择、验证试验要求（包括制订作业指导书及结果报告单等）。为了确保实验室间方法确认活动有序高效进行，方案还要对确认活动时间有清晰的规划，包括邀请实验室的时间、样品检验的时间、计划发样的时间、结果回收时间、数据分析的时间、最终报告完成时间等。

实验室间方法确认应有相关责任人员负责样品的发放、结果的回收汇总、协作实验室的技术咨询等。在完成结果数据汇总后，还需要有专业技术人员对测试结果进行技术分析，以及统计专家对测试结果进行数据统计处理。因此，实验室间方法确认方案设计通常需要相应技术专家、统计专家和协调者共同讨论确定，并负责实施对应的工作。

9.2.1 实验室的选择

参与协同试验的实验室需从环境、设备需要满足测试方法要求，具备该测量方法条件的实验室中进行选取。有时还需要结合可能影响化学分析测试方法的条件，考虑其他的一些因素，如不同类型的仪器、不同的环境温度、不同的地域、实验室不同熟练程度等因素对结果的影响等。

进行精密度确认试验时，需选取合适数量的参加实验室进行，当实验室数较小（实验室数 $P \approx 5$）时，重复性标准差和再现性标准差变化较为显著。而实验室数较大（$P > 20$）时，继续增加 2~3 个实验室数，不确定度将不再发生明显变化。

确认试的实验室可按以下两个原则进行选择：

① 实验室数 P。参加协同试验的实验室个数一般取 8~15，要求获得至少 8 个有效数据报告。只有在极个别的情况下，如参加验证试验的实验室确实不足，或者测试非常昂贵，或者样品本身确实难以得到等原因，可以采用较少实验室（不少于5 个有效数据报告）进行试验。

② 实验室的选择要具有代表性和公信力，如获得 CNAS 认可的实验室，但参加的实验室不宜仅由那些在对测量方法进行标准化过程中已获得专门经验的特别"标准"的实验室组成，应在具备能力的实验室中选出具有不同熟练程度的有代表性的协同试验参与者，根据确认计划开展协同试验。

9.2.2　样品选择和要求

方案设计中应考虑样品基质类型、样品的数量、目标物的浓度范围、均匀性和稳定性的检测方法及统计方法。

① 样品基质可按实际样品基质进行选择，应选用能代表该测量方法日常使用时会检测到的样品，保证待确认方法的适用性符合预期用途。如检测塑料中的重金属含量，如果检测方法适用的范围包括所有类型的塑料，则采用的样品基质应为塑料，不得选用橡胶或油漆涂层等其他基质样品，而且优先选取实际检测中常见的有代表性的塑料类型，如聚氯乙烯、聚乙烯塑料等。分发给每一参加实验室的样品数量应该能至少进行3次重复性测试，最好有一定样品剩余，以便个别实验室因测试异常需要重新测试。样品的数量必须足以分配给所有参加测试的实验室，还需要考虑样品均匀性检验等消耗，组织方应有一定的留存，以应付某些意外情况。在确定样品方案设计时，还必须考虑样品的来源和可获得性，当无法从现成的样品中获得满足要求的确认样品时，应考虑定制加工方案，该方案应确保样品的均匀性和目标物质水平的适宜性。

② 方案设计要确定样品的均匀性和稳定性检验方案。均匀性检验方法有单因子方差分析法（F 检验）、$S_s \leqslant 0.3\sigma$ 准则和不确定度比较法。选用均匀性检验方法时应特别注意的是，由于 F 检验没有考虑检测方法不确定度的影响，也未考虑标准样品的实际应用需求，所以有时采用 F 检验作为均匀性检验的判据不尽合理，甚至会做出错误的判定。$S_s \leqslant 0.3\sigma$ 准则和不确定度比较法需要有目标不确定度或者评定标准偏差才能进行判定，某些情况下，由于方法的目标评定标准偏差和不确定度无法在确认试验之前准确给出，导致不能在协同试验开展之前对样品进行均匀性评估，但可在确认试验之后对样品均匀性进行验证。此外，$S_s \leqslant 0.3\sigma$ 准则是用于能力验证时样品的均匀性检验，相对于方法确认均匀性检验，该方法比较严格，在方法确认实际工作中，有时可适当放宽要求。

③ 稳定性检验常用的方法有 t 检验法和 $|\bar{x}-\bar{y}| \leqslant 0.3\sigma$ 准则。多数样品在短时间内比较稳定，只有少数易挥发或者易分解的样品在短时间内稳定性较差。针对这类样品，在实验室间方法确认前需要进行稳定性检验确保在确认活动过程中样品稳定。

9.2.3　确认参数

方案中要明确实验室间方法确认的方法特性参数及相关统计方法，方法确认的特性参数可包括但不限于：测量范围、准确度、结果的测量不确定度、检出限、定量限、方法的选择性、线性、重复性或再现性、抵御外部影响的稳健度或抵御来自样品或测试物基体干扰的交互灵敏度以及偏倚。在以上参数中，除再现性精密度以外的其他参数一般在实验室内就可以确认其是否满足预期用途。再现性精密度数据必须要在再现性条件下获取，因此通常实验室间方法确认一般为确认测试方法在不同实验室的总体情况，并获得精密度数据，除了再现性精密度数据外，通常也同时可获得重复性精密度数据。当然，如有需要，某些其他方法特性参数需要其他实验室进行进一步确认时，也可与实验室间方法精密度确认同时进行，如让协作实验室同时提交各自的方法检出限、线性等参数数据，最终分析方法是否满足预期用途。由于这些参数风险较低，也可类似独立验证，通过选取 1~3 家协作实验室额外进行更多方法特性参数的确认。

方案中除了应明确待确认的方法特性参数，还要规定确认样品检测结果的统计计算方法说明。数据回收后需对数据的有效性进行检验，只有通过有效性检验后保留的数据才能用于方法精密度参数计算。具体的统计方法可参考 GB/T 6379.2—2004。

9.3 确认程序

实验室间方法确认程序主要包括工作准备、组织实施及数据处理等步骤。

9.3.1 工作准备

9.3.1.1 样品准备

（1）样品获取

获取样品的方式有以下几种：第一种方式是选用阳性样品，阳性样品通常可以在日常测试中获取，应该确保样品基质与日常检测样品一致，以便更能反映测试方法的实际应用情况。该方式成本较低，无须复杂的样品研制过程，是实验室间方法确认样品首选。但是有时阳性样品的均匀性相对较差，数量也可能不满足要求，应特别注意关注样品数量和均匀性情况。第二种方式是采用有证标准样品，有证标准样品均匀性好，无需对样品进行均匀性检验，可直接用于确认试验，但现存有证标准样品的种类有限，很多测试项目尚无相关含基质有证标准样品，而且有证标准样品一般价格昂贵，成本高。最后一种方式是研制样品，该方式可以根据自身需求灵活设计，但研制样品的风险较大、周期长、成本较高。有些样品研制技术难度很高，研制出来的样品的均匀性和目标浓度可能无法满足预期使用要求。

（2）样品的均匀性检验

为确保方法确认中回收的样品测试结果偏差不归咎于样品之间或样品本身的变异性，用于统计计算方法精密度结果的样品应具有良好的均匀性。样品均匀性检验方法可参考标准样品均匀性检验方法来评价，当然，某些时候对确认样品均匀性检验可以做一定的简化，通过某些特定方法进行判定。

在进行均匀性检验时，应尽量使用重复性好的测试方法。若有其他精密度较好的同类检测方法，应优先采用其作为均匀性检验方法。例如，进行 XRF 测试方法确认时，用于方法确认样品的均匀性检验可采用重复性较好的湿化学分析方法；在没有其他重复性更好的方法时，通常也可采用待确认方法，但要确保样品检测尽量在重复性条件下进行，将方法的波动控制到最低水平。

样品的均匀性检验可参考 GB/T 28043—2019、CNAS-GL003：2018 和 ISO GUIDE 35：2017。从制备好的样品中随机抽取 10 个或 10 个以上有代表性的样品，每个样品在重复性条件下至少进行两次测试。

以下简要介绍常用的 3 种均匀性检验的具体计算和判定方法。

① 单因子方差分析法。单因子方差分析法是样品的均匀性统计评估的常用方法，但应注意前文提及的该方法存在的不足。当均匀性检验测试方法的重复性差时，即使 F 值小于临界值，样品的均匀性也可能无法满足使用要求；反之，即使 F 值大于临界值，样品的均匀性也可能满足使用要求。因此，采用单因子方差分析法的前提是用于均匀性检验的检测方法的重复性应足够好。

单因子方差分析法计算公式如下（抽取 i 个样品，每个样品在重复性条件下测试 j 次）。

每个样品测试的平均值：

$$\bar{x}_i = \sum_{j=1}^{n} \frac{x_{ij}}{n_i} \tag{9-1}$$

全部样品测试的总平均值：

$$\bar{\bar{x}} = \sum_{i=1}^{m} \frac{\bar{x}_i}{m} \tag{9-2}$$

测试总次数：

$$N = \sum_{i=1}^{m} n_i \tag{9-3}$$

样品间平方和：

$$SS_1 = \sum_{i=1}^{m} n_i (\bar{x} - \bar{\bar{x}})^2 \tag{9-4}$$

样品间均方：

$$MS_1 = \frac{SS_1}{f_1} \tag{9-5}$$

样品内平方和：

$$SS_2 = \sum_{i=1}^{m} \sum_{j=1}^{n} (x_{ij} - \overline{x}_i)^2 \qquad (9\text{-}6)$$

样品内均方：

$$MS_2 = \frac{SS_2}{f_2} \qquad (9\text{-}7)$$

自由度：

$$f_1 = m - 1 \qquad (9\text{-}8)$$

$$f_2 = N - m \qquad (9\text{-}9)$$

统计量：

$$F = \frac{MS_1}{MS_2} \qquad (9\text{-}10)$$

若 F<自由度为（f_1，f_2）及给定显著性水平 α（通常 $\alpha=0.05$）的临界值 $F_{\alpha}(f_1, f_2)$，则表明样品内和样品间无显著性差异，样品是均匀的。

② $S_s \leqslant 0.3\sigma$ 准则。采用 $S_s \leqslant 0.3\sigma$ 准则对样品的均匀性进行判定，σ 为待确认方法的再现性标准差的目标值，S_s 为样品间不均匀性的标准偏差，其计算公式见式（9-11），式中 MS_1 和 MS_2 可参考单因子方差分析法获得。若 $S_s \leqslant 0.3\sigma$，则可认为样品是均匀的。

$$S_s = \sqrt{\frac{MS_1 - MS_2}{n}} \qquad (9\text{-}11)$$

③ 不确定度比较法。不确定度比较法的本质是比较均匀性不确定度 u_{bb}（S_s）和样品的目标标准不确定度 u_{trg} 来判定样品的均匀性。u_{trg} 可通过同类型有证标准样品的不确定度或相关测试标准方法的测定不确定度估计。通过比较 u_{bb} 和 u_{trg} 的大小对样品均匀性进行判定。具体判定方法如下：

若 $u_{bb} \leqslant 0.3u_{trg}$，样品均匀性良好，$u_{bb}$ 可忽略不计，该方法是对样品均匀性要求相对严格的判定方法；

若 $0.3u_{trg} < u_{bb} \leqslant 0.7u_{trg}$，样品基本均匀；

若 $u_{bb} > 0.7u_{trg}$，样品不均匀，样品应再进行均匀性化处理或重新研制。

（3）样品的稳定性

对于某些性质不稳定的样品，运输和储存可能会对其待测的特性量值产生影响，在样品发送给实验室之前，需要进行有关条件的稳定性检验。如纺织品中的甲醛测试样品，由于甲醛易挥发，应对样品稳定性进行监控。对于稳定性较好或已经有相关资料证明样品的稳定性较好的样品，可适当放宽对样品稳定性检验的要求。稳定性检验一般可采用 t 检验和 $|\overline{x} - \overline{y}| \leqslant 0.3\sigma$ 准则对样品稳定性数据进行统计分析，获得稳定性检验结论。

① t 检验。稳定性检验一般采用平均值一致性检验法，通过比较样品在储存条

件下一段时期前后的检验结果平均值是否存在显著性差异来判定样品的稳定性。一般每次稳定性的测试结果不少于 6 个。

② $|\bar{x}-\bar{y}|\leqslant0.3\sigma$ 准则。$|\bar{x}-\bar{y}|\leqslant0.3\sigma$ 准则是采用样品储存前后检验结果的差值与方法本身波动进行比较的方法，若样品的变化相对于方法波动可忽略不计，则样品是稳定的。具体参见 CNAS-GL003：2018 或 GB/T 28043—2019，稍有差异的是，此处 σ 为待确认方法的再现性标准差的目标值。

应注意为了确保稳定性检验结果的差异来源于样品本身而非测试方法的波动，条件允许情况下可以采用同步稳定性研究，也可采用内标法、同样的试剂和仪器、控制方法参数波动、增加重复检测次数等措施控制方法的再现性。

9.3.1.2　制订作业指导书和结果报告单

作业指导书是给参加实验室进行协作试验的操作指引。作业指导书中至少要给出样品检测的重复测量次数等要求及提交结果的方式和时间要求，一般精密度确认试验的单个样品检测次数为 2~3 次，同时应在作业指导书中提醒协作实验室采用待确认测试方法检测时重要测试步骤的注意事项，这些事项可以为方法中有明确规定的内容，也可以为方法中没有明确规定的测试参数，如方法没有给出具体的仪器测试方法时，仪器分析是否统一规定采用某种测试仪器（如规定采用 ICP-OES 测试）或者可以根据情况自己选择仪器方法等。

结果报告单是协作实验室填写结果的文件，应包括协作实验室的基本信息，如实验室名称、联系人和联系信息；结果填写要求等，如结果填写的有效位数、提交的结果数以及检测结果的单位；试验过程关键参数，如对测试结果可能有影响的试验参数。

除了让协作实验室提交确认样品测试结果外，同时让其提供试验过程关键参数的目的是，可以在结果回收后根据这些参数对结果进行技术分析，如通过这些参数判断协作实验室在试验过程中是否偏离检测方法。

9.3.1.3　实验室邀请

邀请实验室时，一般应将待确认的方法草案发给实验室，最好能将样品信息、样品测试要求、计划时间安排等告知实验室，以便实验室确认是否能满足测试条件，如是否具备测试方法中规定的标准溶液样品和试剂、前处理和分析仪器设备等。

9.3.2　组织实施

9.3.2.1　发样

在寄送样品的同时，应将样品作业指导书和结果报告单发给协作实验室，并告知协作实验室样品寄出的相关信息。在样品运输和包装过程中要注意做好对样品的防护。收到样品后，实验室应反馈样品接收状态，确保收到的样品完好无损。

9.3.2.2　结果回收

应提醒协作实验室提交结果的时间，确保协作实验室在计划时间内完成测试。收到各协作实验室提交的结果后，及时将结果录入汇总。由于数据录入过程容易出现错误，特别是数据量较大时，因此在数据录入完之后应由校核人员对数据和结果进行复核，确保最终统计的数据和实验室提交的结果没有错漏。

9.3.3　数据处理

9.3.3.1　离群值检验

数据回收汇总确认无误后，首先需对数据进行离群值检验，确保所有数据有效，无统计离群值。一般可采用 Grubbs 检验检验数据的一致性，采用 Cochran 检验检验实验室精密度的一致性。

（1）Grubbs 检验

检验回收结果中最大值是否为离群值时，计算统计量 G_n：

$$G_n = \frac{x_n - \bar{x}}{s} \qquad (9\text{-}12)$$

式中，x_n 为这组数据中的最大值；$\bar{x}$ 为这组数据的平均值；s 为这组数据的标准偏差。

检验回收结果中最小值是否为离群值时，计算统计量 G_1：

$$G_1 = \frac{\bar{x} - x_1}{s} \qquad (9\text{-}13)$$

式中，x_1 为这组数据中的最小值；s 为这组数据的标准偏差。

① 如果检验统计量小于或等于 5%临界值，则被检验项目为正确值；

② 如果检验统计量大于 5%临界值，但小于或等于 1%临界值，则被检验项目为歧离值；

③ 如果检验统计量大于 1%临界值，则被检验项目为统计离群值。

（2）Cochran 检验

若有 p 个协作实验室，每个实验室进行了 n 次重复测试，每个实验室结果计算出标准偏差 s_i。Cochran 检验统计量 C 定义为：

$$C = \frac{s_{max}^2}{\sum_{i=1}^{p} s_i^2} \qquad (9\text{-}14)$$

式中，s_{max} 为这组标准差中的最大值。

① 如果检验统计量小于或等于5%临界值，则被检验项目为正确值；

② 如果检验统计量大于 5%临界值，但小于或等于 1%临界值，则被检验项目为歧离值；

③ 如果检验统计量大于1%临界值，则被检验项目为统计离群值。

Cochran 准则严格应用在所有标准差都是在重复性条件下获得的，且由相同数目（n）的测试结果计算得出的情形。实际应用中由于数据的缺失或剔除，测试结果数可能不同，当缺失数据不多的情况下，可以认为由每个单元中测试结果数目不同造成的影响是有限且可以忽略的，此时，Cochran 准则中的 n 应取多数单元中的测试结果数。

当歧离值和统计离群值不能用技术错误解释或它们来自某个离群实验室时，歧离值仍然作为正确项目对待而保留；而统计离群值则应被剔除，除非统计专家有充分理由决定保留它们。

9.3.3.2　精密度计算

检验离群值后，测试方法的重复性标准差 s_r、再现性标准差 s_R 可按以下公式进行计算。

（1）计算实验室的标准偏差和平均值

先计算每个实验室的平均值：

$$\overline{x}_i = \sum_{i=1}^{n} \frac{x_{ij}}{n} \qquad (9\text{-}15)$$

再计算实验室内标准差 s_j：

$$s_j = \sqrt{\sum_{i=1}^{n} \frac{(x_j - x_{ij})^2}{n-1}} \qquad (9\text{-}16)$$

（2）计算总平均值和各个实验室平均值的实验室间标准差

所有实验室的总平均值为 $\overline{\overline{x}}$，计算公式为：

$$\overline{\overline{x}} = \sum_{i=1}^{n} \sum_{j=1}^{p} \frac{x_{ij}}{np} \qquad (9\text{-}17)$$

根据总平均值和各个实验室平均值计算实验室间平均值的标准偏差 $s_{\overline{x}_j}$：

$$s_{\overline{x}_j} = \sqrt{\sum_{j=1}^{p} \frac{(\overline{x}_j - \overline{\overline{x}})^2}{p-1}} \qquad (9\text{-}18)$$

（3）计算实验室内重复性标准差和实验室间标准差

取 p 个实验室中各个实验室的方差的平均值作为实验室内重复性标准差 s_r 的估计值：

$$s_r = \sqrt{\sum_{j=1}^{p} \frac{s_j^2}{p}} \qquad (9\text{-}19)$$

每个实验室的重复性标准差是由 n 个检测数据取得，每个实验室含此类随机误差为 s_r^2 的 $1/n$，因此实验室间标准差 s_L 为：

$$s_L^2 = s_{\bar{x}_j}^2 - \frac{1}{n} s_r^2 \qquad (9\text{-}20)$$

（4）计算实验室间再现性标准差

实验室间再现性标准偏差的计算公式为：

$$s_R^2 = s_L^2 + s_r^2 \qquad (9\text{-}21)$$

计算方法的精密度数据后，可根据经验和客户要求判断精密度是否满足预期要求。也可预设一个通用模型的目标精密度进行比较，若确认方法的精密度小于目标精密度，或确认方法的精密度大于目标精密度，但无显著性差异，则方法满足预期要求。根据 GB/T 6379.6—2009 也可采用 F 检验进行判定。

在条件允许情况下，方案中宜给出待确认方法的精密度目标参数。但通常情况下很难精确给出新建立方法的精密度目标参数，此时可参考同类方法或行业经验。确定目标精密度的方法通常有 3 个：

① 客户提出的检测方法精密度的要求。

② 参考类似标准方法的精密度数据，如果待确认方法是超出预定范围使用的标准方法，目标精密度可根据原标准方法中的精密度进行估计，以此作为目标精密度。

③ 如果没有与待确认方法相似的检测标准方法精密度数据，可参考行业经验确定或采用 Horwitz 公式对方法目标再现性标准差进行评估，采用 GB/T 27417—2017 附录 B 的实验室内变异系数对目标重复性标准差进行评估。

9.4　应用实例

9.4.1　背景

以下将以制定 GB/T 22788—2016《玩具及儿童用品材料中总铅含量的测定》标准方法过程中方法确认为实例加以介绍。由于该标准方法涉及塑料、金属、油漆涂层多种材料，验证内容和数据较多，为节省篇幅，本实例仅选其中塑料中总铅含量测定详细说明，且该实验室间方法确认是确认新检测方法塑料中总铅含量测定的精密度参数，具体检测方法和步骤可参见 GB/T 22788—2016。

9.4.2 计划准备

9.4.2.1 方案设计

计划邀请 10 家左右实验室进行实验室间方法确认，获取方法再现性精密度参数。样品基质选取常用的聚丙烯（PP）塑料，该方法关注浓度为 100mg/kg（法规限量）。拟通过加工制备方法获得样品（加工制备方案略），样品的浓度约为 140mg/kg。

样品纸袋外套塑料密封袋包装，样品研制总质量为 1kg，为了确保每个参加协同试验的实验室有足够量样品进行多次测试，拟每包样品的质量分装约为 5g，共分装样品数量为 40 包，10 包用于均匀性检验，10 包用于均匀性检验预备样品，另外 20 包用于测试，其中 10 包发给参加实验室，10 包作为备用样品。样品储存在阴凉、干燥、室温条件下。

本次确认测试方法的精密度参数，结果回收后按 Grubbs 检验和 Cochran 检验对实验室提交结果进行离群值检验；剔除离群值后，精密度计算参考 GB/T 6379.2—2004。

根据待确认方法的测试所需时间和测试样品量制订本次实验室间方法确认的时间表，见表 9-2。

表 9-2 实验室间方法确认的时间表

方案设计	约 1 个月
样品准备（包括样品研制和检验）	3 个月内完成
邀请参加（挑选实验室，与实验室沟通）	约 1 个月
分发样品（制订作业指导书和结果报告单）	约 0.5 个月
实验室报出数据	约 1 个月
数据分析（数据汇总、检验、统计分析）	3 个月内完成

9.4.2.2 样品准备

研制含总铅 PP 塑料样品，分装样品 40 包，从分装好的样品中随机抽取 10 包，每包样品按照待确认方法在重复性条件下测试两次，结果见表 9-3。

表 9-3 样品均匀性检验结果

样品编号	结果-1/（mg/kg）	结果-2/（mg/kg）
样品-1	147	145
样品-2	142	142
样品-3	143	148
样品-4	145	140
样品-5	148	144
样品-6	143	142

样品编号	结果-1/（mg/kg）	结果-2/（mg/kg）
样品-7	143	142
样品-8	142	146
样品-9	144	142
样品-10	145	145

对检测结果进行单因子方差分析，结果见表 9-4。

表 9-4　样品单因子方差分析结果

差异源	组间	组内
方差	45.0	46.0
自由度	9	10
均方	5.00	4.60
统计量 F	1.09	
F 临界值	3.02	

由表 9-4 可知，总铅结果的统计量 F 小于 F 临界值（$F_{0.05（9,10）}$=3.02），表明该样品间的差异不显著，样品的均匀性良好。

9.4.2.3　制订作业指导书

作业指导书编制的一般内容和注意事项参见 9.3.1.2，以下为本次方法确认作业指导书示例（有部分内容进行过简化）。

标题：玩具塑料中总铅含量测定的测试作业指导书

各单位：

感谢贵实验室参加玩具塑料中总铅含量测定的协同试验测试工作。为了保证此次计划顺利实施，请认真阅读该作业指导书。

1. 提供的样品

本次方法确认提供 1 种样品，样品编号为 H1105。

样品基质为聚丙烯（PP）塑料，用纸袋包装，外套密封袋，每包样品的质量约为 5g，背面附有样品标识。

样品在阴凉避光、干燥、室温下储存。样品使用后应立即密封保存。

样品用于铅元素的总量测试。收到样品后请进行确认，如发现样品有问题请立即与组织方联系。

2. 检测方法与要求

本次验证测试要求按照标准《玩具及儿童用品材料中总铅含量的测定》（附件 1，本示例略）进行测试，本次测试铅元素的总含量。

每个样品进行 3 次独立测试，报告样品 3 次独立测试结果并计算测试结果的平均值及 RSD 值。

3. 结果报告

请将检测结果填在检测结果报告单（附件 2，本示例略）上，并附原始记录。结果保留 3 位有效数字。

为确保标准顺利完成，各单位测试完成后务必于 20XX 年 X 月 X 日前将检测结果报告单（附件 2）正本（加盖实验室公章）、原始记录单寄送联系人。

实施机构：XXX

地　　址：XXX

邮　　编：XXX

联 系 人：XXX

电　　话：XXX

传　　真：XXX

E-mail：XXX

9.4.2.4　邀请实验室

邀请 10 家获得 CNAS 认可的实验室作为协作实验室，所有实验室有微波消解仪、ICP-OES 等仪器设备，这些实验室分别是海关技术中心、产品质检院、玩具企业检测实验室等，分布于广东、上海等不同地域，具有一定代表性。

9.4.3　计划实施

将作业指导书和结果报告单及样品一同发送给协作实验室，在结果提交前提醒协作实验室结果提交时间，回收结果后汇总结果，见表 9-5。

表 9-5　玩具塑料中总铅含量检测结果　　　单位：mg/kg

实验室编号	lab-1	lab-2	lab-3	lab-4	lab-5	lab-6	lab-7	lab-8	lab-9	lab-10
测试结果-1	135	130	137	141	128	135	128	123	145	137
测试结果-2	136	133	142	148	126	137	131	120	142	137
测试结果-3	133	130	148	144	130	139	137	125	138	136

9.4.4　数据处理

9.4.4.1　离群值检验

先对数据进行离群值检验，确保实验室提交的结果无离群值。对实验室检测结果的平均值进行 Grubbs 检验，结果见表 9-6。

表 9-6　Grubbs 检验结果

测试项目	Pb/（mg/kg）	测试项目	Pb/（mg/kg）
lab-1	135	lab-10	137
lab-2	131	最大值	144
lab-3	142	最小值	123
lab-4	144	平均值	135
lab-5	128	G_n	1.36
lab-6	137	G_1	1.81
lab-7	132	G 临界（1%）	2.482
lab-8	123	G 临界（5%）	2.290
lab-9	142		

由结果可知，G 检验值＜G 临界值（5%），无 Grubbs 检验离群值，10 个实验室测试结果的平均值之间没有显著性差异。再对结果进行 Cochran 检验，检验结果见表 9-7。

表 9-7　Cochran 检验结果

实验室编号	lab-1	lab-2	lab-3	lab-4	lab-5	lab-6	lab-7	lab-8	lab-9	lab-10
s_i^2	2.33	3.00	30.33	12.33	4.00	4.00	21.00	6.33	12.33	0.33
C_x	0.02	0.03	0.32	0.13	0.04	0.04	0.22	0.07	0.13	0.00

计算 Cochran 检验值 C=0.316，小于 C 临界值［C（n=3，p=10，5%）=0.445］，表明各实验室的精密度相当，无明显差异。

9.4.4.2　精密度统计

按式（9-15）~式（9-21）计算该检测方法的重复性标准差和再现性标准差，结果见表 9-8。

表 9-8　精密度计算结果

项目	结果/（mg/kg）
总平均值	135.03
实验室间均值标准差	6.82
重复性标准差 s_r	3.10
实验室间标准差 s_L	6.58
再现性标准差 s_R	7.27

经计算，该方法的重复性标准差 s_r=3.10mg/kg，重复性变异系数 CV_r=2.3%，再

现性标准差为 s_R=7.27mg/kg，再现性变异系数 CV_R=5.4%。

本方法的预期再现性变异系数和重复性变异系数根据行业经验进行确定。参考表 1-8，140mg/kg 含量水平的预期重复性变异系数 CV_r 为 5.3%，预期再现性变异系数 CV_R 为 8.0%；而本次方法确认的方法重复性变异系数为 2.3%，再现性变异系数为 5.4%，可见重复性变异系数和再现性变异系数均小于目标的变异系数，因此确认本方法精密度满足一般使用要求。

参 考 文 献

［1］ 合格评定 化学分析方法确认和验证指南：GB/T 27417—2017［S］.

［2］ 玩具及儿童用品材料中总铅含量的测定：GB/T 22788—2016［S］.

［3］ 检测和校准实验室能力认可准则在化学检测领域的应用说明：CNAS-CL01-A002：2018［S］.

［4］ 测量方法与结果的准确度（正确度与精密度） 第 1 部分：总则与定义：GB/T 6379.1—2004［S］.

［5］ 测量方法与结果的准确度（正确度与精密度） 第 2 部分：确定标准测量方法重复性与再现性的基本方法：GB/T 6379.2—2004［S］.

［6］ 测量方法与结果的准确度（正确度与精密度） 第 6 部分：准确度值的实际应用：GB/T 6379.6—2009［S］.

［7］ Reference materials — Guidance for characterizationand assessment of homogeneity and stability ISO Guide 35：2017［S］.

［8］ Statistical methods for use in proficiency testing by interlaboratory comparison ISO 13528:2015［S］.

第 **10** 章

方法确认和验证报告编写及应用

10.1　概述

　　为使报告使用者清晰了解方法确认和验证中各项试验环节，提高报告应用效率，避免不必要的歧义，方法确认及验证报告应清晰地描述相关过程和结果，并包含足够的信息，确保报告和记录的完整性和可追溯性，以使经验丰富的分析人员能够审核或利用已经获得的结果，为相关检测方法的技术能力认可提供重要依据，也为实验室出具检测报告（如确定报告限）、设定质量控制容许限、避免过多重复验证提供技术支撑。

　　报告的主要内容一般由方法验证或确认的目的和范围、方法概要、试剂与仪器条件参数、方法特性参数及结论等构成。报告的具体内容还可能包括以下信息：方法适用范围、参考标准、使用的化学品（质控样品及其纯度）、样品制备的详细要求、从试验得到的重要方法特性参数、如何进行试验的详细参数和条件（包括选用的样品、重复测量的条件、测量的次数、方法参数统计程序和代表性计算公式等）。对于实验室自制的检测方法的确认，还应包括方法开发的详细过程及结果，以及从"方法开发"转移至"常规分析"的方法实施计划和程序。另外，报告应附上相关原始数据，如色谱图、光谱图和包含原始数据的校正曲线，以便报告使用者进行溯源。

10.2　报告编写要素及要求

　　在进行方法确认和验证时，实验室应做好相关文件记录，包括用于确认和验证的结果、获得结果的方法和程序，以及待确认和验证的检测方法是否满足非标准方法的预期用途和标准方法要求的结论。

　　实验室应编制相关方法确认和验证报告，方法确认报告中宜包含目的、待确认验证的非标准方法作业指导书、方法摘要、审核及批准人员、报告日期、方法特性参数评估过程（含试验设计、计算依据）以及最终结论等关键要素。与方法确认报告有所不同的是，方法验证报告通常要指明待验证的标准方法编号和标准方法中已有的方法特性参数规定等。

10.2.1　目的

　　该部分应清晰、简要叙述开展方法确认或验证的目的，这有助于报告使用者了解相关背景，便于其对相关方法进行溯源及跟踪。

对于方法验证报告，其目的通常为验证本实验室是否具备正确执行该标准方法的能力。当标准方法中有多种可选择的方法时，实验室宜明确本实验室选用的方法和验证的具体范围。对于方法确认报告，因待确认的方法来源具有多样性，如实验室自制方法，知名技术组织、有关科学书籍和期刊公布的方法，或超出其预定范围使用的标准方法，扩充和修改过的标准方法，因此需要在报告该部分中注明方法来源。

例1：验证实验室是否具备准确执行 GB/T XXXX—XXXX，采用电感耦合等离子体发射光谱测定电工产品聚合物中的镉、铅和铬的能力。

例2：实验室根据文献《皮革防霉剂中水杨酰苯胺的高效液相色谱法测定》[皮革科学与工程，2011，21（6）:43-46]，开发皮革防霉剂中水杨酰苯胺的测定方法，现进行方法确认。

例3：待确认方法是标准方法的范围扩充，原标准方法 GB/T XXXX—XXXX 测试范围是玩具及玩具配件上表面涂层中总铅含量的测定，确认方法将测试范围扩充到儿童用品塑料材料中总铅含量的测定。

10.2.2　检测方法概要

报告中应提供试验方法原理及主要的预处理试验步骤，以便报告使用者复现试验结果或随时跟踪与了解。对于方法验证报告，仅需记录试验关键步骤及标准方法中未提的部分信息。下面以 EN 71-3:2019 玩具中有机锡检测的方法验证为例进行说明。

例1：按照 EN 71-3:2019 方法，采用 0.07mol/L HCl 溶液迁移样品中的 11 种有机锡（MeT、DMT、MBT、DBT、TBT、TeBT、MOT、DOT、DProT、DPhT 和 TPhT），经四乙基硼酸钠衍生化后，进行萃取分离，其中衍生萃取摇床振荡速度为 180r/min。样品采用 GC-MS 进行测试分析。

对于方法确认报告，则需简要记录原理、试验步骤、注意事项等信息。同时应根据待确认方法的出处提供相应的关键信息。

① 当待确认方法为知名技术组织、有关科学书籍和期刊公布的方法，则应标明方法的出处、文献 DOI 号等关键信息。下面以电子电气产品中六价铬含量的方法确认为例进行说明。

例2：本方法参考《XXXX》期刊第 X 期"电子电气产品中六价铬含量的测定方法"（DOI：XXXX），样品消解后，消解液中的 Cr（Ⅵ）与显色剂 1,5-二苯基碳酰二肼发生氧化还原反应，生成紫红色化合物，用分光光度计在 540nm 处测定其吸光度，从而确定 Cr（Ⅵ）含量。

预处理提要：样品用 0.28mol/L Na_2CO_3 和 0.5mol/L NaOH 混合碱性消解液，在 90~95℃消解 3h，冷却后加入显色剂，然后用分光光度计测量。注意：可以完全溶解的塑料（如 ABS、PC、PVC），先采用有机溶剂溶解，再做碱萃取；不可以完全溶解和未知的塑料或电子元件，用甲苯和 NaOH 在 150~160℃消解，然后分离除去有机相，留下无机相进行测试。

② 当待确认方法为修改过的标准方法，且修改的部分涉及检测方法，则应着重说明修改的地方。下面以皮革和毛皮中致敏性分散染料和致癌染料的方法确认为例进行说明。

例 3：修改参考 GB/T 30399—2013，称取 1.0g 剪碎混匀的试样于带旋盖（有聚四氟乙烯垫片）的 50mL 玻璃提取器中，加入 10.0mL 甲醇，旋紧盖子，于 70℃超声提取 40min，冷却至室温后，过滤滤膜，用液相色谱串联质谱法（LC-MS/MS）进行定性、定量检测。

③ 当待确认方法为实验室自制方法，则应将作业指导书作为附件附在报告后。

10.2.3 试剂与仪器条件参数

10.2.3.1 试剂

对于方法验证，其所用试剂与标准方法基本一致，可简要阐述，如"方法验证试验所用试剂与 XXXX 标准方法基本一致"。若有不同，则需要列明所用试剂不同之处。通常宜将本方法采用的关键试剂，如有证标准物质、衍生试剂、内标物、优级纯试剂等列出。

对于方法确认，其报告中应记录所用试剂相关信息或配制过程，以便报告使用者追溯。所用试剂信息应包含：试剂名称、CAS 号（如有）、纯度等级（含量）、使用数量、浓度或体积等。当使用配备液时，应记录配制过程及其注意事项。

10.2.3.2 仪器条件参数

同样地，在方法验证报告中，只需简要记录与标准方法不同的仪器条件参数。而在方法确认报告中，则要记录仪器基本信息，包含仪器的型号、生产商（供应商），同时应根据仪器的类型，提供相应的、必不可少的信息，如下所示：

（1）原子吸收光谱及原子荧光光谱

利用原子吸收光谱法及原子荧光光谱法进行方法验证与确认，报告中应包含：进样量、分析波长、灯电流、载气流速、背景校正装置（塞曼效应背景校正装置、自吸效应背景校正装置或氘灯背景校正装置）。另外，根据原子化系统的类型不同，应包含如下信息：

① 火焰原子化法：狭缝宽度、燃烧器高度、火焰类型、乙炔流量、助燃气流量。

② 非火焰原子化法（石墨炉法）：通带宽度、干燥温度与时间、灰化温度与时间。

③ 氢化物原子法（原子荧光光谱法）：氢化物试剂及浓度、负高压、灯电流、

原子化器温度、原子化器高度、载气流量、屏蔽气流量、读数时间、延迟时间等。

（2）电感耦合等离子体发射光谱

利用电感耦合等离子体发射光谱法进行方法验证与确认，报告中应提供如下信息：发射功率、等离子体气流量、雾化气流量、辅助气流量、试液提升量、待测元素分析波长。

（3）电感耦合等离子体质谱

利用电感耦合等离子体质谱法进行方法验证与确认，报告中应提供如下信息：RF功率、采样深度、等离子体气流量、辅助气流量、载气流量、碰撞气流量、池调谐模式、雾化泵泵速、雾化室温度（如有）、积分时间。

（4）气相色谱及气质联用色谱

利用气相色谱法及气质联用色谱法进行方法验证与确认，报告中应提供如下信息：

① 色谱条件：色谱柱型号、规格（内径及柱长）；载气压力、流速；柱温及升温程序（如有）、接口温度、检测器类型及检测器温度、进样量、进样方式。

② 质谱条件：电离方式（离子源、温度、能量）；质量分析器类型、质量扫描范围。

（5）液相色谱及液质联用色谱

利用液相色谱法及液质联用色谱法进行方法验证与确认，报告中应提供如下信息：

① 色谱条件：检测器类型；色谱柱型号、规格（内径及柱长）、固定相柱填料粒径；流动相类型、浓度、配比、流速、洗脱程序（如有）；柱温及升温程序（如有）；检测波长、保留时间；色谱进样体积。

② 质谱条件：离子化模式、质谱扫描方式、分辨率、去溶剂气温度、去溶剂气流量、锥孔气流量等。

（6）X射线荧光光谱

利用EDXRF光谱法进行方法验证与确认，报告中应提供如下信息：靶材、定量方式、分析线、管电压、管电流、滤波器、准直器直径、测试时间。

10.2.4　方法特性参数确证

结合实验室实际操作情况，选择典型的方法特性参数，以线性范围、检出限和定量限、正确度、精密度为例进行说明。

10.2.4.1　线性范围

报告中线性范围确证部分应列明各级系列浓度、相关系数、线性方程、回收率等重要信息。上述数据可用表格或者图来表示。参考模板如下：

"用＿＿浓度的＿＿溶液将标准溶液逐级稀释，获得系列浓度为＿＿、＿＿、＿＿、＿＿、＿＿、＿＿的工作溶液，线性回归方程为 $y=\underline{\quad}x+\underline{\quad}$，相关系数为＿＿。在上述工作曲线条件下，分别测定＿＿~＿＿各浓度水平标液各＿＿次，计算各浓度水平的测试结果平均值，计算回收率，回收率在＿＿~＿＿范围内的可认为能准确测定。"

表 10-1　标准曲线各水平点的回收率（模板）

浓度水平	目标物	X
	回测均值	
	偏差/%	
	回测均值	
	偏差/%	
	回测均值	
	偏差/%	
	回测均值	
	偏差/%	
	回测均值	
	偏差/%	
	回测均值	
	偏差/%	

"由表 10-1 可知，测试方法目标物的相关系数均大于＿＿，同时各个水平点的回收率均在＿＿~＿＿之间，即该元素标准曲线在＿＿~＿＿的范围内的线性满足要求，且准确可靠。"

注：模板中"＿＿"填写实际数据，下同。

10.2.4.2　检出限和定量限

报告中检出限和定量限确证部分应列明检出限和定量限计算依据，以及重要原始数据，如加标浓度。建议以列表的方式记录。以下以检出限测定为例进行说明。

"取不含目标物的试样，称取＿＿份，每份各＿＿g，加入 10μL 混合标准溶液 A，按照标准检测方法进行前处理，将获得的样液按照程序进行测试，计算检测浓度的标准偏差，信噪比为 3∶1 对应的浓度即为检出限，信噪比为 10∶1 对应的浓度即为定量限。由表 10-2 可知，方法检出限、方法定量限均符合标准要求。"

表 10-2　方法检出限和定量限的测定结果（模板）

项目	测定结果
检出限（LOD）	
定量限（LOQ）	

10.2.4.3 正确度

若采用有证标准物质（CRMs）或标准物质（RMs）进行评定，报告中正确度部分应列明有证标准物质的证书值或标准物质的参考值。如下列模板所示：

"测得 GBW×××（证书编号）某样品中 A 含量平均值为＿＿＿，有证标准物质 GBW×××（证书编号）中 A 含量证书值为（XXX±XX）mg/kg，即测定值在证书允许范围内。"

若采用基质空白加标测定回收率的方法进行评定，报告中应列明基质样品空白含量、加标浓度水平、回收率等。如下列模板所示：

"选取含 A 物质的阳性样品，并且根据其 A 物质浓度水平，额外添加含有 A 物质＿＿＿浓度水平，按方法进行加标回收的测定，重复测试＿＿＿次，测定结果见表 10-3。结果表明，加标回收率在＿＿＿＿＿之间，符合相关标准要求。"

表 10-3　加标回收测定结果（模板）

样品	目标物	加标前浓度	加标浓度	测定浓度	回收率/%
XXX	A				

10.2.4.4 精密度

精密度一般采用相对标准偏差（RSD）进行评定，同样地，该部分应列明加标浓度水平（或时间）、回收率、测量平均值、重复试验次数、测试样品数等。如下列模板所示：

"选择 XX 试样，称取＿＿＿份，每份＿＿＿ g，进行 n 个浓度水平的添加试验，静置＿＿＿，加入＿＿＿ mL＿＿＿，按照建立的方法进行前处理和测定，加标回收率及相对标准偏差见表 10-4。"

表 10-4　相对标准偏差计算结果

加标浓度	测试结果				平均值	回收率/%	回收率平均值	RSD/%
	1	2	3	...				

10.2.5　结论

在完成方法验证或确认后，应在报告部分汇总确证过的各方法特性参数，并结合实验室检测资源验证，考察方法特性参数与检测结果是否符合标准技术要求，实验室是否具备该标准方法的检测能力或是否达到本次方法验证或确认的目的，在报告中应予以明示。

示例：经稳健度、线性范围、检出限和定量限、精密度和准确度方法特性验证，本实验室具备 IEC 62321-3-1:2013 中用 X 射线荧光光谱法筛选分析电子电气产品均质材料中五种物质（铅、汞、镉、总铬、总溴）的能力。

10.3　报告实例

为方便应用，本章节以"电感耦合等离子体质谱法测定玩具产品中特定可迁移元素的方法验证"作为实例进行详解。报告基本框架一般如表 10-5 所示。

表 10-5　报告基本框架

序号	内容
1	目的
2	方法摘要
3	试剂与仪器条件参数
4	方法特性参数验证
5	结论
6	作业指导书（如必要）

10.3.1　目的

验证实验室是否具备准确执行 EN 71-3:2019 "Safety of toys—Part 3 Migration of certain elements"，采用电感耦合等离子体质谱法测定玩具产品中特定可迁移元素（硼元素 B）的能力。

注：方法验证报告中，若标准方法中含两种或两种以上检测方法，则需在"目的"部分列明所需验证的方法。对于确认报告，则要列明待确认方法的来源。

10.3.2　方法摘要

按照 EN 71-3:2019 方法，采用 0.07mol/L HCl 溶液迁移样品中的可迁移元素，采用 ICP-MS 进行测试分析。

注：对于验证报告，该部分只需列明标准中没有说明的方法步骤（或与技术路线不同的部分）。对于确认报告，则建议简要列明方法的前处理及仪器方法的关键步骤和

信息（若待确认方法为实验室自制方法，其详细步骤可在作业指导书中说明）。

10.3.3　试剂与仪器条件参数

（1）试剂

试剂按照 EN 71-3:2019 配备。

（2）仪器条件参数

本试验以标准推荐的仪器主要操作条件为基础，以等离子体气流量、辅助气流量、雾化气流量、RF 功率、试液提升量五个主要参数为因素进行调整。仪器状态最佳情况下的工作参数见表 10-6。

表 10-6　仪器状态最佳情况下的工作参数

项目	参数
RF 功率	1550W
冷却气流量	15L/min
辅助气流量	1.0L/min
载气流量	1.0L/min
补偿气流量	0.15L/min
反应池模式	He
碰撞气流量	4.2mL/min

注：同理，对于验证报告，该部分只需简要列明与标准方法的不同之处。对于确认报告，则有重点地选择技术内容填写。

10.3.4　方法特性参数验证

10.3.4.1　线性范围

用 0.07mol/L 的盐酸溶液将标准溶液逐级稀释，获得系列浓度为 2.0μg/L、5.0μg/L、10.0μg/L、20.0μg/L、50.0μg/L、100.0μg/L 的工作溶液。

在上述工作曲线条件下，分别测定 2.0~100.0μg/L 各浓度水平标液各 5 次，计算各浓度水平的测试结果平均值，计算回收率，回收率在 90%~110% 范围内的可认为能准确测定。

表 10-7　标准曲线相关参数

可迁移元素	水平点/（μg/L）	线性回归方程	相关系数
B	2.0、5.0、10.0、20.0、50.0、100.0	$y=131.09x+29.657$	0.9999

表 10-8　标准曲线各水平点的回收率

浓度水平	元素	B
2.0μg/L	回测均值/（μg/L）	2.11
	偏差/%	5.5%
5.0μg/L	回测均值/（μg/L）	5.08
	偏差/%	1.6%
10.0μg/L	回测均值/（μg/L）	10.13
	偏差/%	1.3%
20.0μg/L	回测均值/（μg/L）	20.69
	偏差/%	3.5%
50.0μg/L	回测均值/（μg/L）	51.3
	偏差/%	2.6%
100.0μg/L	回测均值/（μg/L）	102.5
	偏差/%	2.5%

测试方法 B 元素的相关系数均大于 0.999（表 10-7），同时各个水平点的回收率均在 90%~110%之间（表 10-8），即该元素标准曲线在 2.0~100.0μg/L 的范围内的线性满足要求，且准确可靠。

注：主要内容应包括各级系列浓度、相关系数、线性回归方程、回收率等。上述数据可用表格或者图来表示。

10.3.4.2　检出限和定量限

（1）检出限

按 EN 71-3:2019 方法进行 11 次全过程试剂样品空白测定，计算 11 次空白测定结果的平均值（A）和标准偏差（s），方法检出限（MDL）=$A+3s$，计算结果如表 10-9 所示。

（2）定量限

定量限为检出限的 3 倍，计算结果如表 10-9 所示。

表 10-9　可迁移元素的检出限和定量限

可迁移元素	空白平均值（A）/（mg/kg）	检出限/（mg/kg）	定量限/（mg/kg）
B	−0.003	0.016	0.048

注：目前检出限和定量限计算方法多样，计算结果存在一定差异，因此该部分应列明其计算依据，以方便后续的应用及追溯。

10.3.4.3　精密度和正确度

按照标准，将玩具材料分成 3 类，对 3 类材料分别选择典型材料，分别对玩具材料样品进行加标回收分析。每一种样品分别制备 8 份平行样，其中 1 份作为原始样品，另外 7 份均进行平行加标测试，计算相对标准偏差及加标回收率。

① 选择棕色粉末作为第 I 类材料的典型代表。第 I 类材料的加标浓度为 20μg/L，结果见表 10-10。

表 10-10　第 I 类材料加标回收率试验数据

样品	B/（μg/L）	回收率/%
原样	2.99	—
1	22.17	95.90
2	23.68	103.45
3	23.51	102.60
4	24.29	106.50
5	23.64	103.25
6	23.89	104.50
7	23.04	100.25
均值 R	23.46	102.35
SD	0.68	
RSD/%	2.91	

② 选择红色墨水作为第 II 类材料的典型代表。第 II 类材料的加标浓度为 20μg/L，结果见表 10-11。

表 10-11　第 II 类材料加标回收率试验数据

样品	B/（μg/L）	回收率/%
原样	5.47	—
1	25.32	99.25
2	25.04	97.85
3	25.83	101.80
4	24.70	96.15
5	24.72	96.25
6	24.95	97.40
7	25.26	98.95
均值 R	25.12	98.24
SD	0.39	
RSD/%	1.57	

③ 选择塑胶 PVC 作为第 III 类材料的典型代表。第 III 类材料的加标浓度为 20μg/L，结果见表 10-12。

表 10-12　第Ⅲ类材料加标回收率试验数据

样品	B/（μg/L）	回收率/%
原样	0.25	—
1	20.97	103.60
2	21.05	104.00
3	21.12	104.35
4	20.76	102.55
5	21.22	104.85
6	20.55	101.50
7	19.56	94.55
均值 R	20.75	102.49
SD	0.57	
RSD/%	2.75	

回收率满足要求。回收测试的 RSD 值小于 5%，即精密度满足试验要求。

注：采用加标回收的方式计算精密度和正确度，则需要列明原分析物含量。同理，若采用空白样加标也应给予说明。另外，若检测方法是对于一系列不同类型（基质）进行测定的，则精密度和正确度的评估需要选择每个类型的代表性样品进行测定，并同时进行记录。

10.3.5　结论

由线性范围确认试验可知该方法所采用的标准曲线范围成线性，满足测试要求。由检出限试验可知该方法满足 EN 71-3:2019 标准要求。由精密度和加标回收试验的结果可知，本试验方法精密度较高，加标回收率在正常范围内。为测定 EN 71-3:2019 的可迁移硼元素提供了可靠的测试条件。

注：总结归纳验证及确认结果，与标准方法要求进行对比，并进行"是否达到验证或确认的目的"的判定。

10.4　报告的应用

在经过方法确认和验证后，当方法特性参数均符合方法要求时，可利用其方法步骤及条件参数作为蓝本，制订实验室操作程序。同时，利用报告可对内部质量控制进行持续性跟踪，对异常数据进行溯源，改进和完善试验操作规范，同时举一反三，使日常的检测工作得到改进，杜绝类似问题再次发生，已达到提高质量控制的目的，有利于提高实验室日常检测能力。

10.4.1　在人员管理中的应用

方法确认和验证报告表明实验室人员等满足相关要求，实验室已经具备执行某检测方法的技术能力，在日后对该技术能力的维持过程中，由于实验室人员可能发生变化，经常需要对新人员进行检测方法培训。方法确认和验证报告是一份宝贵的技术资料，有助于实验室人员深入理解该方法在本实验室相关性能指标所处的水平，通过与现有仪器数据进行比较分析，还可识别方法可能存在的性能下降风险。实验室管理人员在确保设备仪器、环境、材料、标准作业程序（SOP）等条件符合之前方法验证所评估的要求的基础上，可通过对比报告中的方法特性参数与实验室人员的测试结果，考核新上岗或监控长期在岗检验人员的试验操作及水平，检查操作是否存在问题。

10.4.2　在质量控制中的应用

实验室通常采用空白分析、重复检测、比对、加标和控制样品的分析等质量控制方法来对检测结果的有效性进行监控。如果检测方法中规定了内部质量控制方法（包括规定限值），实验室应严格执行。但在日常测试业务中，很多标准方法本身未进行相关规定，实验室应制订相关内部质量控制计划，该计划制订中的一个非常重要的内容即内部规定限值，该限值可参考实验室方法确认或验证报告的方法特性参数作出规定。此外，通过对方法确认或验证报告进行分析，可以了解不同方法的特点，识别方法存在的风险，有利于有针对性地制订质量控制计划。

10.4.3　在仪器设备核查中的应用

实验室可通过比对方法验证报告中的数据，对仪器设备的线性范围、精密度是否满足之前方法验证的要求，状态是否良好，仪器老化程度以及环境条件（包括温度、湿度、粉尘、噪声和污染等）是否达到样品预处理和试验时的要求等进行核查，在逐一确定后，保证相关仪器设备的正常。

10.4.4　在新方法开发中的应用

新方法开发前通常需进行文献检索，同时也应查找本实验室已经进行的同类检测对象或检测参数的方法确认和验证报告，发现有同类报告则可以重点查阅和参考，为新方法开发提供重要技术背景，有利于开发方案的设计和减少重复试验工作量。如参考其他同类检测方法确认和验证报告中的预处理步骤及参数进行试验设计，可通过方法确认具体的实验室数据，逐一追寻新方法开发时遇到问题的原因（如检出限无法达到要求、回收率偏低、线性差等问题），减少试验次数，有利于缩短新方法开发时间，节约相关成本。

参 考 文 献

［1］ NATA General Accreditation Guidance—Validation and verification of quantitative and qualitative test methods. 2018.

［2］ 刘崇华，董夫银. 化学检测实验室质量控制技术［M］. 北京：化学工业出版社，2013.

［3］ 合格评定　化学分析方法确认和验证指南：GB/T 27417—2017［S］.

附录

1 方法确认和验证技术路线图

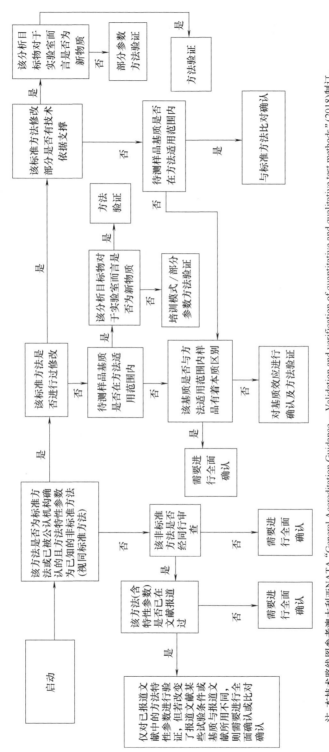

注：本技术路线图参考澳大利亚NATA "General Accreditation Guidance —Validation and verification of quantitative and qualitative test methods" (2018)制订。

2 仪器分析方法开发关键步骤及条件参数优化的注意事项

序号	仪器方法	方法步骤	典型方法	注意事项	备注
1	无机样品制备及前处理（适用于ICP-OES、ICP-MS、AAS、AFS、EDXRF元素测定方法）	样品制备方法1（适用于ICP-OES、ICP-MS、AAS、AFS溶液样品测定方法）	1. 固体样品采用简单工具剪碎或各种粉碎仪器粉碎。 2. 直接称取搅拌均匀的液体样品进行样品前处理（某些简单基质样品可经过简单基质直接稀释上机测定，如环境水样加入硝酸后，引入ICP-OES测定）。	1. 对于元素总含量测定，样品尺寸越小，越有利于样品消解，应选择一个可操作性强的小尺寸样品制备方法（如剪至2~5mm）。 2. 对于元素过量测量测试，方法须设定样品尺寸，实验室应严格按照规定的尺寸测试，结果才有可比性。 3. 注意避免样品交叉污染，有些元素测定需特别注意容器材质，比如常用的玻璃烧杯是钠钙玻璃，测定这两种元素时要避免选用玻璃器皿。	一
2		样品制备方法2（适用于EDXRF固体样品直接测定方法）	1. 一般采用手工或者机械剪切，取出大于光斑面积的片状代表性样品，放入合式EDXRF。 2. 粉末或细小颗粒状样品，无须制样，采用样品杯盛放样品进行测试即可。	1. 样品的形状（片状或颗粒状）和大小尺寸等，会明显影响测试结果的准确度。因此需尽量保持标准物质与待测样品之间一致的形状和大小。 2. 应注意任意样品量至少需要覆盖满光斑的区域，并尽量保持标准物质与待测样品一致的密度或厚度	手持式EDXRF则一般只需将测试窗对准待测样品，不需制样
3		样品前处理1：样品消解	1. 根据样品的化学特性，选择有助于消解完全的合适消解试剂。一般首选酸溶法，次选碱溶法。 2. 常用元素总含量测定消解试剂为强酸、氧化性试剂等，如浓硝酸或者混合酸。	1. 样品如含硅酸盐可能要用到氢氟酸等。 2. 选择有助于溶解介质的稀释与分析样品匹配的酸种类及其浓度，以便获得准确的结果。 3. 一般会以消解的某个现象，如消解液上方棕色白烟消失，或者在特定的温度下（消解介质的沸点）一定的消解时间作为消解终点。	用于元素总含量测定

序号	仪器方法	方法步骤	典型方法	注意事项	备注
3	无机样品制备及前处理（适用于ICP-OES、ICP-MS、AAS、AFS、EDXRF元素测定方法）	样品前处理1：样品消解	3. 常用湿法消解法，包括电热板消解法、高压罐消解法、微波消解法	4. 当采用高压罐消解法、微波消解法时，对于成分未知的样品，为防止样品在密闭消解过程中产生过量气体(副)产物，大多数的方法样品量采用0.05~0.2g，处理温度一般不超过220℃。5. 避免使用有机溶剂，避免样品消解后残留过高的盐份，必要时可考虑对样品溶液稀释后测定	用于元素总含量测定
4		样品前处理2：样品提取	一般采用模拟溶液提取法，用模拟汗液、酸性胃液、不同浓度乙酸、乙醇、正己烷、自来水、纯水等溶液或溶剂直接从样品中提取待测成分	1. 元素迁移含量测定不需完全分解破坏样品，只需将待测元素成分按规定的迁移条件转移到溶液中，故用于测定试剂用量比较少，处理过程简单，空白值低且造成待测成分损失或污染的可能性相对较小。2. 但制订该类方法必须按规定提取温度、提取时间等具体条件进行试，实验室应严格按照规定的迁移条件测试，以使结果具有可比性。3. 采用有机物作为提取液时，ICP-AES和AAS等仪器通常不能直接进样，需要将溶剂蒸干改用稀酸溶解后测定	用于元素迁移含量测定
5	电感耦合等离子体发射光谱法（ICP-OES）	分析波长的选择	首选仪器推荐的第一波长或者第二波长为分析定量波长	1. 选择的原则是可能把光谱干扰降到最低，选择待测元素受基质影响最小，同时在测量范围内强度相对最强的谱线波长。2. 必要时，可考虑多选一个波长为辅助波长以增强结果的可信度	—
6		等离子体等工作条件的选择	常用工作条件及范围：等离子体功率为1100~1300W，雾化气体流量为0.6~0.8L/min，辅助气体流量为0.2~1.5L/min，进样流速为1.0~1.5mL/min	1. 当测定的元素含有易激发又易电离的碱金属元素时，应考虑选用较低的功率（750~950W）；而在测定较难激发的As、Sb、Bi等元素时，可考虑选用1300W或以上的功率。当样品溶液中含少量有机物充分分解时，一般适用选用较高的功率。	—

序号	仪器方法	方法步骤	典型方法	注意事项	备注
6	电感耦合等离子体发射光谱法（ICP-OES）	等离子体工作条件的选择	常用工作条件及范围：等离子体功率为1100~1300W，雾化气气流量为0.6~0.8L/min，等离子体气流量为12~16L/min，辅助气流量为0.2~1.5L/min，进样液流速为1.0~1.5mL/min	3. 一般情况，随着功率增大谱线强度也增加，但背景强度也增大。ICP-OES能同时进行多个元素分析，因此，需综合各个分析元素折中考虑选择适合的功率。 4. 由于进样系统的雾化效果直接影响分析的灵敏度和精密度，雾化气流量为影响ICP-OES的最主要和最敏感的参数。当样品溶液中含有机溶剂时，需考虑惰性较低的雾化气流量，据高等离子体气流量而采用较低的雾化气流量；同时，建议选用较小内径的泵管来降低试液提升量，以替代辅助气流量。 5. 由于尾焰处理的辅助气流量的最佳设定有差异，不同的仪器生产商的设计和矩管最佳流量的推荐设定，或者在推荐值的基础上进一步优化。 6. 等离子体气流量不能过低，太低可能会导致炬管过热，融化或等等离子体气体熄灭	—
7	电感耦合等离子体发射光谱法（ICP-OES）	雾化器的选择	常用雾化装置是同心型雾化器配合旋流雾化室	1. 同心型雾化器具有更好的雾化效率和稳定性，但易堵塞，须定期用雾化器专用清洗工具进行清洗。切勿用金属丝来清理疏通堵塞的雾化器。 2. 雾化室要注意直接口处的气密性。 3. 测试含氢氟酸的溶液，必须选用耐氢氟酸的PTFE材质雾化器。如OneNeb雾化器	—
8	电感耦合等离子体质谱法（ICP-MS）	调谐参数的设定	一般仪器可以自动调谐，也可以手动设定调谐。主要调谐参数包括：采样深度，RF功率，采样水平位置和垂直位置，等离子体气流量，雾化气流量，辅助气流量，试液提升速度	1. 不同仪器采样深度异较大，但其他参数差异相对较小。 2. 低质量数，中质量数、高质量数的灵敏度满足试验要求。 3. 氧化物，双电荷的比率小于0.1u 4. 分辨率小于3%。	—

序号	仪器方法	方法步骤	典型方法	注意事项	备注
9	电感耦合等离子体质谱法（ICP-MS）	质谱干扰及校正	质谱干扰一般包括：同量异位素重叠干扰、双电荷离子干扰、难熔氧化物干扰、多原子离子干扰。通常没有干扰的同位素，编辑干扰方程，选择适合的碰撞-反应模式。	1. 同量异位素重叠干扰即质谱重叠干扰，通常该干扰不能被四极杆质谱分辨，如 ^{204}Pb 对 ^{204}Hg 的干扰，若无法选择其他无干扰同位素，可采用编辑干扰方程的方法来消除。 2. 难熔氧化物干扰是由于样品基体不完全解离或是在等离子体尾焰中解离产生的离子与氧结合而产生的，其结果是待分析元素再与氧结合产生的离子，如待分析元素母离子（M）的 M+16 对应质量数产生较弱的信号而编辑干扰方程的离子，如 ^{47}Ti^{16}O$^+$ 对 ^{63}Cu$^+$ 的干扰，可采用编辑干扰方程的方法和碰撞-反应模式的方法消除干扰。 3. 双电荷干扰是由于某些元素的第二电离能低于 Ar 第一电离能（1521kJ/mol）而产生的，双电荷离子干扰一方面因待测元素的双电荷离子使待测元素信号强度降低，一方面因其他元素形成的双电荷离子对待测元素强度增加，如 ^{136}Ba^{2+} 对 ^{68}Zn$^+$、^{88}Sr^{2+} 对 ^{44}Ca$^+$、^{54}Fe^{2+} 对 ^{27}Al$^+$，可采用编辑干扰方程的方法和碰撞-反应模式的方法消除干扰。 4. 多原子离子干扰是 ICP-MS 中最严重的干扰类型，即由多个原子结合而成的复合离子对待测元素产生的干扰。主要以氧化物、氢氧化物等形式出现。在 ICP 中，Ar$^+$ 与多种离子结合形成质谱重叠干扰，如丰度最大的 ^{40}Ar$^+$ 与 ^{35}Cl 结合会严重干扰 ^{75}As$^+$。多原子离子主要由 Ar、O、H、N、Cl 加合形成，可采用编辑干扰方程的方法和碰撞-反应模式的方法消除干扰。	通常可同时采用碰撞-反应模式和编辑-干扰方程的方法来消除质谱干扰
10	电感耦合等离子体质谱法（ICP-MS）	ICP-MS 工作条件的选择	参考条件： RF 功率：1300W； 等离子体气流量：15L/min； 辅助气流量：0.4L/min；	1. RF 功率、等离子体气流量、辅助气流量和雾化气流量都将影响质谱灵敏度和精度。 2. 随着 ICP 发射功率升高，样品停留在 ICP 中的温度越高，同样导致双电荷和氧化物产率较低。	—

序号	仪器方法	方法步骤	典型方法	注意事项	备注
10	电感耦合等离子体质谱法（ICP-MS）	ICP-MS工作条件的选择	雾化气流量：0.8L/min；试样提升速度：0.10r/s	3. 载气和辅助气使用的氩气中含有的 O_2、N_2、H_2O、Kr、Xe等杂质会产生重叠，载气流速越低，其吸收电荷/质量也越低，而ICP温度就维持得相对较高，双电荷产率越高，而氧化物产率越低。 4. 雾化气流量可以改变进入ICP的溶剂量影响。低速有利于水蒸气浓缩，从而大大减少因H、O产生的质谱干扰，同时降低ICP热量的损失。 5. 试样提升速度会对样品的电离率产生影响，过快的试样提升速度会降低电离率	—
11	X射线荧光光谱法（EDXRF）	阴极材料（靶材）、滤光片、管电压和管电流的选择	1. 商业用途常使用铑（Rh）作为靶材。 2. 一般来说轻元素选择低电压、高电流，而重元素选择高电压、低电流。 3. 在5~10KeV的能量谱段，选择Al滤光片较为合适，选在10~25KeV谱段范围，选择Ag滤光片较为合适	1. 不同的靶材适合测试不同原子序数的元素，靶材选择适当，有助于提高分析灵敏度和分析效率。作为一般性原则，高原子序数元素采用重元素靶材，低原子序数元素分析采用轻元素靶材。 2. 若测定多个元素，通常只需设定2~3种电流和电压，分别满足轻、重元素的测定即可	—
12		基体校准模式的选择	1. 对于非金属成分基质的样品，或者有足够建立标准曲线的系列同材质标准物质，一般选择同材质标准曲线法。 2. 其他情况一般选择基本参数法。	如待测样品为金属成分基质的样品（一个或多个），有一致或接近基质的标准物质，金属样品也可选择标准曲线法	—
13		谱线的选择	1. 通常选择 K_α、K_β、L_α、L_β 和 M_α 等几条主要特征谱线，这些谱线在各自谱线系列中	1. 可查核资料了解可能的干扰元素，尽量避免样品中基体元素的谱线干扰。 2. 采用含有干扰物的样品空白进行测试，获得各谱	—

续表

序号	仪器方法	方法步骤	典型方法	注意事项	备注
13		谱线的选择	是强线。2. 尽量选择无干扰的谱线，否则可能需要通过对结果的谱线的干扰校正以解决	线干扰情况。3. 可根据其他湿化学定量检测方法如 ICP-OES、AAS 的测试结果，或佐证标准物质的测试质量，来识别目标谱线是否存在干扰	—
14		测定时间的确定	检出限和背景强度成正比，和测定时间成反比。延长测定时间，可以降低检出限	1. 延长测试时间，可以降低检出限。按检出限评估方式进行测试。2. 在满足方法检出限要求的情况下，从效率考量，时间越短越好	—
15	X 射线荧光光谱法（EDXRF）	准直器的选择	不同设备会略有不同，一般按设备推荐的参数或尽量选择大的光斑面积	1. 光斑小时需要的试样面积也比较小，但测试区域周围的干扰，但以降低方法的检出限，精密度和准确度会变差。2. 光斑大时射线能量更强，但需要更多的样品面积或样品量	—
16	原子吸收光谱法（AAS）	火焰法 FAAS 仪器参数选择	常用工作条件包括：分析波长、狭缝宽度、燃烧头转角角度和高度、灯电流、溶液提升速率、火焰种类、燃气和助燃气流量比例等。火焰类选择影响原子化效率的主要因素，常用空气-乙炔火焰、乙炔-氧化亚氮火焰，以提高氧化火焰温度。燃烧头转角角度对结果影响比较大。升高提升速率对结果影响比较大	1. 分析波长及狭缝宽度：一般按照推荐波长，浓度很高的待测元素，可以选择次灵敏线作为分析波长，一般可选 0.4~4.0nm 狭缝宽度，谱线复杂元素宜选择窄狭缝宽度。2. 燃烧头转角角度：一般是 0°，如果吸光度太大，可以调整。燃烧头垂直是 90°，如果吸光度太大，可以调整。旋转推荐角度：一般选择推荐高度，可以上下微调，以吸光度最大为原则。旋转角度进行试验 15°，30° 等（有些仪器可以"自动调整位置"。观察角度对结果影响比较大。3. 一般选择待测元素专用空心阴极灯，砷、汞等元素也可以选择无极放电灯。灯一般预热 20min 左右，但汞灯等需要更长时间。4. 不同灯的使用电流范围，一般在最大工作电流的 40%~60%附近，长期使用最大工作电流，会降低灯的使用寿命	常与氢化物发生器联用测定汞、砷等的形成氢化物的元素

序号	仪器方法	方法步骤	典型方法	注意事项	备注
16	原子吸收光谱法（AAS）	火焰法 FAAS 仪器参数选择	常用工作条件包括：分析波长、狭缝宽度、燃烧头高度、灯电流和电压、溶液提升速率、火焰种类、燃气和助燃气流量比例等。火焰种类选择是影响原子化效率的主要因素，常用空气-乙炔火焰，对难解离元素宜选氧化亚氮-乙炔火焰，以提高火焰温度。燃烧头旋转角度和溶液提升速率对结果影响比较大	5. 溶液提升速率：一般选择 3~6mL/min，按照吸光度最大原则找到适合的提升速率。 6. 不同火焰类型有各自适用的燃烧头，不能混用。	常与氢化物发生器联用测定砷、汞等可形成氢化物的元素
		石墨炉法 GFAAS 仪器参数选择	常用工作条件包括：分析波长、狭缝宽度、灯电流和电压、进样量、基体改进剂的选择、灰化温度、原子化温度的选择等。基体改进剂的选择对结果影响比较大，原子化温度是影响原子化效率的主要因素	1. 分析波长及狭缝宽度、灯电流和电压等条件选择同火焰法。 2. 原子化温度程序：样品在石墨管中经历干燥、灰化、原子化和高温净化四个阶段。干燥温度一般为100℃，对干燥时间为15~60s，灰化即去除基体组分，减少共存元素干扰，可绘制吸光度和灰化温度的关系曲线，找到最佳灰化温度和最佳原子化温度。 3. 基体改进剂的选择：为降低干扰，增加灵敏度，可以有无机改进剂，有机改进剂、活性气体改进剂三种选择	一般选择标准曲线法，样品基体比较复杂时选用标准加入法
17		干扰试验	原子吸收光谱线相对简单，通常干扰主要是背景干扰，需要通过仪器扣除背景功能进行校正，特别是在除石墨炉法中一般需要添加基体改进剂，优化原子化温度程序等从而对干扰进行校正	1. 物理干扰：考虑电离干扰（降低火焰温度或加入消电离剂消除）、背景干扰（可采用氘灯校正背景，塞曼效应校正背景消除）。 2. 化学干扰：可通过改变火焰温度、加入释放剂、加入保护络合剂、加入缓冲剂等方式消除	—

序号	仪器方法	方法步骤	典型方法	注意事项	备注
18	原子荧光光谱法（AFS）	仪器参数选择	原子荧光光谱法通常与作为进样装置的氢化物发生器联用。常用工作条件包括：负高压、灯电流、原子化器温度、载气流量、屏蔽气流量、样品流量、还原剂和载流浓度及浓度、负高压和灯电流、载气流量是影响结果的主要因素	1. 负高压：一般为220~300V，负高压越大，荧光信号越强，但暗电流也相应增大。 2. 灯电流：选择类似原子吸收光谱法，此外，灯电流过大，会发生自吸现象。 3. 原子化器温度及观察高度：原子化器温度即石英炉芯内温度（预加热温度），一般为200℃，最佳观察高度一般为8~10mm。 4. 载气流量、屏蔽气流量：过大或过小的流量都可以能导致火焰不稳定或荧光信号弱，一般在300~800mL/min范围内优化。 5. 样品流速：一般为1mL/min左右。 6. 还原剂浓度及空白值高。一般低浓度的盐酸或还原剂浓度高。一般荧光强度随还原剂浓度过大时，会产生的氢的量增多，稀释了原子化器中测定原子的瞬时浓度，造成气相干扰，使信号下降。 7. 测定汞可以选择冷原子荧光法，无须点火。	—
19		干扰消除	通常通过氢化物发生器使待测元素与基体分离，消除样品基体干扰，但仍存在一定的液相干扰和气相干扰	1. 液相干扰可采用增加氢化反应酸度、加入络合剂掩蔽干扰离子，使用低浓度硼氢化物生成方式、提前分离出干扰离子等方式消除。 2. 气相干扰可采用优化原子化条件、消除传输干扰等方式消除	—
20		积分曲线和积分方式的选择	根据荧光信号随时间变化曲线确定读数时间和延迟时间	一般选择峰面积积分，也可以选择峰高积分	—

序号	仪器方法	方法步骤	典型方法	注意事项	备注
21	有机样品制备及前处理（适用于 HPLC、HPLC-MS、GC、GC-MS 有机化合物测定方法）	样品制备	1. 固体样品采用简单工具剪碎或采用各种粉碎仪器粉碎。 2. 液体样品搅拌均匀	1. 一般来说，采用溶剂抽提的方式提取样品中的难挥发性待测有机物时，样品尺寸越小，越有利于增大样品与待测溶剂的接触面积，提高提取效率。 2. 对于采用固态顶空-气相色谱法或顶态样品直接顶空-气相色谱法检测样品中的挥发性有机物含量时，样品尺寸并非越小越好，因为待检测的挥发性有机物可能在样品破碎的过程中因过量散逸而损失。即使采用了液氮冷冻等手段减少散逸，但样品破碎到一定程度以后，随着破碎时间继续延长，粒径继续减小，比表面积继续增大，仍然有可能因散逸而造成过量损失。因此样品破碎到何种程度要经过严格的试验确定。 3. 对于某些有机化合物的迁移测试，如样品中有机化合物的迁移测试，应根据有关标准要求（如规定的尺寸等）进行制备处理。 4. 注意避免样品交叉污染，如使用粉碎机时应注意在粉碎每一样品前对粉碎机进行清理	—
22		样品前处理	提取（溶剂提取、超声提取）和净化（固相萃取净化）	1. 根据目标物的化学特性（如分离物质的极性）和样品基质的特点，以"相似相溶"原则选择提取溶剂，即要求对目标物有良好的溶解性能，对基体材料有良好的渗透性能或者能完全溶解基体材料；再通过试验比较确定提取溶剂的种类和用量。 2. 一般考虑采用超声提取方式，提取时间、提取温度和提取液提取次数等。 3. 对于食品接触材料中有机化合物的迁移测试，应根据 GB 31604.1—2015《食品安全国家标准 食品接触材料及制品迁移试验通则》等有关标准要求，选择合适的食品模拟物。	—

序号	仪器方法	方法步骤	典型方法	注意事项	备注
22	有机样品制备及前处理（适用于HPLC、HPLC-MS、GC、GC-MS有机化合物测定方法）	样品前处理	提取（溶剂提取、超声提取）和净化（固相萃取净化）	4. 对于基质复杂的样品，应考虑净化除杂。一般采用固相萃取净化，应根据目标物的化学特性和样品基质的特性选择固相萃取柱的种类，按照固相萃取柱的产品说明书要求进行活化和平衡操作，通过试验比较确定净化条件（包括上样条件、淋洗溶液种类和用量、洗脱溶液种类和用量等）。 5. 当样品溶剂浓度不够，则需采用氮吹浓缩或旋转蒸发浓缩、溶剂稀释浓缩时应避免采用挥发性、考察浓缩温度、速率和测余体积等。一般根据目标化合物的挥发性、浓缩后建议用流动相初始比例作为样品定容液，避免产生溶剂效应。 6. 如果目标分析物或基质质量过高，则需要考虑将样品稀释一定的倍数。	—
23	高效液相色谱法（HPLC）	仪器参数选择	分离条件	1. 色谱柱：C18色谱柱是最常用的色谱柱。一般先考虑选择C18色谱柱；如果化合物极性很强或流动相水性强，在C18色谱柱上没有保留或保留极弱，则可以再考虑选用其他色谱柱。 2. 流动相：有机相常用甲醇或乙腈；水相种类比较多，有纯水和缓冲盐，通常还可调整pH值等，对于极性强而在C18色谱柱上没有保留的化合物还可以选择在水相中加入离子对试剂（如烷基磺酸钠等），需要重点优化。 3. 洗脱程序：对于一个目标分析物，一般先考虑等度洗脱，但如果等度洗脱无法获得满足要求的灵敏度和分离度（与杂质之间）时，则应采用梯度洗脱；对于多个目标分析物，一般采用梯度洗脱。 4. 仪器工作条件：对于常规液相色谱，流速一般为1.0mL/min，柱温多设为30℃或35℃，进样量为10~20μL。必要时，可以通过优化柱温来微调目标物分离。	—

续表

序号	仪器方法	方法步骤	典型方法	注意事项	备注
23			分离条件	析物的分离度；可以通过调整进样量来得到所需的灵敏度	—
24	高效液相色谱法（HPLC）	仪器参数选择	检测器参数	1. 对于紫外检测器或二极管阵列检测器，一般选择目标分析物的最大紫外吸收波长作为检测波长，当最大紫外吸收波长有其他干扰时，在满足检测灵敏度的前提下，可以选择其他紫外吸收波长。 2. 对于多目标分析物，有些仪器可以设置全波长采集，再选取各目标分析物对应的最大紫外吸收波长作为定量波长；如果仪器无法设置全波长采集，则需对每个目标分析物——设置检测波长。 3. 对于荧光检测器，应对每一个目标分析物同时设定激发波长和发射波长	—
25	液相色谱-质谱联用法（HPLC-MS）	仪器参数选择	分离条件	1. 色谱柱：同HPLC。 2. 流动相：有机相常用甲醇或乙腈；水相常用水、0.1%甲酸水、0.05%氨水，且在质谱正模式下多采用0.1%甲酸水，在质谱负模式下多采用水或0.05%氨水，不能使用磷酸盐等不挥发性酸和盐，不能使用离子对试剂。 3. 洗脱程序：同HPLC。但质谱的采集检测原理与HPLC不同，在不产生互相干扰的情况下可以不用考虑目标分析物的分离度问题	—
26			检测器参数	1. 大多数化合物可以采用ESI源。 2. 采用合适浓度的目标分析物标准溶液，优化确定质谱的电离模式（正模式或负模式）、电离电压、定性定量离子对及其碰撞能等参数。 3. 不同品牌仪器的质谱电压等参数不同，使用不同品牌仪器时需要重新优化质谱参数	—

化学分析方法确认与验证

280

序号	仪器方法	方法步骤	典型方法	注意事项	备注
27		色谱柱的选择	一般选择 DB-5 或类似类型的色谱柱进行初步试验，一般可先选用 30m 柱长，0.32mm 内径，0.25μm 膜厚的柱子进行初试	1. 根据目标化合物的结构特性（固定相极性、最高使用温度、特殊用途固定相等），选择合适的色谱柱。2. 根据初试结果，再选择适当的膜厚，一般膜厚越大，保留时间越长。3. 根据目标化合物的数量和基体材料的复杂程度，选择合适的色谱柱长	—
28		升温程序的优化	一般可先将分流比设置为 50：1 进行初试	一般进行初试时，可将起始温度设置为 45℃，以 10℃/min 程序升温，最高温度升至高于目标物沸点 20℃以上。必要时对升温程序进行再优化	—
29	气相色谱法（GC）	检测器参数的确定	常用检测器有 FID、ECD、NPD 等。FID 为有机化合物通用型检测器；ECD 主要适用于含有电负性官能团的有机化合物，如含 S、P、O、N、卤素等的有机化合物；而 NPD 主要适用于含 N、P 的有机化合物检测	1. 一般来说，检测器温度应不低于柱温程序升温的最高温度。2. FID 的灵敏度与氢气、空气、氮气三者之间的流量比例有关。一般来说，如初始时可将流量设置为氢气 30~40mL/min，空气 300~400mL/min，氮气 30~40mL/min，然后在此基础上进行进一步优化。3. ECD 在使用时必须严格经过严格脱水，否则会严重影响灵敏度，而且会损坏检测器。使用时其温度不应低于 250℃。4. NPD 的载气必须尽量避免样品中含有二氯甲烷等氯代类溶剂，若必须使用时，应在检测峰通过检测器前关闭氢气流量和铷珠电流	—
30	气相色谱-质谱联用法（GC-MS）	色谱柱的选择	初试时可先选用 DB-5MS 或类似类型的色谱柱，一般可用 30m 柱长，0.25mm 内径，0.25μm 膜厚的柱子进行初试	选择满足足质谱使用要求的色谱柱，通常色谱柱代号后都带有 MS 字样	—

序号	仪器方法	方法步骤	典型方法	注意事项	备注
31	气相色谱-质谱联用法（GC-MS）	升温程序的优化	一般可先将分流比设置为50:1进行初试	1. 一般进行初试时，可将起始温度设置为45℃，以10℃/min 程序升温，最高温度升至至高于目标物沸点20℃以上。必要时对升温程序进行再优化。2. 应选用高温下住流失较小的色谱柱，以避免对质谱端造成污染	—
32		质谱参数的优化	四极杆质谱	根据目标化合物的分子量选择质量扫描范围，根据特征离子碎片选择监测离子	—

3 方法特性参数的典型评定方法及注意事项

序号	仪器方法	方法步骤	典型方法	注意事项	备注
1	光谱法（适用于UV-VIS、AAS、AFS、ICP-OES、EDXRF，也适用于ICP-MS）	方法检出限和定量限	空白标准偏差法：1. 采用样品空白按方法全程步骤处理，独立测试10次，由标准曲线获得10次测试结果（结果的正负数值作为有效数据），计算测试结果的平均值和标准偏差（s），"样品空白平均值+3s"即为方法检出限。实际工作中，一般空白平均值可以忽略，直接计算3s为方法检出限。2. 当标准偏差（s）为零时，可以考虑在样品空白中加入最低可接受浓度的加标样品代替	1. 一般情况下，采用样品空白来评估方法检出限，由于样品空白不含有各目标物质，一般简化的计算方法也可将平均值视为0，即直接计算3s 为方法检出限。2. 进行样品空白测试时，则需要注意避免过程中引入污染。偶然的污染也只发生在10次独立测试中的某一次，有时，在使用这些测试结果进行方法检出限统计计算时，应该注意鉴别，必要时，可能需要剔除。3. 当无法获得带有基质的样品空白时，可以使用试剂空白来评估方法检出限，但采用试剂空白获得比实际方法检出限更小的方法检出限，容易获得比实际方法检出限更小的方法检出限。4. 当采用试剂空白来评估方法检出限时，其所获得的重复性标准差常接近，此时，如UV-VIS 和 AFS，一般可于在试剂空白中加入人低浓度（如方法中规定的方法检出限所对应的浓度水平）的目标物质，	—

序号	仪器方法	方法步骤	典型方法	注意事项	备注
1		方法检出限和定量限	样品空白，此时，直接用 3s 计算方法检出限。3. 通常以 3 倍的方法检出限作为方法定量限	通过对该加标样品的重复测量结果来计算 3s，从而获得最终方法检出限。5. 采用EDXRF进行测定的方法存在明显的基质效应，一般采用与样品基质相同的样品空白进行评估	一般适于方法确认
2		选择性	参考第 1 章 1.4.4 空白测试和空白添加测试评估	1. ICP-OES，EDXRF 等容易存在光谱干扰，可选择其他合适的谱线或采用内标法避免该干扰。例如，ICP-OES中高含量的铁会对 Pb 220nm 造成干扰。2. GFAAS 采用塞曼扣除背景方式或带平台石墨管，有利于消除或降低相关干扰	—
3	光谱法（适用于 UV-VIS、AAS、AFS、ICP-OES、EDXRF，也适用于 ICP-MS）	线性范围和测量范围	通常可以通过仪器测量线性范围的验证来同时验证方法测量范围。仪器测量线性范围参考第 1 章 1.4.5 标准曲线法进行验证。1. 可配制系列浓度（包括空白）标准溶液测定评估。2. 一般选择最小二乘法进行曲线拟合	1. 相关系数一般用字母 r 表示。一些设备软件计算出来的为 r^2，比较时应注意两者差异。2. 光谱分析设备的定量方法的相关系数一般能达到 0.995 以上。对于 ICP-OES，其线性相关系数更是一般可以达到 0.999 以上。3. 对于 EDXRF，实际工作中，有时难以找到 6 个同基质的 CRMs，但至少应包含高、中、低 3 个浓度水平。针对金属类基质的样品，一般采用 FP 法（基本参数法）代替标准曲线法，这种情况下，测量范围的验证无法通过线性范围进行	
4		基质效应	参考第 1 章 1.4.7 进行。1. 采用有证标准物质（CRMs）进行测试，其测试结果偏离证书值情况可用于评估基质效应。2. 样品加标回收率的偏离情况可用来判断样品溶液是否存在基质效应	1. 对于 ICP-OES，样品溶液中的酸含量与曲线标准溶液中酸含量的不同，会带来明显的影响。例如，同一浓度水平下，在 ICP-OES 中的响应值，30%（体积分数）硝酸含量的标准溶液低 10%以上。ICP-MS 也有类似的情况，但对于 AAS，这种情况的影响会小一些。类似地，主成分为金属的合金样品（如铁合金、铜合金）在 ICP-OES 分析时，铝元素时，也存在明显的基质效应	一般适于方法确认

序号	仪器方法	方法步骤	典型方法	注意事项	备注
4		基质效应	参考第1章1.4.7进行。1. 采用有证标准物质（CRMs）进行测试，其测试结果偏离证书值情况可用于评估基质效应。2. 样品加标回收率的偏离情况可用来判断样品溶液是否存在基质干扰。	3. EDXRF方法存在明显的基质效应。4. UV-VIS可能会存在样品颜色干扰。例如，UV-VIS测试皮革中的甲醛含量，萃取液呈现黄色可能会干扰甲醛测定。5. GFAAS采用氘灯扣除背景的方式，对于一些高盐组分的样品会明显增加其背景值，导致结果偏低。采用塞曼扣除背景方式，或者优化测试条件，有利于消除或降低相关干扰。	一般适于方法确认
5	光谱法（适用于UV-VIS、AAS、AFS、ICP-OES、EDXRF，也适用于ICP-MS）	正确度	参考第1章1.4.9采用有证标准物质（CRMs）或参考物质（RMs），通过其回收率进行评估	1. 对于一些测试（如非100%萃取的前处理），由于样品加标试验所加入的目标物质在样品中的"结合"方式不同，与样品本身含有的目标物质能被萃取出来的效率不同，此时，样品加标100%的回收率不一定代表这种差异。2. 作为用于筛选分析的EDXRF法，其正确度一般明显差于ICP-OES等其他光谱定量分析方法。因此，实验室在自行判定正确度要求时，要考虑EDXRF法的特点。	—
6		精密度	参考第1章1.4.8进行。1. 重复性试验应代表了实验室内应用该方法的最佳水平。2. 中间精密度（intermediate precision）试验是指同一实验室在再现性条件下，应用该方法时会出现的变化正常波动水平（见EuraChem-2014）	1. 当准方法在中间精密度验证中间精密度验证数据时，试验可在验证重复性的同时验证中间精密度，中间精密度的验证应尽量反映同一实验室不同的分析人员、不同型号的设备等。2. 从成本考虑，精密度的评估可以采用以上正确度评估中获得的两次独立测定结果的信息和结果。3. 通常应重复测定足够多次，但在一些测试要求中，对重复测定会有类似于测定结果的绝对差值。如："在重复性条件下获得的两次测定结果的绝对差值不得超过其算术平均值的10%"。此时，实验室在重复性水平下，对不同浓度水平下的两次结果可在重复性条件下进行比较，与该要求进行计算，即可完成精密度的评估。	

序号	仪器方法	方法步骤	典型方法	注意事项	备注
6		精密度	参考第 1 章 1.4.8 进行。 1. 重复性试验代表了实验室内应用该方法的最佳水平。 2. 中间精密度（intermediate precision）试验是指同一实验室在再现性条件下，应用该方法时会出现的变化正常波动水平（见 EuraChem-2014）	4. 作为用于筛选分析的 EDXRF 法，其精密度明显差于 ICP-OES 等分析方法。实验室在自行削订精密度要求时，要考虑 EDXRF 法的特点	—
7	光谱法（适用于 UV-VIS、AAS、AFS、ICP-OES、EDXRF，也适用于 ICP-MS）	稳健度	一般采用某些方法试验条件，采用有证标准物质或均匀的质控样（QC）进行试验，从而进行评估	1. 单因子评价法，也就是每次只变化一个参数，评估该参数的变化对方法的影响。 2. 影响光谱的分析方法主要包括样品前处理和仪器粉碎颗粒尺寸、样品消解提取条件（温度、时间、pH）、残余液酸程度，其中样品前处理的影响因素可能有较大差异，不同的光谱仪器的影响因素有较大差异，通常都包括光源条件、原子化条件、检测器检测分析条件等（如分析波长等），一般采用单因素试验进行评估。 3. 试验前一般需要查询相关文献，以便了解和掌握影响检测结果的几个关键因素	一般适于方法确认
8	色谱法和色谱-质谱联用法（适用于 LC、GC、LC-MS、GC-MS）	方法检出限和方法定量限	一般采用峰/峰（peak to peak）信噪比，即以目标分析物峰高与信号最高分一段噪声峰高对应的平均高度值之比，比值为 2 或 3 时，该目标分析物信号值对应的浓度值即为方法检出限。通常以 3 倍的方法检出限作为方法定量限	1. 当方法提供了检出限，可选用代表样品空白添加检出限浓度水平的目标分析物并按照检测方法进行前处理后上机测试、评估。 2. 若无法求得样品空白时，可以考虑用试剂空白代替样品空白或溶液，或者采用仪器检出限乘以样品前处理稀释倍数（或者除以样品前处理浓缩倍数）进行估算，但也种计算方法容易低估方法检出限。 3. 当方法没有提供检出限时，可根据有关资料进行预估，进行一系列预估浓度水平附近的试验，以求得满足检出限信噪比要求（信噪比为 2 或 3）的最低浓度值。	采用质谱检测时，应以定量离子或定量峰高作为信号值，而不是用总离子流色谱峰高

序号	仪器方法	方法步骤	典型方法	注意事项	备注
8		方法检出限和方法定量限	一般采用峰/峰（peak to peak）信噪比，即以目标分析物峰高为信号值，计算其与一段噪声内的平均高度值之比，比值为2或3时，该目标分析物信号值对应的浓度即为方法检出限。通常以3倍的方法检出限为方法定量限。	4. 仪器工作软件一般可以自动计算信噪比，但是噪声片段的选择对信噪比计算非常关键。通常选择目标峰两侧的噪声峰值进行计算；目标峰两侧噪声有差异或者有其他目标峰时，可以考虑选取适合的噪声片段，或者可以考虑谱图中整个噪声趋势和平均值。选取合适的噪声片段，该目标分析物信号值对应的浓度和空白样液中同样液的色谱峰叠加测量辅助评估。 5. 通常在最低浓度添加水平的精密度评估试验中同时开展评估方法定量限时，而不必在再单独开展评估方法定量限试验	采用质谱检测时，应以定量离子对或定量离子对的信号值作为信号值，而不是采用总离子谱峰高
9	色谱法和色谱质谱联用法（可适用于LC、GC、LC-MS、GC-MS）	选择性	参考第1章1.4.4 空白测试和空白加测试评估	实际样品中可能含有目标分析物的同分异构体，其与目标分析物可能有相同的色谱行为，在方法确认时需要排除干扰。一般采用优化色谱分离条件来排除	一般适于方法确认
10		线性范围和测量范围	通常可以通过仪器测量线性范围的验证来同时验证测量范围。仪器测量线性范围法进行验证参考第1章1.4.5 标准曲线法进行验证	1. 当方法没有基质效应时，考察纯溶剂标准溶液；当方法存在基质效应时，考察基质标准溶液。 2. 色谱类分析设备的定量相关系数一般能达到0.995以上。 3. LC-MS和GC-MS常需用到内标标准曲线法。 4. 采用代表性样品空白进行覆盖测量范围不同浓度水平加标试验，一般可同时验证测量范围	—
11		基质效应	参考第1章1.4.7，通过比较基质标准溶液响应值与纯溶剂标准溶液响应值进行评估	1. 最好采用标准曲线的斜率进行比较，一种简单的方法也可采用单点比较。 2. 当方法存在基质效应时，可通过优化净化和色谱分离条件来减弱基质效应，或者采用基体匹配标准法进行校正。 3. LC-MS和GC-MS多采用同位素内标法对基质效应进行校正	一般适于方法确认

序号	仪器方法	方法步骤	典型方法	注意事项	备注
12		精密度（重复性和再现性）	参考第 1 章 1.4.8 采用添加回收试验或采用含量均匀的实际样品进行评估	1. 采用添加回收试验评估方法精密度时，宜添加高、低不同浓度水平。 2. 对于禁用物质，添加水平一般可为 1、2 和 10 倍方法定量限。对于允许使用的物质，添加水平一般为 0.5、1 和 2 倍允许限量	—
13	色谱法和色谱-质谱联用法（可适用于 LC、GC、LC-MS、GC-MS）	正确度	参考第 1 章 1.4.9 采用添加回收试验或采用标准物质样品进行评估	正确度评估通常可结合精密度评估同时进行验证	—
14		稳健度	一般改变某些方法试验条件，采用单因素试验进行评估	1. 影响色谱的分析方法主要包括样品前处理和仪器检测两类，其中样品前处理的影响因素可提取溶剂种类、提取方式、提取时间/温度、净化条件等，仪器检测的影响因素可能有色谱柱的型号/品牌、流动相的变化（对于 LC 和 LC-MS）、色谱分离程序等，一般采用单因素试验进行评估。 2. 试验前一般需要查询相关文献，以便了解和掌握影响检测结果的几个关键因素	一般适用于方法确认